司法职业教育新"双高"精品教材

司法部信息安全与智能装备实验室丛书

U0711907

ANQUAN FANGFAN XITONG

XIANGMU GUANLI

安全防范系统项目管理

主　编◎王　珏　余莉琪　黄超民

副主编◎周　波　何　勇　程　静

参　编◎夏　毅　陈　昊

中国政法大学出版社

2025·北京

图书在版编目（CIP）数据

安全防范系统项目管理 / 王珏, 余莉琪, 黄超民主编. -- 北京：中国政法大学出版社, 2025. 2. -- ISBN 978-7-5764-1953-5

Ⅰ. X924.4

中国国家版本馆CIP数据核字第2025UM4054号

出　版　者	中国政法大学出版社
地　　　址	北京市海淀区西土城路 25 号
邮　　　箱	fadapress@163.com
网　　　址	http://www.cuplpress.com (网络实名：中国政法大学出版社)
电　　　话	010-58908435(第一编辑部) 58908334(邮购部)
承　　　印	北京中科印刷有限公司
开　　　本	787mm×1092mm　1/16
印　　　张	17.00
字　　　数	382 千字
版　　　次	2025 年 2 月第 1 版
印　　　次	2025 年 2 月第 1 次印刷
印　　　数	1~3000 册
定　　　价	69.00 元

前　言

一、课程定位

党的二十大报告指出，推进安全生产风险专项整治，加强重点行业、重点领域安全监管。提高防灾减灾救灾和重大突发公共事件处置保障能力。因此，开设"安全防范系统项目管理"课程十分必要。"安全防范系统项目管理"是高等职业院校"公安与司法"大类中安全防范类下，安全防范技术专业的一门必修专业核心课程。本课程是前导课程"安全防范技术应用"的进阶，也是后继课程"智能化安防系统实施与运维"的基础和支撑，一般开设在第3学期。

"安全防范系统项目管理"课程介绍

二、教材分析

（一）教材依据

1. 岗位需求

从职业角度分析，安全防范系统项目经理岗位是指安防企业以项目经理责任制为核心，为对项目实行质量、安全、进度、成本管理的责任保证体系和全面提高项目管理水平而设立的重要管理岗位。

2. 法律依据和标准依据

根据《建设工程质量管理条例》，建设工程是指土木工程、建筑工程、线路管道和设备安装工程及装修工程。本书借鉴了建设工程相关的项目管理概念，具有安全防范系统的自身特点。

根据《安全防范工程技术标准》（GB50348-2018），安全防范系统是以安全为目的，综合运用实体保护、电子防护等技术构成的防范系统，通常包括入侵和紧急报警、视频监控、出入口控制、停车库（场）安全管理、防爆安全检查、电子巡查、楼寓对讲、安全防范管理平台等子系统。安全防范工程是为建立安全防范系统而实施的建设项目。

3. 工程实践

安防工程以安全防范系统技防为主，融合了电子技术、传感技术、计算机技术和通信技术等现代科技，包括了楼宇智能化（楼宇对讲等）、视频监控、门禁考勤、防盗报警、停车场管理、智能家居、机房工程等。在打击犯罪、维护社会安全、预防灾害发生、减少国家和集体的财产支出上起到了不可替代的作用。

根据工程实践经验，安防工程覆盖面广，涉及建筑装饰装修、建筑电气和智能建筑分部工程中的通信网络系统、综合布线系统、智能化集成系统、电源与接地、住宅（小区）智能化系统等子分部工程。物联网、大数据、云计算、移动互联、人工智能、虚拟现实、5G、区块链等新兴科技正在赋能于安防工程，助力国家的公共安全事业，使安防工程在公共安全执法和管理中的作用日益增强。

4. 教学实践

根据国家教学标准，安全防范技术专业培养理想信念坚定，德、智、体、美、劳全面发展，具有一定的科学文化水平、良好的人文素养、职业道德和创新意识，严谨准确的工匠精神，较强的就业能力和可持续发展的能力，掌握新一代信息技术、安全防范技术基础知识，具有安防技术的应用、安防工程建设和工程运维能力，面向生产、建设、管理和服务一线，能够从事智能安防系统技术支持、工程施工与平台运维的高素质技术技能人才。安全防范技术专业高职毕业 3 年~5 年后，能够从事安防工程项目管理、安防工程运维管理等工作。

根据岗位职业能力的分析，确定了教材的编写目标。根据编者近 3 年的教学实践，教材中的理论必须遵循够用原则，强化应用，提升学生解决较复杂问题的能力。

（二）教材结构

本教材分为 8 个工作领域：安全防范系统项目管理基础、施工成本管理、施工进度管理、施工质量管理、施工安全管理、施工合同管理、施工信息管理、软件项目管理；共分 32 个工作任务，共有知识点 92 个、技能点 66 个，密切围绕项目经理的核心工作任务开展。

教材与《安全防范工程法律法规》《工程造价基础与预算》《智能化安防设备安装与调试》《中小安防工程设计》《智能化安防系统实施与运维》等教材，共同构建了安全防范技术专业的知识、技能和素质体系。

（三）教学互长

在教法上，教师利用教学平台，课前上传资源，课中以工作任务驱动，实现重点难点突破，课后测试拓展，评价教学效果，最终实现三维教学目标。在学法上，学生充分利用教学平台、数字化教材，运用自主学习法、探索学习法、合作学习法等，达成学习目标。

三、教材特色

（一）新形态教材

本教材采用数字化教材的形式，在教与学的活动中，可以充分利用在线平台、在线工具和在线资源。利用国家智慧教育公共服务平台、武汉警官职业学院安全防范技术专业教学资源库平台，结合数字化教材，创新教学组织方式、师生互动方式，搭建自主式学习平台、真实性学习平台、合作式学习平台、跨学科学习平台，构成教学质量保证的基础。

（二）强化课程思政

将立德树人作为根本任务，通过对应课程学习，引导学生树立正确的世界观、人生观和价值观，培养学生的爱国情怀、社会责任感和职业道德。课程蕴含着丰富的思政元素，如社会责任、安全意识、质量意识、职业认同、创新精神、团队合作等。深入挖掘这些元素，将其融入教材中。例如，在讲授施工成本管理时，引入企业社会责任的案例，引导学生思考企业在追求经济效益的同时，如何履行社会责任；在讲授施工质量管理时强调职业道德和职业操守的重要性，始终坚持质量第一、效益优先，大力增强质量意识，视质量为生命，以高质量为追求目标。

本教材的编写得到了湖北省安全技术防范行业协会、武汉市安全技术防范行业协会和悠锋科技有限公司的大力支持。主讲教师团队6人，1人获得"全国技术能手"称号，3人获得"省级技术能手"称号，多人立功，多人获得"省级优秀党员""优秀教师"称号。专业师资+企业导师+德育导师"三师"结合，将立德树人与专业实践相结合，在教学目标中，将知识、技能、素质有机融合，使课程思政教育融入专业教育。

（三）突出双创教育

融入创新理念：在课程目标中明确强调培养学生的创新思维和创新能力，使学生在学习施工管理知识的同时，能够具备发现问题、分析问题和解决问题的能力。

更新教学内容：结合行业最新发展动态和趋势，及时更新课程内容，引入最新的施工管理理论、技术方法和实践案例，确保教学内容的时效性和前沿性。科技创新是发展新质生产力的核心要素，教材中突出"三新"的应用，即新技术、新设备、新材料应用，如施工信息管理、绿色施工、新一代信息技术应用等，积极开发、使用新技术和新工艺，推广应用新材料和新设备。

增加创新实践环节：在课程中设置创新实践项目或任务，鼓励学生运用所学知识进行创新实践，如提出施工管理的新方法、新技术或新工具等。

对接职业资格证书：二级建造师考试内容主要包括三门科目，分别是"建设工程施工管理""建设工程法规及相关知识"以及"专业工程管理与实务"。本课程对接国家二级建造师"建设工程施工管理"考试科目，重点突破二级建造师考试中的进度网络计划、成本管理增值运算等重难点，为学生后续参加二级建造师考试打下基础。

教材编写团队
2024年12月

编 写 说 明

　　本教材编写过程中，编者拜访了中国建设标准设计弱电专业专家委员会主任张宜，走访毕业生代表深圳达实物联网技术有限公司王晶、悠锋科技有限公司郑凯豪，他们对此书的编写给予了很多建议和帮助，在此一并感谢。特别感谢于连涛教授，他对本教材的出版给予了建议和意见，对教材的改进工作帮助很大。

　　本教材编写人员及分工如下：

　　工作领域 1：王珏；

　　工作领域 2：夏毅；

　　工作领域 3：周波；

　　工作领域 4：余莉琪；

　　工作领域 5：黄超民；

　　工作领域 6：何勇；

　　工作领域 7：程静；

　　工作领域 8：陈昊；

　　全书由余莉琪统稿。

　　由于时间紧迫，编写人员水平有限，教材难免存在不足之处，诚恳读者提出宝贵意见，以便适时进行修改和完善。

武汉警官职业学院

2024 年 12 月 20 日

目 录

工作领域 1

安全防范系统项目管理基础

安全防范系统项目管理是指在安全防护系统的开发、部署和维护过程中，通过科学的管理方法和工具，确保项目按时、按预算、高质量地完成的一系列管理活动，因而安全防范系统项目管理是一个复杂而系统的工程，需要全面、科学的管理方法和工具。根据安全防范系统项目管理的要求，本工作领域学习项目管理的任务和目标、施工组织设计、目标动态控制理论，以及项目经理的岗位职责。

项目管理的核心任务是项目的目标控制，因此按项目管理学的基本理论，没有明确目标的工程不能成为项目管理的对象。

施工组织设计是对施工活动实行科学管理的重要手段，它具有战略部署和战术安排的双重作用。它体现了基本建设计划和设计的要求，明确了各阶段的施工准备工作内容，并能够协调施工过程中各施工单位、各施工工种、各项资源之间的相互关系。

在项目进展过程中平衡是暂时的，不平衡则是永恒的，因此在项目实施过程中必须随着情况的变化进行项目目标的动态控制。

工作任务 1　工程的项目管理基础

🔑 **教学目标**

知识目标：理解工程项目管理的内涵，会区分工程项目管理的类型。

技能目标：会区分施工总承包方、施工总承包管理方、建设项目总承包的施工任务执行方，并了解其项目管理的任务和工作重点。

素质目标：提高系统解决实际工程问题的能力，培养学生的职业认同感。

🔑 **知识学习**

1.1　工程的项目管理基础

知识点 1　工程项目管理的内涵

工程项目管理的内涵是指自项目开始至项目完成，通过项目策划和项目控制，使项目的费用目标、进度目标和质量目标得以实现。由于项目管理的核心任务是项目的目标控制，因此按项目管理学的基本理论，没有明确目标的工程不能成为项目管理的对象。

工程项目的全寿命周期包括项目的决策阶段、实施阶段和使用阶段。项目的实施阶段包括设计准备阶段、设计阶段、施工阶段、动用前准备阶段和保修阶段，如图 1-1 所示。招标投标工作分散在设计前的准备阶段、设计阶段和施工阶段中进行，因此可以不单独列出招标投标阶段。

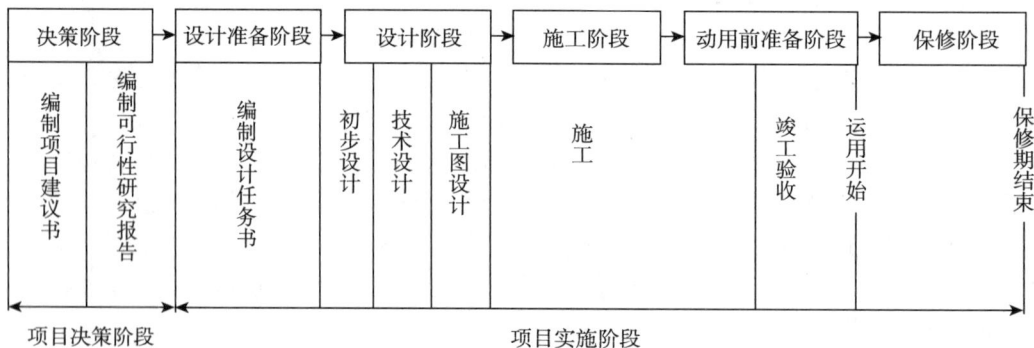

图 1-1　工程项目的决策阶段和实施阶段

"自项目开始至项目完成"指的是项目的实施期。"项目策划"指的是项目实施的策划，它区别于项目决策期的策划，即项目目标控制前的一系列筹划和准备工作。"费用目标"对业主而言是投资目标，对施工方而言是成本目标。

项目决策期管理工作的主要任务是确定项目的定义，而项目实施期管理的主要任务是通过管理使项目的目标得以实现。

知识点 2　工程项目管理的类型

按工程生产组织的特点，一个项目往往由众多参与单位承担不同的建设任务，而各参与单位的工作性质、工作任务和利益不同，因此就形成了不同类型的项目管理。

按工程项目不同参与方的工作性质和组织特征划分，项目管理有如下几种类型：

1. 业主方的项目管理；
2. 设计方的项目管理；
3. 施工方的项目管理；
4. 供货方的项目管理；
5. 建设项目工程总承包方的项目管理等。

　　由于业主方是安防工程项目生产过程的总集成者——人力资源、物质资源和知识的集成，业主方也是安防工程项目生产过程的总组织者，因此对于一个安防工程项目而言，虽然有代表不同利益方的项目管理，但是，业主方的项目管理是管理的核心。投资方、开发方和由咨询公司提供的代表业主方利益的项目管理服务都属于业主方的项目管理。施工总承包方和分包方的项目管理都属于施工方的项目管理。材料和设备供应方的项目管理都属于供货方的项目管理。建设项目总承包有多种形式，如设计和施工任务综合的承包，设计、采购和施工任务综合的承包（简称 EPC 承包）等，它们的项目管理都属于建设项目总承包方的项目管理。

技能点：项目管理的目标和任务

　　本技能点在于学会区分不同角色的施工方：施工总承包方、施工总承包管理方、建设项目总承包的施工任务执行方，并了解其项目管理的任务和工作重点。

　　施工方作为项目建设的一个参与方，其项目管理主要服务于项目的整体利益和施工方本身的利益。其项目管理的目标包括施工的成本目标、施工的进度目标和施工的质量目标。

　　1. 施工方的项目管理任务。

　　（1）施工安全管理；

　　（2）施工成本控制；

　　（3）施工进度控制；

　　（4）施工质量控制；

　　（5）施工合同管理；

　　（6）施工信息管理；

　　（7）与施工有关的组织与协调。

　　施工方是承担施工任务的单位的总称谓，它可能是施工总承包方、施工总承包管理方、分包施工方、建设项目总承包的施工任务执行方。当施工方担任的角色不同，其项目管理的任务和工作重点也会有差异。

　　2. 施工总承包方的管理任务。施工总承包方（GC，General Contractor）对所承包的安防工程承担施工任务的执行和组织的总责任，它的主要管理任务如下：

　　（1）负责整个工程的施工安全、施工总进度控制、施工质量控制和施工的组织与协调等。

　　（2）控制施工的成本（这是施工总承包方内部的管理任务）。

　　（3）施工总承包方是工程施工的总执行者和总组织者，它除了完成自己承担的施工任务以外，还负责组织和指挥它自行分包的分包施工单位和业主指定的分包施工单位的施工（业主指定的分包施工单位有可能与业主单独签订合同，也可能与施工总承包方签约，不论采用何种合同模式，施工总承包方应负责组织和管理业主指定的分包施工单位的施工，这是国际惯例），并为分包施工单位提供和创造必要的施工条件。分包施工方承担合同所规定的分包施工任务，以及相应的项目管理任务。若采用施工总承包或施工总承包管理模式，分包方（不论是一般的分包方，还是由业主指定的分包方）必须接受施工总承包方或施工总承包管理方的工作指令，服从其总体的项目管理。

（4）负责施工资源的供应组织。

（5）代表施工方与业主方、设计方、工程监理方等外部单位进行必要的联系和协调等。

3. 施工总承包管理方的管理任务。施工总承包管理方（MC，Managing Contractor）对所承包的安防工程承担施工任务组织的总责任，它的管理任务具有如下特征：

（1）一般情况下，施工总承包管理方不承担施工任务，它主要进行施工的总体管理和协调。如果施工总承包管理方通过投标（在平等条件下竞标）获得一部分施工任务，则它也可参与施工。

（2）一般情况下，施工总承包管理方不与分包方和供货方直接签订施工合同，这些合同都由业主方直接签订。但若施工总承包管理方应业主方的要求，协助业主参与施工的招标和发包工作，其参与的工作深度由业主方决定。业主方也可能要求施工总承包管理方负责整个施工的招标和发包工作。

（3）不论是业主方选定的分包方，还是经业主方授权由施工总承包管理方选定的分包方，施工总承包管理方都承担对其的组织和管理责任。

（4）施工总承包管理方和施工总承包方承担相同的管理任务和责任，即负责整个工程的施工安全控制、施工总进度控制、施工质量控制和施工的组织与协调等。因此，由业主方选定的分包方应经施工总承包管理方的认可，否则施工总承包管理方难以承担对工程管理的总责任。

（5）负责组织和指挥分包施工单位的施工，并为分包施工单位提供和创造必要的施工条件。

（6）与业主方、设计方、工程监理方等外部单位进行必要的联系和协调等。

4. 建设项目工程总承包方项目管理的目标和任务。建设项目工程总承包方作为项目建设的一个参与方，其项目管理主要服务于项目的利益和建设项目总承包方本身的利益。其项目管理的目标包括项目的总投资目标和总承包方的成本目标、项目的进度目标和项目的质量目标。

建设项目工程总承包方项目管理工作涉及项目实施阶段的全过程，即设计前的准备阶段、设计阶段、施工阶段、动用前准备阶段和保修期。

依据《建设项目工程总承包管理规范》（GB/T50358-2017）的规定，建设项目工程总承包方的管理工作涉及：

（1）项目设计管理；

（2）项目采购管理；

（3）项目施工管理；

（4）项目试运行管理和项目收尾等。

其中项目总承包方项目管理的任务包括：

（1）项目风险管理；

（2）项目进度管理；

（3）项目质量管理；

（4）项目费用管理；

（5）项目安全、职业健康与环境管理；

（6）项目资源管理；

（7）项目沟通与信息管理；

（8）项目合同管理等。

工程总承包和工程项目管理是国际通行的工程建设项目组织实施方式。积极推行工程总承包和工程项目管理，是深化我国工程建设项目组织实施方式改革，提高工程建设管理水平，保证工程质量和投资效益，规范建筑市场秩序的重要措施；是勘察、设计、施工、监理企业调整经营结构，增强综合实力，加快与国际工程承包和管理方式接轨，适应社会主义市场经济发展的必然要求；是积极开拓国际承包市场，带动我国技术、机电设备及工程材料的出口，促进劳务输出，提高我国企业国际竞争力的有效途径。

建设项目工程总承包的基本出发点是借鉴工业生产组织的经验，实现建设生产过程的组织集成化，以克服由于设计与施工的分离致使的投资增加的缺陷，以及克服由于设计和施工的不协调而影响建设进度等弊病。

建设项目工程总承包的主要意义并不在于总价包干，也不是"交钥匙"，其核心是通过设计与施工过程的组织集成，促进设计与施工的紧密结合，以达到为项目建设增值的目的。即使采用总价包干的方式，稍大一些的项目也难以用固定总价包干，而多数采用变动总价合同。

🔎 巩固练习

选择题

1. 对施工方而言，建设工程项目管理的"费用目标"是指项目的（　　　）。

A. 投资目标　　　　　　　　　　　B. 成本目标

C. 财务目标　　　　　　　　　　　D. 经营目标

2. 建设工程项目决策期管理工作的主要任务是（　　　）。

A. 项目的定义　　　　　　　　　　B. 组建项目管理团队

D. 实现项目的使用功能　　　　　　C. 实现项目的投资目标

3. 建设项目工程总承包方的项目管理工作主要在项目的（　　　）。

A. 决策阶段、实施阶段、使用阶段　B. 实施阶段

C. 设计阶段、施工阶段、保修阶段　D. 施工阶段

4. 建设工程项目总承包的核心意义在于（　　　）。

A. 合同总价包干降低成本　　　　　B. 总承包方负责"交钥匙"

C. 设计与施工的责任明确　　　　　D. 为项目建设增值

5. 关于施工总承包方项目管理任务的说法，正确的是（　　　）。

A. 施工总承包方不承担施工任务，只承担施工的总体管理和协调工作

B. 施工总承包方只负责所施工部分的施工安全，对业主指定分包商的施工安全不

承担责任

    C. 施工总承包方不与分包商直接签订施工合同，均由业主方签订

    D. 施工总承包方应负责施工资源的供应组织

    答案：1. B；2. A；3. B；4. D；5. D

知识点3　业主方项目管理的目标和任务

    业主方项目管理服务于业主的利益，其项目管理的目标包括项目的投资目标、进度目标和质量目标。其中投资目标指的是项目的总投资目标。进度目标指的是项目动用的时间目标，即项目交付使用的时间目标，如智能楼宇建成可以投入生活、安防监控系统建成可以进行安全监管的时间目标等。项目的质量目标不仅涉及施工的质量，还包括设计质量、材料质量、设备质量和影响项目运行或运营的环境质量等。质量目标包括符合相应的技术规范和技术标准，以及满足业主方相应的质量要求。

    项目的投资目标、进度目标和质量目标之间既有矛盾的一面，也有统一的一面，它们之间是对立统一的关系。要加快进度往往需要增加投资，欲提高质量往往也需要增加投资，过度地缩短进度会影响质量目标的实现，这都表现了目标之间关系矛盾的一面。但通过有效地管理，在不增加投资的前提下，也可缩短工期和提高工程质量，这反映了其关系统一的一面。

    业主方的项目管理工作涉及项目实施阶段的全过程，即在设计前的准备阶段、设计阶段、施工阶段、动用前准备阶段和保修期。具体包括：

    1. 安全管理；

    2. 投资控制；

    3. 进度控制；

    4. 质量控制；

    5. 合同管理；

    6. 信息管理；

    7. 组织和协调。

    其中安全管理是项目管理中最重要的任务，因为安全管理关系到人身的健康与安全，而投资控制、进度控制、质量控制和合同管理等则主要涉及物质利益。

工作任务2　施工组织设计

🔍 **教学目标**

    知识目标：明晰施工组织设计的作用，区分施工组织设计的类型，重点识记单位工程施工组织设计，识记绿色施工与新技术应用。

    技能目标：会绘制施工平面布置图，会编制单位工程施工组织设计。

素质目标：提高系统解决实际工程问题的能力，培养学生职业认同感、组织协调能力。

🔍知识学习

1.2.1　施工组织设计1

知识点1　施工组织设计的基础

一、施工组织设计的作用

施工组织设计是对施工活动实行科学管理的重要手段，它具有战略部署和战术安排的双重作用。它体现了基本建设计划和设计的要求，明确了各阶段的施工准备工作内容，并能够协调施工过程中各施工单位、各施工工种、各项资源之间的相互关系。

通过施工组织设计，可以根据具体工程的特定条件，拟订施工方案，确定施工顺序、施工方法、技术组织措施；可以保证拟建工程按照预定的工期完成；可以在开工前了解所需资源的数量及其使用的先后顺序，合理布置施工现场。因此施工组织设计应从施工全局出发，充分反映客观实际，符合国家及合同要求，统筹安排施工活动有关的各个方面，合理地布置施工现场，确保文明施工、安全施工。

二、施工组织设计的分类

根据施工组织设计编制的广度、深度和作用的不同，可分为施工组织总设计、单位工程施工组织设计、分部（分项）工程施工组织设计。

1. 施工组织总设计的内容。施工组织总设计是以整个工程项目为对象［如一个工厂、一个机场、一个道路工程（包括桥梁）、一个居住小区等］编制的。它是对整个安防工程项目施工的战略部署，是指导全局性施工的技术和经济纲要。施工组织总设计的主要内容如下：

（1）建设项目的工程概况；

（2）施工部署及其核心工程的施工方案；

（3）全场性施工准备工作计划；

（4）施工总进度计划；

（5）各项资源需求量计划；

（6）全场性施工总平面图设计；

（7）主要技术经济指标（项目施工工期、劳动生产率、项目施工质量、项目施工成本、项目施工安全、机械化程度、预制化程度、暂设工程等）。

2. 单位工程施工组织设计的内容。单位工程施工组织设计是以单位工程为对象（如火灾报警系统、安全防范系统、综合布线系统等）编制的，在施工组织总设计的指导下，由直接组织施工的单位根据施工图设计进行编制，用以直接指导单位工程的施工活动，是施工单位编制分部（分项）工程施工组织设计和季、月、旬施工计划的依据。单位工程施工组织设计根据工程规模和技术复杂程度的不同，其编制内容的深度和广度也有所不同。对于简单的工程，一般只编制施工方案，并附以施工进度计划和施工平面图。单位工程施工组织设计的主要内容如下：

（1）工程概况及施工特点分析；

（2）施工方案的选择；

（3）单位工程施工准备工作计划；

（4）单位工程施工进度计划；

（5）各项资源需求量计划；

（6）单位工程施工总平面图设计；

（7）技术组织措施、质量保证措施和安全施工措施；

（8）主要技术经济指标（工期、资源消耗的均衡性、机械设备的利用程度等）。

3. 分部（分项）工程施工组织设计的内容。分部（分项）工程施工组织设计也称为分部（分项）工程作业设计、分部（分项）工程施工设计，是以某些特别重要的、技术复杂的，或采用新工艺、新技术施工的分部（分项）工程，如信息化应用系统、建筑设备管理系统、安全技术防范系统、应急响应系统为对象编制的，其内容具体，详细，可操作性强，是直接指导分部（分项）工程施工的依据。分部（分项）工程施工组织设计的主要内容如下：

（1）工程概况及施工特点分析；

（2）施工方法和施工机械的选择；

（3）分部（分项）工程的施工准备工作计划；

（4）分部（分项）工程的施工进度计划；

（5）各项资源需求量计划；

（6）技术组织措施、质量保证措施和安全施工措施；

（7）作业区施工平面布置图设计。

知识点 2　单位工程施工组织设计

施工组织设计按编制对象，可分为施工组织总设计、单位工程施工组织设计和施工方案，实践中智能建筑工程一般为单位工程。

一、单位工程施工组织设计的作用

单位工程施工组织设计是以单位（子单位）工程为主要对象编制的施工组织设计，对单位（子单位）工程的施工过程起指导和制约作用。

单位工程施工组织设计是一个工程的战略部署，是宏观定性的，体现指导性和原则性，是一个将建筑物的蓝图转化为实物的指导组织各种活动的总文件，是对项目施工全过程管理的综合性文件。

二、施工组织设计的编制原则

1. 符合施工合同或招标文件中有关工程进度、质量、安全、环境保护与节能、绿色施工、造价等方面的要求；

2. 积极开发、使用新技术和新工艺，推广应用新材料和新设备；

3. 坚持科学的施工程序和合理的施工顺序，采用流水施工和网络计划等方法，科学配置资源，合理布置现场，采取季节性施工措施，实现均衡施工，达到合理的经济技术指标；

4. 采取技术和管理措施，推广建筑节能和绿色施工；

5. 与质量、环境和职业健康安全三个管理体系有效结合。

三、单位工程施工组织设计编制依据

1. 与工程建设有关的法律法规和文件；

2. 国家现行有关标准和技术经济指标；

3. 工程所在地区行政主管部门的批准文件，建设单位对施工的要求；

4. 工程施工合同或招标投标文件；

5. 工程设计文件；

6. 工程施工范围内的现场条件，工程地质及水文地质、气象等自然条件；

7. 与工程有关的资源供应情况；

8. 施工企业的生产能力、机具设备状况、技术水平等。

四、单位工程施工组织设计的基本内容

1. 编制依据；

2. 工程概况；

3. 施工部署；

4. 施工进度计划；

5. 施工准备与资源配置计划；

6. 主要施工方法；

7. 施工现场平面布置；

8. 主要施工管理计划等。

五、单位工程施工组织设计的管理

1. 编制、审批和交底。

（1）单位工程施工组织设计编制与审批：单位工程施工组织设计由项目负责人主持编制，项目经理部全体管理人员参加，施工单位主管部门审核，施工单位技术负责人或其授权的技术人员审批。

（2）单位工程施工组织设计经施工单位技术负责人或其授权人审批后，应在工程开工前，由施工单位项目负责人组织对项目部全体管理人员及主要分包单位逐级进行交底，并做好交底记录。

2. 群体工程。群体工程应编制施工组织总设计，并根据单位工程开工情况及其特点及时编制单位工程施工组织设计。施工组织总设计应由总承包单位技术负责人审批。

3. 过程检查与验收。

（1）单位工程的施工组织设计在实施过程中应进行检查。过程检查可按照工程施工阶段进行。通常划分为地基基础、主体结构、装饰装修和机电设备安装三个阶段。

（2）过程检查由企业技术负责人或主管部门负责人主持，企业相关部门、项目经理部相关部门参加，检查施工部署、施工方法等的落实和执行情况，如对工期、质量、效益有较大影响的应及时调整，并提出修改意见。

4. 发放与归档。单位工程施工组织设计审批后应加盖受控章，由项目资料员报送及发放并登记记录，报送监理单位及建设单位，发放企业主管部门、项目相关部门、主要分包单位。

工程竣工后，项目经理部按照国家、地方有关工程竣工资料编制的要求，将单位工程施工组织设计整理归档。

5. 施工组织设计的动态管理。项目施工过程中，如发生以下情况之一时，施工组织设计应及时进行修改或补充：

（1）工程设计有重大修改。

（2）有关法律法规、规范和标准实施、修订和废止。

（3）主要施工方法有重大调整。

（4）主要施工资源配置有重大调整。

（5）施工环境有重大改变。

经修改或补充的施工组织设计应重新审批后才能实施。

六、其他方案管理

1. 重点、难点分部（分项）工程和专项工程施工方案应由施工单位技术部门组织相关专家评审，施工单位技术负责人批准；

2. 由专业承包单位施工的分部（分项）工程或专项工程的施工方案，应由专业承包单位技术负责人或其授权的技术人员审批；有总承包单位时，应由总承包单位项目技术负责人核准备案；

3. 危险性较大的专项施工方案，施工单位应按规定组织专家论证，并按论证意见修改后完善报批手续。

知识点 3　绿色施工与新技术应用

一、绿色施工

绿色施工是在工程全寿命期内，最大限度地节约资源（节能、节地、节水、节材）、保护环境、减少污染，为人们提供健康、适用和高效的使用空间，与自然和谐共生的建筑。

项目在施工过程中应遵循绿色施工的基本理念并应符合以下规定：

1. 建立绿色施工管理体系和管理制度，实施目标管理。

2. 根据绿色施工要求进行图纸会审和深化设计。

3. 施工组织设计及施工方案应有专门的绿色施工章节，绿色施工目标明确，内容应涵盖"四节一环保"要求。

4. 工程技术交底应包含绿色施工内容。

5. 采用符合绿色施工要求的新材料、新技术、新工艺、新设备进行施工。

6. 建立绿色施工培训制度，并有实施记录。

7. 根据检查情况，制定持续改进措施。

8. 采集和保存过程管理资料、见证资料和自检评价记录等绿色施工资料。

（一）节能

主要是针对施工现场的生产、生活、办公和主要能耗设备进行管理，并设置有节能的具体控制措施和定期进行能耗计量核算并比较，形成完善的现场能源管理体系。体现在施工现场管理方面主要有：临时用电设施、机械设备、临时设施、材料运输与施工等。

临时用电设施应符合下列规定：

1. 应采用节能型设施。

2. 临时用电设施应设置合理，管理制度应齐全并应落实到位。

3. 现场照明设计应符合国家现行标准《施工现场临时用电安全技术规范》（JGJ 46-2005）的规定。

机械设备应符合下列规定：

1. 应采用能源利用效率高的施工机械设备。

2. 施工机具资源应共享。

3. 应定期监控重点耗能设备的能源利用情况，并记录。

4. 应建立设备技术档案，并应定期进行设备维护、保养。

临时设施应符合下列规定：

1. 施工临时设施应结合日照和风向等自然条件，合理采用自然采光、通风和外部遮阳设施。

2. 临时施工用房应使用热工性能达标的复合墙体和屋面板，顶棚宜采用吊顶。

材料运输与施工应符合下列规定：

1. 建筑材料的选用应缩短运输距离，减少能源消耗。

2. 应采用能耗少的施工工艺。

3. 应合理安排施工工序和施工进度。

4. 应尽量减少夜间作业和冬期施工的时间。

（二）节材

主要指项目在建造过程中所用的材料在满足设计和使用功能的前提下能够就近获取，减少或避免外部材料使用，以降低工程成本和能耗；项目有健全的机械保养、限额领料、建筑垃圾再生利用等制度。体现在施工现场管理方面主要有：材料选择、材料节约、资源再生利用等。

材料的选择应符合下列规定：

1. 施工应选用绿色、环保材料。

2. 临建设施应采用可拆迁、可回收材料，或使用整体式可周转设施。

3. 应利用粉煤灰、矿渣、外加剂等新材料降低混凝土和砂浆中的水泥用量；粉煤灰、矿渣、外加剂等新材料掺量应考虑供货单位推荐掺量、使用要求、施工条件、原材料等因素，通过试验确定。

材料节约应符合下列规定：

1. 应采用管件合一的脚手架和支撑体系。

2. 应采用工具式模板和新型模板材料，如铝合金、塑料、玻璃钢和其他可再生材质的大模板和钢框镶边模板。

3. 材料运输方法应科学，应降低运输损耗率。

4. 应优化线材下料方案。

5. 面材、块材镶贴，应做到预先总体排版。

6. 应因地制宜，采用新技术、新工艺、新设备、新材料。

7. 应提高模板、脚手架体系的周转率。

资源再生利用应符合下列规定：

1. 建筑余料应合理使用。

2. 板材、块材等下脚料和散落混凝土及砂架应科学利用。

3. 临建设施应充分利用既有建筑物、市政设施和周边道路。

4. 现场办公用纸应分类摆放，纸张应两面使用，废纸应回收。

（三）保护环境

主要是指项目在建造过程中应建立保护环境和卫生防疫等制度，并提出具体实施措施，在各工程阶段和员工工作中得到落实。体现在施工现场管理方面主要有：资源保护、人员健康、扬尘控制、废气排放、建筑垃圾处置、污水排放、光污染、噪音控制等。

资源保护应符合下列规定：

1. 应保护场地四周原有地下水形态，减少抽取地下水。

2. 危险品、化学品存放处及污物排放应采取隔离措施。

人员健康应符合下列规定：

1. 施工作业区和生活办公区应分开布置，生活设施应远离有毒有害物质。

2. 生活区应有专人负责管理，应有消暑或保暖措施。

3. 现场工人劳动强度和工作时间应符合现行国家标准。

4. 从事有毒、有害、有刺激性气味和强光、强噪音施工的人员应佩戴相应的防护器具。

5. 深井、密闭环境、防水和室内装修施工应有自然通风或临时通风设施。

6. 现场危险设备、地段、有毒物品存放地应配置醒目安全标志，施工应采取有效防毒、防污、防尘、防潮、通风等措施，应加强人员健康管理。

7. 厕所、卫生设施、排水沟及阴暗潮湿地带应定期消毒。

8. 食堂各类器具应清洁，个人卫生、操作行为应规范。

扬尘控制应符合下列规定：

1. 现场应建立洒水清扫制度，配备洒水设备，并应有专人负责。

2. 对裸露地面、集中堆放的土方应采取抑尘措施。

3. 运送土方、渣土等易产生扬尘的车辆应采取封闭或遮盖措施。

4. 现场进出口应设冲洗池和吸尘垫，应保持进出现场车辆清洁。

5. 易飞扬和细颗粒建筑材料应封闭存放，余料应及时回收。

6. 易产生扬尘的施工作业应采取遮挡、抑尘等措施。

7. 拆除爆破作业应有降尘措施。

8. 高空垃圾清运应采用封闭式管道或垂直运输机械完成。

9. 现场使用散装水泥、预拌砂浆应有密闭防尘措施。

废气排放应符合下列规定：

1. 进出场车辆及机械设备废气排放应符合国家年检要求。

2. 不应使用煤作为现场生活的燃料。

3. 电焊烟气的排放应符合现行国家标准。

4. 不应在现场燃烧废弃物。

建筑垃圾处置应符合下列规定：

1. 建筑垃圾应分类收集、集中堆放。

2. 废电池、废墨盒等有毒有害的废弃物应封闭回收，不应混放。

3. 有毒有害废物分类率应达到 100%。

4. 垃圾桶应分为可回收利用与不可回收利用两类，应定期清运。

5. 建筑垃圾回收利用率应达到 30%。

6. 碎石和土石方类等应用作地基和路基回填材料。

二、新技术应用

《住房和城乡建设部等部门关于推动智能建造与建筑工业化协同发展的指导意见》指出，加强技术攻关，推动智能建造和建筑工业化基础共性技术和关键核心技术研发、转移扩散和商业化应用，加快突破部品部件现代工艺制造、智能控制和优化、新型传感感知、工程质量检测监测、数据采集与分析、故障诊断与维护、专用软件等一批核心技术。

探索具备人机协调、自然交互、自主学习功能的建筑机器人批量应用。研发自主知识产权的系统性软件与数据平台、集成建造平台。推进工业互联网平台在建筑领域的融合应用，建设建筑产业互联网平台，开发面向建筑领域的应用程序。加快智能建造科技成果转化应用，培育一批技术创新中心、重点实验室等科技创新基地。围绕数字设计、智能生产、智能施工，构建先进适用的智能建造及建筑工业化标准体系，开展基础共性标准、关键技术标准、行业应用标准研究。

提升信息化水平。推进数字化设计体系建设，统筹建筑结构、机电设备、部品部件、装配施工、装饰装修，推行一体化集成设计。积极应用自主可控的建筑信息化模型（BIM 技术），加快构建数字设计基础平台和集成系统，实现设计、工艺、制造协同。加快部品部件生产数字化、智能化升级，推广应用数字化技术、系统集成技术、智能化装备和建筑机器人，实现少人甚至无人工厂。

积极推行绿色建造。实行工程建设项目全生命周期内的绿色建造，以节约资源、保护环境为核心，通过智能建造与建筑工业化协同发展，提高资源利用效率，减少建筑垃圾的产生，大幅降低能耗、物耗和水耗水平。推动建立建筑业绿色供应链，推行循环生产方式，提高建筑垃圾的综合利用水平。加大先进节能环保技术、工艺和装备的研发力度，提高能效水平，加快淘汰落后装备设备和技术，促进建筑业绿色改造升级。

开放拓展应用场景。加强智能建造及建筑工业化应用场景建设，推动科技成果转化、重大产品集成创新和示范应用。发挥重点项目以及大型项目示范引领作用，加大应用推广力度，拓宽各类技术的应用范围，初步形成集研发设计、数据训练、中试应用、科技金融于一体的综合应用模式。发挥龙头企业示范引领作用，在装配式建筑工厂打造"机器代人"应用场景，推动建立智能建造基地。梳理已经成熟应用的智能建造相关技术，定期发布成熟技术目录，并在基础条件较好、需求迫切的地区，率先推广应用。

🔍 技能实践

1.2.2　施工组织设计 2

技能点 1：绘制施工平面布置图

施工现场施工平面布置图应按不同的施工阶段分别绘制。施工现场施工平面布置图应包括以下基本内容：

1. 工程施工场地状况。

2. 拟建建（构）筑物的位置、轮廓尺寸、层数等。

3. 工程施工现场的加工设施、存放设施、办公和生活用房等的位置和面积。

4. 布置在工程施工现场的垂直运输设施、供电设施、供水供热设施、排水排污设施和临时施工道路等。

5. 施工现场必备的安全、消防、保卫和环境保护等设施。

6. 相邻的地上、地下既有建（构）筑物及相关环境。

施工现场平面布置图如图 1-2 所示。

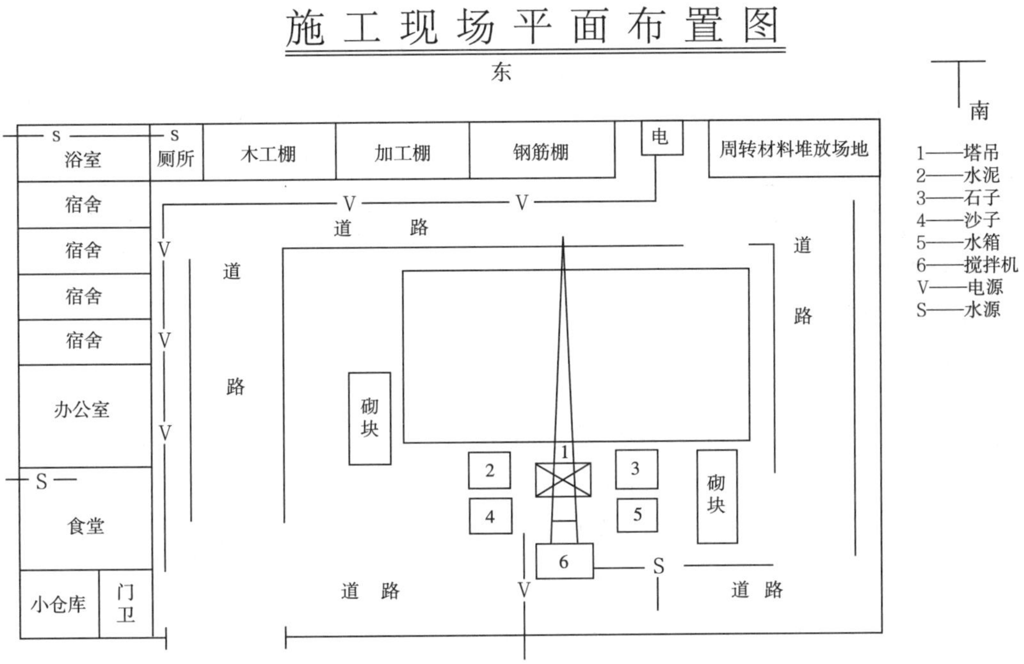

施 工 现 场 平 面 布 置 图

图 1-2 施工现场平面布置图

技能点 2：单位工程施工组织设计的编制

1. 施工组织设计的编制原则。在编制施工组织设计时，宜考虑以下原则：

（1）重视工程的组织对施工的作用；

（2）提高施工的工业化程度；

（3）重视管理创新和技术创新；

（4）重视工程施工的目标控制；

（5）积极采用国内外先进的施工技术；

（6）充分利用时间和空间，合理安排施工顺序，提高施工的连续性和均衡性；

（7）合理部署施工现场，实现文明施工。

2. 单位工程施工组织设计的编制依据。单位工程施工组织设计的编制依据主要包括：

（1）建设单位的意图和要求，如工期、质量、预算要求等；

（2）工程的施工图纸及标准图；

（3）施工组织总设计对本单位工程的工期、质量和成本的控制要求；

（4）资源配置情况；

（5）建筑环境、场地条件及地质、气象资料，如工程地质勘测报告、地形图和测量控制等；

（6）有关的标准、规范和法律；

（7）有关技术创新成果和类似安防工程项目的资料和经验。

3. 单位工程施工组织总设计的编制程序。

（1）收集和熟悉编制施工组织总设计所需的有关资料和图纸，进行项目特点和施工条件的调查研究；

（2）计算主要工种工程的工程量；

（3）确定施工的总体部署；

（4）拟订施工方案；

（5）编制施工总进度计划；

（6）编制资源需求量计划；

（7）编制施工准备工作计划；

（8）施工总平面图设计；

（9）计算主要技术经济指标。

应该指出，以上顺序中有些顺序必须如此，不可逆转，如：进度的安排取决于施工的方案，因此拟订施工方案后才可编制施工总进度计划；资源需求量计划要反映各种资源在时间上的需求，因此编制施工总进度计划后才可编制资源需求量计划。

但是在以上顺序中也有些顺序应该根据具体项目而定，如确定施工的总体部署和拟订施工方案，两者有紧密的联系，往往可以交叉进行。

课后拓展

选择题

1. 施工组织总设计、单位工程施工组织设计及分部（分项）工程施工组织设计都具备的内容有（　　）。

A. 施工部署

B. 工程概况

C. 施工进度计划

D. 主要技术经济指标

E. 各项资源需求量计划

2. 关于施工组织设计中施工平面图的说法，正确的有（　　）。

A. 反映了最佳施工方案在时间上的安排

B. 反映了施工机具等资源的供应情况

C. 反映了施工方案在空间上的全面安排

D. 反映了施工进度计划在空间上的全面安排

E. 使整个现场能有组织地进行文明施工

3. 编制施工组织总设计涉及下列工作：①施工总平面图设计；②拟定施工方案；③编制施工总进度计划；④编制资源需求计划；⑤计算主要工种的工程量。正确的编制程序是（　　）。

A. ⑤-①-②-③-④　　　　　　B. ①-⑤-②-③-④

C. ①-②-③-④-⑤　　　　　　D. ⑤-②-③-④-①

答案：1. BCE；2. CDE；3. D

工作任务 3　目标的动态控制

📖 **教学目标**

知识目标：识记项目目标动态控制的工作程序。

技能目标：会运用动态控制原理控制施工进度，会运用动态控制原理控制施工成本，会运用动态控制原理控制施工质量。

素质目标：提高系统解决实际工程问题的能力，培养学生职业认同感，提高组织协调能力。

📖 **知识学习**

1.3.1　目标的动态控制 1

基于项目管理的哲学理念：项目实施过程中主客观条件的变化是绝对的，不变则是相对的。在项目进展过程中平衡是暂时的，不平衡则是永恒的。因此在项目实施过程中必须随着情况的变化进行项目目标的动态控制。项目目标的动态控制是项目管理最基本的方法论。

知识点 1　项目目标动态控制工作程序

项目目标动态控制的工作程序如图 1-3 所示：

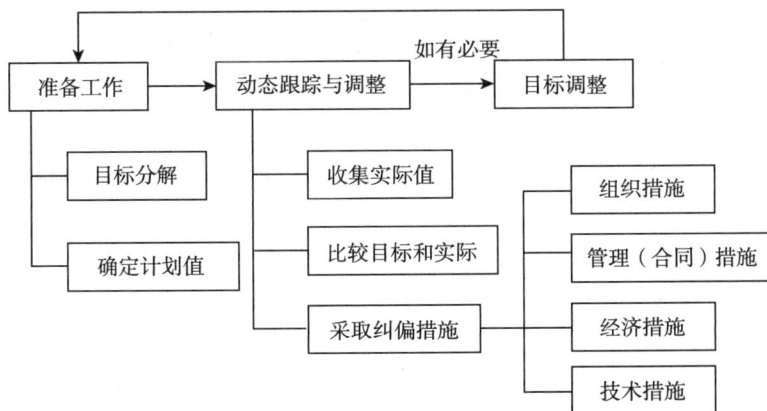

图 1-3　项目目标动态控制的工作程序

1. 项目目标动态控制的准备工作。将项目的目标（如投资/成本、进度和质量目标）进行分解，以确定用于目标控制的计划值（如计划投资/成本、计划进度和质量标准等）。

2. 在项目实施过程中（如设计过程中、招投标过程中和施工过程中等）对项目目标进行动态跟踪和控制：

（1）收集项目目标的实际值，如实际投资/成本、实际施工进度和施工的质量状况等。

（2）定期（如每两周或每月）进行项目目标的计划值和实际值的比较。

（3）通过项目目标的计划值和实际值的比较，如发现偏差，则采取纠偏措施进行纠偏。

如有必要，即原定的项目目标不合理，或原定的项目目标无法实现，则进行项目目标的调整，目标调整后控制过程再回到上述的第一步。由于在项目目标动态控制时要进行大量的数据处理，当项目的规模比较大时，数据处理的量就相当可观。采用计算机辅助的手段可高效、及时、准确地生成许多项目目标动态控制所需要的报表，如计划成本与实际成本的比较报表、计划进度与实际进度的比较报表等，有助于项目目标动态控制的数据处理。

3. 项目目标动态控制的纠偏措施。

（1）组织措施。分析出于组织的原因而影响项目目标实现的问题，并采取相应的措施，如调整项目组织结构、任务分工、管理职能分工、工作流程组织和项目管理班子人员等。

（2）管理措施（包括合同措施）。分析出于管理的原因而影响项目目标实现的问题，并采取相应的措施，如调整进度管理的方法和手段，改变施工管理和强化合同管理等。

（3）经济措施。分析出于经济的原因而影响项目目标实现的问题，并采取相应的措施，如落实加快工程施工进度所需的资金等。

（4）技术措施。分析出于技术（包括设计和施工的技术）的原因而影响项目目标实现的问题，并采取相应的措施，如调整设计、改进施工方法和改变施工机具等。

当项目目标失控时，人们往往首先思考的是采取什么技术措施，而忽略可以或应当采取的组织措施和管理措施。组织论的一个重要结论是：组织是目标能否实现的决定性因素，应充分重视组织措施对项目目标控制的作用。

4. 项目目标动态控制的核心。项目目标动态控制的核心是，在项目实施的过程中定期地进行项目目标的计划值和实际值的比较，当发现项目目标偏离时采取纠偏措施。为避免项目目标偏离的发生，还应重视事前的主动控制，即事前分析可能导致项目目标偏离的各种影响因素，并针对这些影响因素采取有效的预防措施。

🔑 技能实践

1.3.2　目标的动态控制 2

国家在施工管理中引进项目管理的理论和方法已多年，运用动态控制原理进行项目目标控制将有利于项目目标的实现，并有利于促进施工管理科学化的进程。

技能点 1：运用动态控制原理控制施工进度

运用动态控制原理控制施工进度的步骤如下：

1. 施工进度目标的逐层分解。施工进度目标的逐层分解是从施工开始前和在施工过程中，逐步地由宏观到微观、由粗到细，编制深度不同的进度计划的过程。对于大型安全防范系统项目，应通过编制施工总进度规划、施工总进度计划、项目各子系统和各子项目施工进度计划等进行项目施工进度目标的逐层分解。

2. 在施工过程中对施工进度目标进行动态跟踪和控制。

（1）按照进度控制的要求，收集施工进度实际值。

（2）定期对施工进度的计划值和实际值进行比较。进度的控制周期应视项目的规模和特点而定，一般的项目控制周期为 1 个月，对于重要的项目，控制周期可定为 1 旬或 1 周等。比较施工进度的计划值和实际值时应注意，其对应的工程内容应一致，如以里程碑事件的进度目标值或再细化的进度目标值作为进度的计划值，则进度的实际值是相对于里程碑事件或再细化的分项工作的实际进度。进度的计划值和实际值的比较应是定量的数据比较，比较的成果是进度跟踪和控制报告，如编制进度控制的旬、月、季、半年和年度报告等。

（3）通过施工进度计划值和实际值的比较，如发现进度的偏差，则必须采取相应的纠偏措施进行纠偏。

3. 调整施工进度目标。如有必要，即发现原定的施工进度目标不合理，或原定的施工进度目标无法实现等，则调整施工进度目标。

运用动态控制原理控制施工进度如图 1-4 所示。

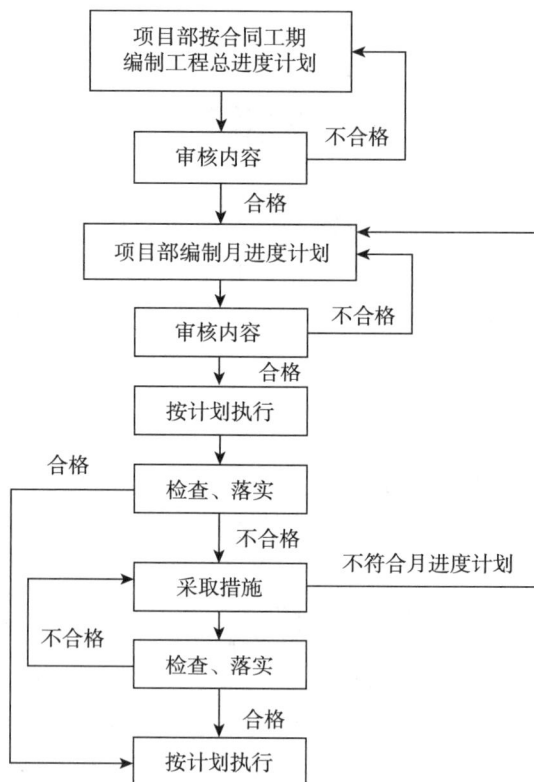

图 1-4　动态控制原理控制施工进度

技能点 2：运用动态控制原理控制施工成本

施工成本的计划值和实际值也是相对的，如相对于工程合同价而言，施工成本规划的成本值是实际值；而相对于实际施工成本，施工成本规划的成本值是计划值等。

投标价—合同价—施工成本规划—实际施工成本—工程款支付，前者均是后者的计划值，后者均是前者的实际值。

运用动态控制原理控制施工成本的步骤如下：

1. 施工成本目标的逐层分解。施工成本目标的分解指的是通过编制施工成本规划，分析和论证施工成本目标实现的可能性，并对施工成本目标进行分解。

2. 在施工过程中对施工成本目标进行动态跟踪和控制。

（1）按照成本控制的要求，收集施工成本的实际值。

（2）定期对施工成本的计划值和实际值进行比较。

成本的控制周期应视项目的规模和特点而定，一般的项目控制周期为 1 个月。

施工成本的计划值和实际值的比较如图 1-5 所示。

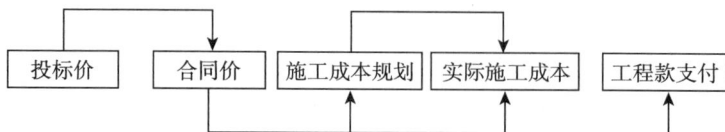

图 1-5　施工成本的计划值和实际值的比较

①工程投标价与合同价中的相应成本项、工程款支付比较。

②工程合同价与施工成本规划中的相应成本项的比较。

③施工成本规划与实际施工成本中的相应成本项的比较。

④工程合同价与实际施工成本中的相应成本项的比较。

⑤工程合同价与工程款支付中的相应成本项的比较等。

成本的计划值和实际值的比较应是定量的数据比较，比较的成果是成本跟踪和控制报告，如编制成本控制的月、季、半年和年度报告等。

（3）通过施工成本计划值和实际值的比较，如发现成本的偏差，则必须采取相应的纠偏措施进行纠偏。

3. 调整施工成本目标。如有必要，即发现原定的施工成本目标不合理，或原定的施工成本目标无法实现等，则调整施工成本目标。

技能点 3：运用动态控制原理控制施工质量

运用动态控制原理控制施工质量的工作步骤与进度控制和成本控制的工作步骤相类似。质量目标不仅是各分部分项工程的施工质量，它还包括材料、半成品、成品和有关设备等的质量。

在施工活动开展前，首先应对质量目标进行分解，即对上述组成工程质量的各元素的质量目标做出明确的定义，它就是质量的计划值。在施工过程中则应收集上述组成工程质量的各元素质量的实际值，并定期对施工质量的计划值和实际值进行跟踪和控制，编制质量控制的月、季、半年和年度报告。通过施工质量计划值和实际值的比较，如发现质量的偏差，则必须采取相应的纠偏措施进行纠偏。

🔍 **课后拓展**

选择题

1. 项目目标动态控制工作包括：①确定目标控制的计划值；②分解项目目标；③收集项目目标的实际值；④定期比较计划值和实际值；⑤纠正偏差。正确的工作流程是（　　）。

A. ①③②⑤④　　　　　　　　　B. ②①③④⑤

C. ③②①④⑤　　　　　　　　　D. ①②③④⑤

2. 运用动态控制原理对项目实施进度控制，首先应做的是（　　）。

A. 对工程进度的总目标进行逐层分解

B. 定期对工程进度计划值和实际值进行对比

C. 分析进度偏差的原因及其影响

D. 按照进度控制的要求，收集施工进度实际值

3. 下列项目目标动态控制措施中，属于管理措施的是（　　）。

A. 强化合同管理　　　　　　　　B. 调整职能分工

C. 优化组织结构　　　　　　　　D. 改进施工工艺

4. 下列项目目标动态控制的纠偏措施中，属于技术措施的有（　　　）。

A. 调整工作流程组织

B. 调整进度管理的方法和手段

C. 改变施工机具

D. 改变施工方法

E. 调整项目管理职能分工

5. 在施工成本动态控制过程中，当对工程合同价与实际施工成本、工程款支付进行比较时，成本的计划值是（　　　）。

A. 工程合同价 　　　　　　　　　 B. 实际施工成本

C. 工程款支付额 　　　　　　　　 D. 施工图预算

6. 运用动态控制原理控制施工质量时，质量目标不仅包括各分部分项工程的施工质量，还包括（　　　）。

A. 设计图纸的质量 　　　　　　　 B. 业主的决策质量

C. 施工计划的质量 　　　　　　　 D. 材料及设备的质量

答案：1. B；2. D；3. A；4. CD；5. A；6. D

工作任务4　项目经理岗位

🔍 教学目标

知识目标：识记项目经理的基本要求和任务，区分项目经理的职责和权利，识记施工项目经理的责任。

技能目标：会区分项目经理与建造师。

素质目标：提高系统解决实际工程问题的能力，培养学生职业认同感，提高组织协调能力。

🔍 知识学习

1.4.1　项目经理岗位1

为规范建设工程项目经理的项目管理行为，促进建设工程项目管理规范化、科学化，制定《建设工程施工项目经理岗位职业标准》（T/CCIAT 0010-2019），适用于建筑企业和项目经理的施工项目管理活动。

知识点 1 项目经理的基本要求和任务

项目经理应持续提升自身素质和能力，科学、合理、高效地组织项目管理活动，努力提升项目管理水平。项目经理宜采用现代信息技术，推进工程项目管理信息化、智能化。

项目经理共分为四个等级：A 级为建设工程总承包项目经理；B 级为大型建设工程项目施工的项目经理；C 级为中型建设工程项目施工的项目经理；D 级为小型建设工程项目施工的项目经理。安全防范系统项目经理一般为 D 级。

《建设工程施工项目经理岗位职业标准》（T/CCIAT 0010-2019）第 3.2 条规定了项目经理的专业知识和能力要求：

1. 施工项目管理范围内的工程技术、管理、经济、法律法规及信息化知识；
2. 施工项目实施策划和分析解决问题的能力；
3. 施工项目目标管理及过程控制的能力；
4. 组织、指挥、协调与沟通能力。

项目经理的任务包括项目的行政管理和项目管理两个方面，其在项目管理方面的主要任务是：

1. 施工安全管理。
2. 施工成本控制。
3. 施工进度控制。
4. 施工质量控制。
5. 工程合同管理。
6. 工程信息管理。
7. 工程组织与协调。

项目经理应承担施工安全和质量的责任，要加强对建筑业企业项目经理市场行为的监督管理，对工程项目发生重大工程质量安全事故或存在市场违法违规行为的项目经理，必须依法予以严肃处理。

项目经理在工程项目施工中处于中心地位，对工程项目施工负有全面管理的责任。

项目经理由于主观原因，或由于工作失误有可能承担法律责任和经济责任。政府主管部门将追究的主要是法律责任，企业将追究的主要是其经济责任。但是，如果由于项目经理的违法行为而导致企业的损失，企业也有可能追究其法律责任。

知识点 2 项目经理的职责和权利

项目经理在承担工程项目施工管理过程中，履行下列职责：

1. 贯彻执行国家和工程所在地政府的有关法律法规和政策，执行企业的各项管理制度。

2. 严格财务制度，加强财经管理，正确处理国家、企业与个人的利益关系。

3. 执行项目承包合同中由项目经理负责履行的各项条款。

4. 对工程项目施工进行有效控制，执行有关技术规范和标准，积极推广应用新技术，确保工程质量和工期，实现安全、文明生产，努力提高经济效益。

项目经理在承担工程项目施工管理的过程中，应当按照建筑施工企业与建设单位签订的工程承包合同，与本企业法定代表人签订项目承包合同，并在企业法定代表人授权范围内，行使以下管理权利：

1. 组织项目管理班子。

2. 以企业法定代表人的代表身份处理与所承担的工程项目有关的外部关系，受托签署有关合同。

3. 指挥工程项目建设的生产经营活动，调配并管理进入工程项目的人力、资金、物资、机械设备等生产要素。

4. 选择施工作业队伍。

5. 进行合理的经济分配。

6. 企业法定代表人授予的其他管理权利。

在一般的施工企业中设工程计划、合同管理、工程管理、工程成本、技术管理、物资采购、设备管理、人事管理、财务管理等职能管理部门（各企业所设的职能部门的名称不一，但其主管的工作内容是类似的），项目经理可能在工程管理部，或项目管理部下设的项目经理部主持工作。

我国在施工企业中引入项目经理的概念已多年，取得了显著的成绩。但是，在推行项目经理负责制的过程中也走入了不少误区，如企业管理的体制与机制和项目经理负责制不协调，企业利益与项目经理的利益之间出现矛盾。

施工企业项目经理往往是一个施工项目施工方的总组织者、总协调者和总指挥者，其所承担的管理任务不仅依靠所在的项目经理部的管理人员来完成，还依靠整个企业各职能管理部门的指导、协作、配合和支持。

项目经理不仅要考虑项目的利益，还应服从企业的整体利益。企业是工程管理的一个大系统，项目经理部则是其中的一个子系统。过分地强调子系统的独立性是不合理的，对企业的整体经营也是不利的。

知识点 3   施工项目经理的责任

一、项目管理目标责任书

根据《建设工程项目管理规范》（GB/T50326—2017）的相关规定，项目管理目标责任书应在项目实施之前，由法定代表人或其授权人与项目经理协商制定。项目管理不同时期纲领性文件如图 1-6 所示。

项目管理规划大纲	项目管理责任目标书	项目管理实施规划	

招投标　　中标　　　　组建项目部　　　　开工前

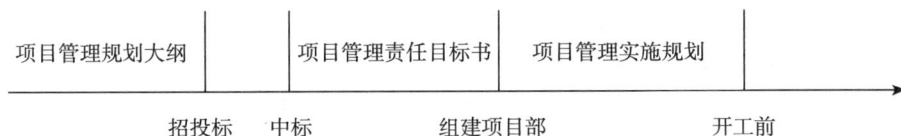

图 1-6　项目管理不同时期纲领性文件

1. 编制项目管理目标责任书应依据下列资料：
（1）项目合同文件；
（2）组织管理制度；
（3）项目管理规划大纲；
（4）组织经营方针和目标；
（5）项目特点和实施条件与环境。
2. 项目管理目标责任书宜包括下列内容：
（1）项目管理实施目标；
（2）组织和划分项目管理机构职责、权限和利益；
（3）项目现场质量、安全、环保、文明、职业健康和社会责任目标；
（4）项目设计、采购、施工、试运行管理的内容和要求；
（5）项目所需资源的获取和核算办法；
（6）法定代表人向项目管理机构负责人委托的相关事项；
（7）项目管理机构负责人和项目管理机构应承担的风险；
（8）项目应急事项和突发事件处理的原则和方法；
（9）项目管理效果和目标实现的评价原则、内容和方法；
（10）项目实施过程中相关责任和问题的认定和处理原则；
（11）项目完成后对项目管理机构负责人的奖惩依据、标准和办法；
（12）项目管理机构负责人解职和项目管理机构解体的条件及办法；
（13）缺陷责任制、质量保修期及之后对项目管理机构负责人的相关要求。

二、项目机构负责人的职责

根据《建设工程项目管理规范》（GB/T50326—2017）的相关规定，项目经理应履行下列职责：

1. 项目管理目标责任书中规定的职责。
2. 工程质量安全责任承诺书中应履行的职责。
3. 组织或参与编制项目管理规划大纲、项目管理实施规划，对项目目标进行系统管理。
4. 主持制定并落实质量、安全技术措施和专项方案，负责相关的组织协调工作。
5. 对各类资源进行质量管控和动态管理。
6. 对进场的机械、设备、工器具的安全、质量、使用进行监控。
7. 建立各类专业管理制度并组织实施。
8. 制定有效的安全、文明和环境保护措施并组织实施。

9. 组织或参与评价项目管理绩效。

10. 进行授权范围内的任务分解和利益分配。

11. 按规定完善工程资料,规范工程档案文件,准备工程结算和竣工资料,参与工程竣工验收。

12. 接受审计,处理项目管理机构解体的善后工作。

13. 协助和配合组织进行项目检查、鉴定和评奖申报。

14. 配合组织完善缺陷责任期的相关工作。

三、项目经理的权限

根据《建设工程项目管理规范》(GB/T50326—2017)的相关规定,项目经理的权限有:

1. 参与项目招标、投标和合同签订。

2. 参与组建项目管理机构。

3. 参与组织对项目各阶段的重大决策。

4. 主持项目管理机构工作。

5. 决定授权范围内的项目资源使用。

6. 在组织制度的框架下制定项目管理机构管理制度。

7. 参与选择并直接管理具有相应资质的分包人。

8. 参与选择大宗资源的供应单位。

9. 在授权范围内与项目相关方进行直接沟通。

10. 法定代表人和组织授予的其他权利。

项目经理应接受法定代表人和组织机构的业务管理,组织机构有权对项目经理给予奖励和处罚。

四、施工项目经理的责任

项目经理对施工承担全面管理的责任。工程项目施工应建立以项目经理为首的生产经营管理系统,实行项目经理负责制。项目经理在工程项目施工中处于中心地位,对工程项目施工负有全面管理的责任。

🔍 技能实践

1.4.2 项目经理岗位2

技能点:项目经理与建造师的区分

在全面实施建造师执业资格制度后仍然要坚持落实项目经理岗位责任制。项目经理岗位是保证工程项目建设质量、安全、工期的重要岗位。

安防工程施工企业项目经理,是指受企业法定代表人委托对工程项目施工过程全面负责的项目管理者，是安防工程施工企业法定代表人在工程项目上的代表人。

建造师是一种专业人士的名称，而项目经理是一个工作岗位的名称，应注意这两个概念的区别和联系。取得建造师执业资格的人员表示其知识和能力符合建造师执业的要求，但其在企业中的工作岗位则由企业视工作需要和安排而定，如图 1-7 所示。

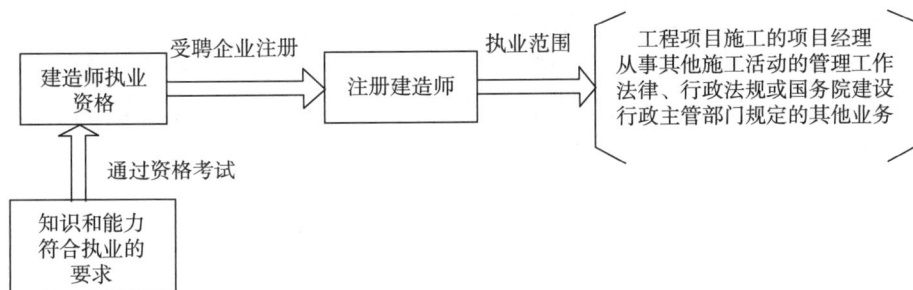

图 1-7　建造师的执业资格和注册建造师

《建设工程施工合同（示范文本）》（GF-2017-0201）中涉及项目经理的条款如下：

3.2 项目经理

3.2.1 项目经理应为合同当事人所确认的人选，并在专用合同条款中明确项目经理的姓名、职称、注册执业证书编号、联系方式及授权范围等事项，项目经理经承包人授权后代表承包人负责履行合同。项目经理应是承包人正式聘用的员工，承包人应向发包人提交项目经理与承包人之间的劳动合同，以及承包人为项目经理缴纳社会保险的有效证明。承包人不提交上述文件的，项目经理无权履行职责，发包人有权要求更换项目经理，由此增加的费用和（或）延误的工期由承包人承担。

项目经理应常驻施工现场，且每月在施工现场时间不得少于专用合同条款约定的天数。项目经理不得同时担任其他项目的项目经理。项目经理确需离开施工现场时，应事先通知监理人，并取得发包人的书面同意。项目经理的通知中应当载明临时代行其职责的人员的注册执业资格、管理经验等资料，该人员应具备履行相应职责的能力。

承包人违反上述约定的，应按照专用合同条款的约定，承担违约责任。

3.2.2 项目经理按合同约定组织工程实施。在紧急情况下为确保施工安全和人员安全，在无法与发包人代表和总监理工程师及时取得联系时，项目经理有权采取必要的措施保证与工程有关的人身、财产和工程的安全，但应在 48 小时内向发包人代表和总监理工程师提交书面报告。

3.2.3 承包人需要更换项目经理的，应提前 14 天书面通知发包人和监理人，并征得发包人书面同意。通知中应当载明继任项目经理的注册执业资格、管理经验等资料，继任项目经理继续履行第 3.2.1 项约定的职责。未经发包人书面同意，承包人不得擅自更换项目经理。承包人擅自更换项目经理的，应按照专用合同条款的约定承担违约责任。

3.2.4 发包人有权书面通知承包人更换其认为不称职的项目经理，通知中应当载明要求更换的理由。承包人应在接到更换通知后 14 天内向发包人提出书面的改进报告。发包人收到改进报告后仍要求更换的，承包人应在接到第二次更换通知的 28 天内进行更换，并将新任命的项目经理的注册执业资格、管理经验等资料书面通知发包人。继任项目经理继续履行第 3.2.1 项约定的职责。承包人无正当理由拒绝更换项目经理的，应按照专用合同条款的约定承担违约责任。

3.2.5 项目经理因特殊情况授权其下属人员履行其某项工作职责的，该下属人员应具备履行相应职责的能力，并应提前 7 天将上述人员的姓名和授权范围书面通知监理人，并征得发包人书面同意。

课后拓展

选择题

1. 根据《建设工程施工合同（示范文本）》关于施工企业项目经理的说法，正确的有（　　）。

A. 承包人需要更换项目经理的，应提前 14 天书面通知发包人和监理人，并征得发包人书面同意

B. 紧急情况下为确保施工安全，项目经理在采取必要措施后，应在 48 小时内向专业监理工程师提交书面报告

C. 承包人应在接到发包人更换项目经理的书面通知后 14 天内向发包人提出书面改进报告

D. 发包人收到承包人改进报告后仍要求更换项目经理的，承包人应在接到第二次更换通知的 28 天内进行更换

E. 项目经理因特殊情况授权给下属人员时，应提前 14 天将授权人员的相关信息通知监理人

2. 某项目经理在一栋高层建筑的施工中，由于工作失误，致使施工人员伤亡、造成施工项目重大经济损失，施工企业对该项目经理的处理方式是（　　）。

A. 追究社会责任　　　　　　　B. 吊销其建造师资格证书

C. 追究经济责任　　　　　　　D. 追究法律责任

答案：1. ACD；2. C

工作领域 2

安全防范系统施工成本管理

在行业的市场竞争中，成本管控至关重要，不仅因为其贯穿于工程建设全生命周期，又因建筑工程造价具有大额性、个别性和差异性、动态性、层次性的特点。

安防施工成本管理应从工程投标报价开始，直至项目竣工结算，保修金返还为止，贯穿于项目实施的全过程。一个建设工程项目经过立项、审批等相应程序后，主要工作阶段可分为编制招标文件、招标、合同签订、施工管理、竣工验收与移交五个阶段。针对不同阶段的工程造价，在《建设工程工程量清单计价规范》（GB 50500—2013）中分别称之为招标控制价、投标价、签约合同价、竣工结算价、竣工决算价。

施工成本管理要在保证工期和质量要求的情况下，采取相应管理措施，包括组织措施、经济措施、技术措施和合同措施，把成本控制在计划范围内，并进一步寻求最大限度的成本节约。

针对安防施工企业，主要需进行工程投标报价阶段施工成本管理、施工阶段施工成本管理、竣工交付阶段施工成本管理。

成本管理的任务包括：成本计划、成本控制、成本核算、成本分析、成本考核。

工作任务 1　投标报价阶段施工成本管理

子工作任务 1　安装工程费用项目

🔎 **教学目标**

知识目标：识记建筑安装工程费用项目 2 种组成方式：按费用构成要素划分的建筑安装工程费用项目组成、按造价形成划分的建筑安装工程费用项目组成。

技能目标：能绘制按费用构成要素和按造价形成的项目组成图，区分按费用构成要素划分和按造价形成划分。

素质目标：提高系统解决实际工程问题的能力，培养勤恳踏实的专业精神。

🔍 知识学习

2.1.1 安装工程费用项目

知识点1 按费用构成要素划分的建筑安装工程费用项目组成

建筑安装工程费按照费用构成要素划分，由人工费、材料（包含工程设备，下同）费、施工机具使用费、企业管理费、利润、规费和税金组成。其中人工费、材料费、施工机具使用费、企业管理费和利润包含在分部分项工程费、措施项目费、其他项目费中。

（一）人工费

人工费是指按工资总额构成规定，支付给从事建筑安装工程施工的生产工人和附属生产单位工人的各项费用。具体包括：

1. 计时工资或计件工资。计时工资或计件工资是指按计时工资标准和工作时间或对已做工作按计件单价支付给个人的劳动报酬。

2. 奖金。奖金是指对超额劳动和增收节支支付给个人的劳动报酬。如节约奖、劳动竞赛奖等。

3. 津贴补贴。津贴补贴是指为了补偿职工特殊或额外的劳动消耗和因其他特殊原因支付给个人的津贴，以及为了保证职工工资水平不受物价影响支付给个人的物价补贴。如流动施工津贴、特殊地区施工津贴、高温（寒）作业临时津贴、高空津贴等。

4. 加班加点工资。加班加点工资是指按规定支付的在法定节假日工作的加班工资和在法定工作日工作时间外延时工作的加点工资。

5. 特殊情况下支付的工资。特殊情况下支付的工资是指根据国家法律法规和政策规定，因病、工伤、产假、计划生育假、婚丧假、事假、探亲假、定期休假、停工学习、执行国家或社会义务等原因按计时工资标准或按计时工资标准的一定比例支付的工资。

（二）材料费

材料费是指施工过程中耗费的原材料、辅助材料、构配件、零件、半成品或成品、工程设备的费用。具体包括：

1. 材料原价。材料原价是指材料、工程设备的出厂价格或商家供应价格。

2. 运杂费。运杂费是指材料、工程设备自来源地运至工地仓库或指定堆放地点所发生的全部费用。

3. 运输损耗费。运输损耗费是指材料在运输装卸过程中不可避免的损耗。

4. 采购及保管费。采购及保管费是指为组织采购、供应和保管材料、工程设备的过程中所需要的各项费用，包括采购费、仓储费、工地保管费、仓储损耗。

工程设备是指构成或计划构成永久工程一部分的机电设备、金属结构设备、仪器装置及其他类似的设备和装置。

（三）施工机具使用费

施工机具使用费是指施工作业所发生的施工机械、仪器仪表使用费或其租赁费。

1. 施工机械使用费。以施工机械台班耗用量乘以施工机械台班单价计算得出，施工机械台班单价应由下列 7 项费用组成：

（1）折旧费：是指施工机械在规定的使用年限内，陆续收回其原值的费用。

（2）检修费：是指施工机械在规定的耐用总台班内，按规定的检修间隔进行必要的检修，以恢复其正常功能所需的费用。

（3）维护费：是指施工机械在规定的耐用总台班内，按规定的维护间隔进行各级维护和临时故障排除所需的费用，包括为保障机械正常运转所需替换设备与随机配备工具附具的摊销和维护费用，机械运转中日常保养所需润滑与擦拭的材料费用及机械停滞期间的维护和保养费用等。

（4）安拆费及场外运费：安拆费指施工机械（大型机械除外）在现场进行安装与拆卸所需的人工、材料、机械和试运转费用以及机械辅助设施的折旧、搭设、拆除等费用。场外运费指施工机械整体或分体自停放地点运至施工现场或由一施工地点运至另一施工地点的运输、装卸、辅助材料及架线等费用。

（5）人工费：是指机上司机（司炉）和其他操作人员的人工费。

（6）燃料动力费：是指施工机械在运转作业中所消耗的各种燃料及水、电等。

（7）税费：是指施工机械按照国家规定应缴纳的车船使用税、保险费及年检费等。

2. 仪器仪表使用费。仪器仪表使用费是指工程施工所需使用的仪器仪表的摊销及维修费用。

（四）企业管理费

企业管理费是指建筑安装企业组织施工生产和经营管理所需的费用。具体包括：

1. 管理人员工资。管理人员工资是指按规定支付给管理人员的计时工资、奖金、津贴补贴、加班加点工资及特殊情况下支付的工资等。

2. 办公费。办公费是指企业管理办公用的文具、纸张、账表、印刷、邮电、书报、办公软件、现场监控、会议、水电、烧水和集体取暖降温（包括现场临时宿舍取暖降温）等费用。

3. 差旅交通费。差旅交通费是指职工因公出差、调动工作的差旅费、住勤补助费，市内交通费和误餐补助费，职工探亲路费，劳动力招募费，职工退休、退职一次性路费，工伤人员就医路费，工地转移费以及管理部门使用的交通工具的油料、燃料等费用。

4. 固定资产使用费。固定资产使用费是指管理和试验部门及附属生产单位使用的属于固定资产的房屋、设备、仪器等的折旧、大修、维修或租赁费。

5. 工具用具使用费。工具用具使用费是指企业施工生产和管理使用的不属于固定资产的工具、器具、家具、交通工具和检验、试验、测绘、消防用具等的购置、维修和摊销费。

6. 劳动保险和职工福利费。劳动保险和职工福利费是指由企业支付的职工退职金、按规定支付给离休干部的经费、集体福利费、夏季防暑降温费、冬季取暖补贴、上下班交通补贴等。

7. 劳动保护费。劳动保护费是指企业按规定发放的劳动保护用品的支出。如工作服、手套、防暑降温饮料以及在有碍身体健康的环境中施工的保健费用等。

8. 检验试验费。检验试验费是指施工企业按照有关标准规定，对建筑以及材料、构件和建筑安装物进行一般鉴定、检查所发生的费用，包括自设试验室进行试验所耗用的材料等费用。不包括新结构、新材料的试验费，对构件做破坏性试验及其他特殊要求检验试验的费用和建设单位委托检测机构进行检测的费用，对此类检测发生的费用，由建设单位在工程建设其他费用中列支。但对施工企业提供的具有合格证明的材料进行检测，其结果不合格的，该检测费用由施工企业支付。

9. 工会经费。工会经费是指企业按《中华人民共和国工会法》规定的全部职工工资总额比例计提的工会经费。

10. 职工教育经费。职工教育经费是指按职工工资总额的规定比例计提，企业为职工进行专业技术和职业技能培训，专业技术人员继续教育、职工职业技能鉴定、职业资格认定以及根据需要对职工进行各类文化教育所发生的费用。

11. 财产保险费。财产保险费是指施工管理用财产、车辆等的保险费用。

12. 财务费。财务费是指企业为施工生产筹集资金或提供预付款担保、履约担保、职工工资支付担保等所发生的各种费用。

13. 税金。税金是指企业按规定缴纳的房产税、车船使用税、城镇土地使用税、印花税等。

14. 城市维护建设税。为了加强城市的维护建设，扩大和稳定城市维护建设资金的来源，法律规定凡缴纳税金和消费税的单位和个人，都应当依照规定缴纳城市维护建设税。城市维护建设税税率如下：①纳税人所在地在市区的，税率为7%；②纳税人所在地在县城、镇的，税率为5%；③纳税人所在地不在市区、县城或镇的，税率为1%。

15. 教育费附加。教育费附加是对缴纳税金和消费税的单位和个人征收的一种附加费，其作用是为了发展地方性教育事业，扩大地方教育经费的资金来源。以纳税人实际缴纳的税金和消费税的税额为计费依据，教育费附加的征收率为3%。

16. 地方教育附加。按照《财政部关于统一地方教育附加政策有关问题的通知》要求，各地统一征收地方教育附加，地方教育附加征收标准为单位和个人实际缴纳的税金和消费税税额的2%。

17. 其他。包括技术转让费、技术开发费、投标费、业务招待费、绿化费、广告费、公证费、法律顾问费、审计费、咨询费、保险费等。

（五）利润

利润是指施工企业完成所承包工程获得的盈利。

（六）规费

规费是指按国家法律法规规定，由省级政府和省级有关权力部门规定必须缴纳或计取的费用。具体包括：

1. 社会保险费。

（1）养老保险费：是指企业按照规定标准为职工缴纳的基本养老保险费。

（2）失业保险费：是指企业按照规定标准为职工缴纳的失业保险费。

（3）医疗保险费：是指企业按照规定标准为职工缴纳的基本医疗保险费。

（4）生育保险费：是指企业按照规定标准为职工缴纳的生育保险费。

（5）工伤保险费：是指企业按照规定标准为职工缴纳的工伤保险费。

2. 住房公积金。住房公积金是指企业按规定标准为职工缴纳的住房公积金。

其他应列而未列入的规费，按实际发生计取。

（七）增值税

建筑安装工程费用的增值税是指国家税法规定应计入建筑安装工程造价内的增值税销项税额。增值税是以商品（含应税劳务）在流转过程中产生的增值额作为计税依据而征收的一种流转税。从计税原理上说，增值税是对商品生产、流通、劳务服务中多个环节的新增价值或商品的附加值征收的一种流转税。

知识点 2　按造价形成划分的建筑安装工程费用项目组成

建筑安装工程费按照工程造价形成由分部分项工程费、措施项目费、其他项目费、规费、税金组成，分部分项工程费、措施项目费、其他项目费包含人工费、材料费、施工机具使用费、企业管理费和利润。

（一）分部分项工程费

分部分项工程费是指各专业工程的分部分项工程应予列支的各项费用，其划分为：

1. 专业工程。专业工程是指按现行国家计量规范划分的房屋建筑与装饰工程、仿古建筑工程、通用安装工程、市政工程、园林绿化工程、矿山工程、构筑物工程、城市轨道交通工程、爆破工程等各类工程。

2. 分部分项工程。分部分项工程是指按现行国家计量规范对各专业工程划分的项目。如通用安装工程划分为机械设备安装工程、热力设备安装工程、静置设备与工艺金属结构制作安装工程、电气设备安装工程、建筑智能化工程等。

各类专业工程的分部分项工程划分见现行国家标准或行业计量规范。

（二）措施项目费

措施项目费是指为完成建设工程施工，发生于该工程施工前和施工过程中的技术、生活、安全、环境保护等方面的费用。具体包括：

1. 安全文明施工费。

（1）环境保护费：是指施工现场为达到环保部门要求所需要的各项费用。

（2）文明施工费：是指施工现场文明施工所需要的各项费用。

（3）安全施工费：是指施工现场安全施工所需要的各项费用。

（4）临时设施费：是指施工企业为进行建设工程施工所必须搭设的生活和生产用的临时建筑物、构筑物和其他临时设施所需要的费用。包括临时设施的搭设、维修、拆除、清理或摊销。

（5）建筑工人实名制管理费：是指实施建筑工人实名制管理所需的费用。

2. 夜间施工增加费。夜间施工增加费是指因夜间施工所发生的夜班补助费、夜间施工降效、夜间施工照明设备摊销及照明用电等费用。

3. 二次搬运费。二次搬运费是指因施工场地条件限制而发生的材料、构配件、半成品等一次运输不能到达堆放地点，必须进行二次或多次搬运所发生的费用。

4. 冬雨期施工增加费。冬雨期施工增加费是指在冬期或雨期施工需增加的临时设施，防滑、排除雨雪设施，人工及施工机械效率降低所发生的费用。

5. 已完工程及设备维护费。已完工程及设备维护费是指竣工验收前，对已完工程及设备采取的必要保护措施所发生的费用。

6. 工程定位复测费。工程定位复测费是指工程施工过程中进行全部施工测量放线和复测工作所发生的费用。

7. 特殊地区施工增加费。特殊地区施工增加费是指工程在沙漠或其边缘、高海拔、高寒、原始森林等特殊地区施工增加的费用。

8. 大型机械设备进出场及安拆费。大型机械设备进出场及安拆费是指机械整体或分体自停放场地运至施工现场或由一个施工地点运至另一个施工地点，所发生的机械进出场运输及转移费用及机械在施工现场进行安装、拆卸所需的人工费、材料费、机械费、试运转费和安装所需的辅助设施的费用。

9. 脚手架工程费。脚手架工程费是指施工需要的各种脚手架搭、拆、运输费用以及脚手架购置费的摊销（或租赁）费用。

措施项目及其包含的内容详见各类专业工程的现行国家或行业计量规范。

（三）其他项目费

1. 暂列金额。暂列金额是指建设单位在工程量清单中暂定并包括在工程合同价款中的一笔款项。用于施工合同签订时尚未确定或者不可预见的所需材料、工程设备、服务的采购，施工中可能发生的工程变更、合同约定调整因素出现时的工程价款调整以及发生的索赔、现场签证确认等所需的费用。

2. 暂估价。暂估价是指发包人在工程量清单或预算书中提供的用于支付必然发生但暂时不能确定价格的材料、工程设备的单价、专业工程以及服务工作的金额。招标投标中的暂估价是指总承包招标时不能确定价格而由招标人在招标文件中暂时估定的工程、货物、服务的金额。

3. 计日工。计日工是指在施工过程中，施工企业完成建设单位提出的施工图纸以外的零星项目或工作所需的费用。

4. 总承包服务费。总承包服务费是指总承包人为配合、协调建设单位进行的专业工程发包，对建设单位自行采购的材料、工程设备等进行保管以及施工现场管理、竣工资料汇总整理等服务所需的费用。

（四）规费

（五）税金

技能实践

技能点 1：绘制按费用构成要素划分的建筑安装工程费用项目组成图

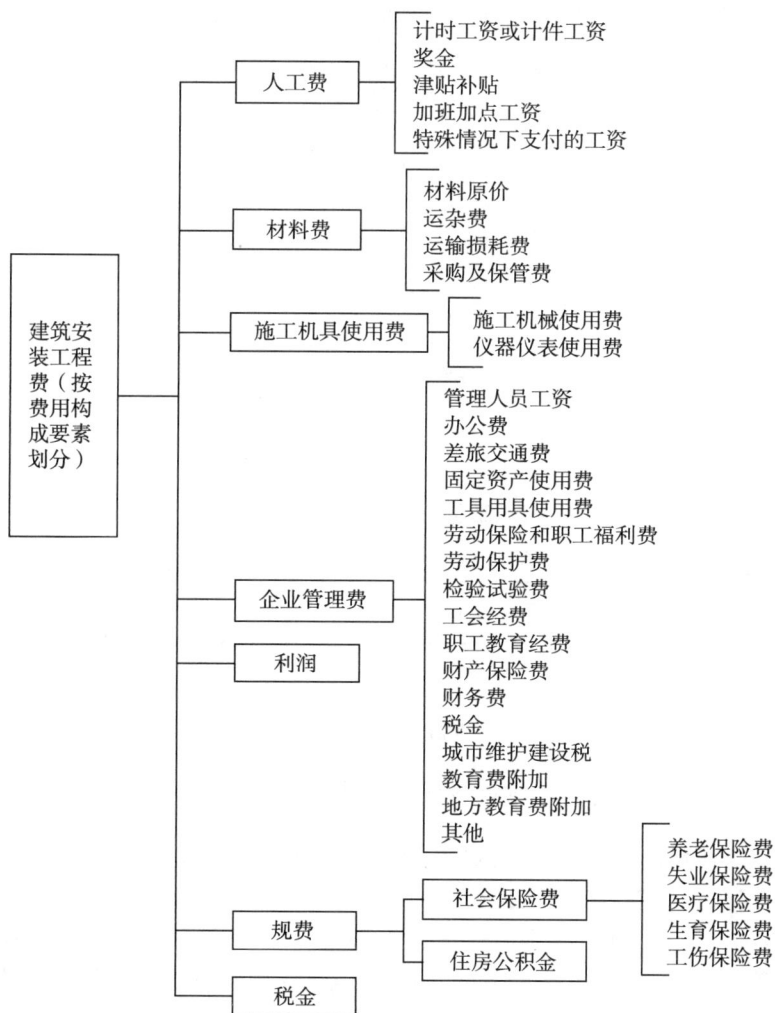

图 2-1　按费用构成要素划分的建筑安装工程费

技能点 2：绘制按造价形成划分的建筑安装工程费用项目组成图

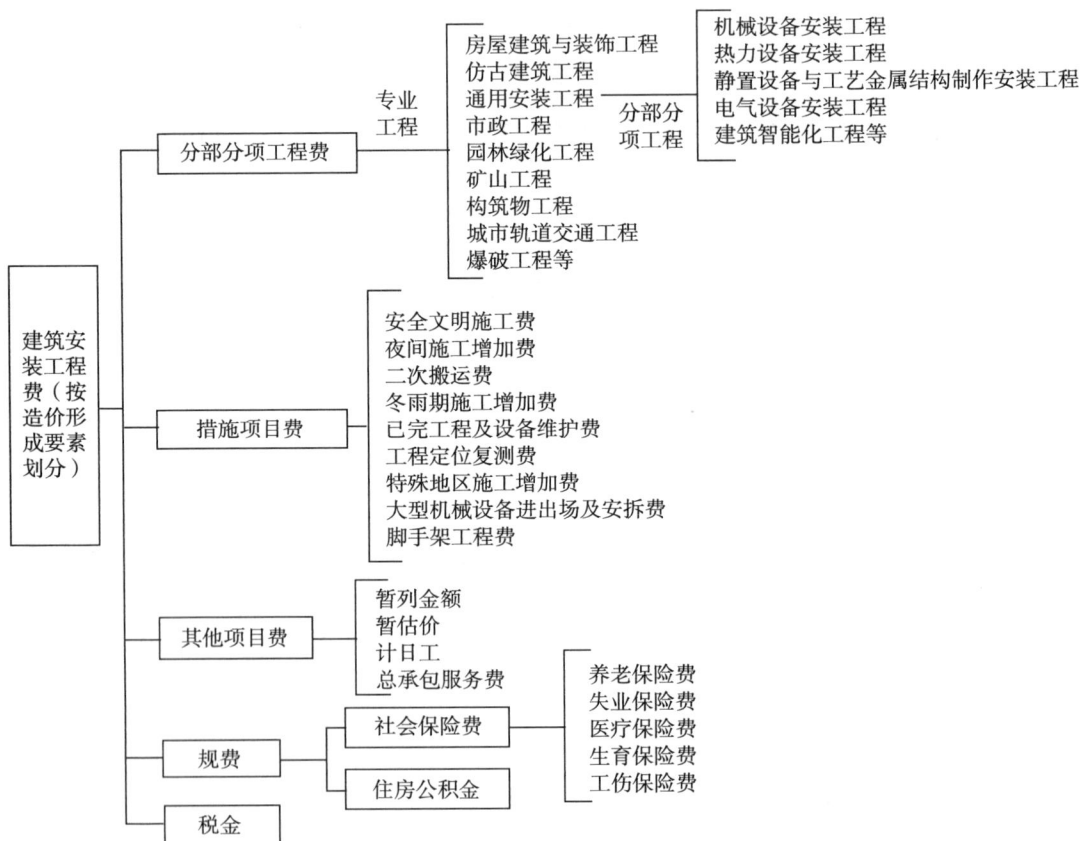

图 2-2　按造价形成要素划分的建筑安装工程费

技能点 3：区分按费用构成要素划分和按造价形成划分

建筑安装工程费按照费用构成要素划分，由人工费、材料费、施工机具使用费、企业管理费、利润、规费和税金组成。

建筑安装工程费按照工程造价形成，由分部分项工程费、措施项目费、其他项目费、规费和税金组成。其中分部分项工程费、措施项目费、其他项目费包含人工费、材料费、施工机具使用费、企业管理费和利润。

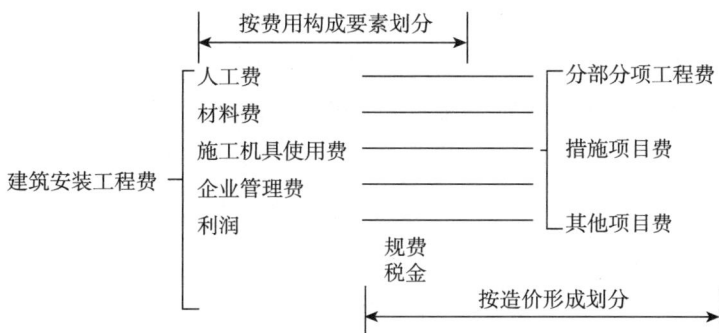

图 2-3　区分按费用构成要素划分和按造价形成划分

🔑 课后拓展

选择题

1. 根据现行规定，施工企业为职工缴纳的工伤保险费，属于建筑安装工程费中的（　　）。

　A. 企业管理费　　　　　　B. 劳动保险费

　C. 规费　　　　　　　　　D. 安全施工费

2. 在建筑安装工程费用的项目组成中，工具用具使用费属于（　　）。

　A. 施工机具使用费　　　　B. 材料费

　C. 措施项目费　　　　　　D. 企业管理费

3. 下列与材料有关的费用中，应计入建筑安装工程材料费的有（　　）。

　A. 运杂费

　B. 运输损耗费

　C. 采购费

　D. 工地保管费

　E. 检验试验费

4. 下列施工费用中属于施工机具使用费的有（　　）。

　A. 塔吊进入施工现场的费用

　B. 挖掘机施工作业消耗的燃料费用

　C. 压路机司机的工资

　D. 通勤车辆的过路过桥费

　E. 土方运输汽车的年检费

5. 根据现行《建筑安装工程费用项目组成》，因病而按计时工资标准的一定比例支付的工资属于（　　）。

　A. 津贴补贴　　　　　　　B. 医疗保险费

　C. 特殊情况下支付的工资　D. 职工福利费

6. 现行税法规定，建筑安装工程费用的税金是指应计入建筑安装工程造价内的（　　）。

A. 项目应纳税所得额　　B. 增值税可抵扣进项税额

C. 增值税销项税额　　　D. 增值税进项税额

7. 按照造价形成划分，建筑安装工程费中的其他项目费包括（　　）。

A. 暂估价

B. 待摊费

C. 暂列金额

D. 总承包服务费

E. 计日工

8. 根据现行《建筑安装工程费用项目组成》，按建造形成划分，属于措施项目费的有（　　）。

A. 特殊地区施工增加费

B. 工程定位复测费

C. 安全文明施工费

D. 脚手架工程费

E. 仪器仪表使用费

9. 根据《建设工程工程量清单计价规范》，关于暂列金额的说法，正确的是（　　）。

A. 已签约合同中的暂列金额应由发包人掌握使用

B. 已签约合同中的暂列金额应由承包人掌握使用

C. 发包人按照合同规定将暂列金额作出支付后，剩余金额归承包人所有

D. 发包人按照合同规定将暂列金额作出支付后，剩余金额由发包人和承包人共同所有

答案：1. C；2. D；3. ABCD；4. BCE；5. C；6. C；7. CDE；8. ABCD；9. A

子工作任务2　建筑安装工程费用计算

🔑**教学目标**

知识目标：识记按费用构成要素划分和按造价形成划分建筑安装工程费用的计价公式。

技能目标：在实际工程中会计算安装工程造价。

素质目标：提高系统解决实际工程问题的能力，培养勤恳踏实的专业精神。

🔑**知识学习**

2.1.2　建筑安装工程费用计算

知识点 1　按费用构成要素划分建筑安装工程费用的计价公式

（一）人工费

公式 1：人工费 $= \sum$（工日消耗量×日工资单价）

$$日工资单价 = \frac{生产工人平均月工资（计时、计件）+平均月（奖金+津贴补贴+特殊情况下支付的工资）}{年平均每月法定工作日}$$

公式 1 主要适用于施工企业投标报价时自主确定人工费，也是工程造价管理机构编制计价定额确定定额人工单价或发布人工成本信息的参考依据。

公式 2：人工费 $= \sum$（工程工日消耗量×日工资单价）

公式 2 适用于工程造价管理机构编制计价定额时确定定额人工费，是施工企业投标报价的参考依据。

日工资单价是指施工企业平均技术熟练程度的生产工人在每工作日（国家法定工作时间内）按规定从事施工作业应得的日工资总额。

工程造价管理机构确定日工资单价应根据工程项目的技术要求，通过市场调查，参考实物工程量人工单价综合分析确定，最低日工资单价不得低于工程所在地人力资源和社会保障部门所发布的最低工资标准，普工工资不低于最低工资的 1.3 倍；一般技工工资不低于最低工资的 2 倍；高级技工工资不低于最低工资的 3 倍。

工程计价定额不可只列一个综合工日单价，应根据工程项目技术要求和工种差别适当划分多种日人工单价，确保各分部工程人工费的合理构成。

（二）材料费

1. 材料费。

材料费 $= \sum$（材料消耗量×材料单价）

材料单价 ＝ ｛（材料原价+运杂费）× ［1+运输损耗率（%）］｝×［1+采购保管费率（%）］

2. 工程设备费。

工程设备费 $= \sum$（工程设备量×工程设备单价）

工程设备单价 ＝（设备原价+运杂费）×［1+采购保管费率（%）］

（三）施工机具使用费

1. 施工机械使用费。

施工机械使用费 $= \sum$（施工机械台班消耗量×机械台班单价）

机械台班单价 ＝ 台班折旧费+台班检修费+台班维护费+台班安拆费及场外运费+台班人工费+台班燃料动力费+台班车船税费

（1）折旧费计算公式为：

$$台班折旧费 = \frac{机械预算价格×（1-残值率）}{耐用总台班数}$$

耐用总台班数 ＝ 折旧年限×年工作台班

（2）检修费计算公式为：

$$台班检修费 = \frac{一次检修费 \times 检修次数}{耐用总台班数}$$

工程造价管理机构在确定计价定额中的施工机械使用费时，应根据《建筑施工机械台班费用计算规则》结合市场调查编制施工机械台班单价。施工企业可以参考工程造价管理机构发布的台班单价，自主确定施工机械使用费的报价，如租赁施工机械，公式为：

施工机械使用费 = $\sum$（施工机械台班消耗量×机械台班租赁单价）

2. 仪器仪表使用费。

仪器仪表使用费 = 工程使用的仪器仪表摊销费 + 维修费

（四）企业管理费

企业管理费 = 计算基数×相应的企业管理费率

其中，企业管理费费率的计算方法包括以下3种：

1. 以分部分项工程费为计算基础。

$$企业管理费费率 = \frac{生产工人平均管理费}{年有效施工天数 \times 人工单价} \times 人工费占分部分项工程费比例$$

（％）×100%

2. 以人工费和机械费合计为计算基础。

$$企业管理费费率 = \frac{生产工人平均管理费}{年有效施工天数 \times （人工单价 + 每一工日机械使用费）} \times 100\%$$

3. 以人工费为计算基础。

$$企业管理费费率 = \frac{生产工人年平均管理费}{年有效施工天数 \times 人工单价} \times 100\%$$

企业投标报价时自主确定管理费，是工程造价管理机构编制计价定额确定企业管理费的参考依据。

工程造价管理机构在确定计价定额中企业管理费时，应以"定额人工费"或"定额人工费+定额机械费"作为计算基数，其费率根据历年工程造价积累的资料，辅以调查数据确定。

（五）利润

施工企业根据企业自身需求并结合建筑市场实际自主确定，将利润列入报价中。

工程造价管理机构在确定计价定额中利润时，应以定额人工费或定额人工费与定额机械费之和作为计算基数，其费率根据历年工程造价积累的资料，并结合建筑市场实际确定，以单位（单项）工程测算，利润在税前建筑安装工程费的比重可按不低于5%且不高于7%的费率计算。

（六）规费

社会保险费和住房公积金应以定额人工费为计算基础，根据工程所在地省、自治区、直辖市或行业建设主管部门规定费率计算。

社会保险费和住房公积金=∑（工程定额人工费×社会保险费和住房公积金费率）

公式中，社会保险费和住房公积金费率可按每万元发承包价的生产工人人工费、管理人员工资含量与工程所在地规定的缴纳标准综合分析确定。

（七）增值税

建筑安装工程费用的增值税是指国家税法规定应计入建筑安装工程造价内的增值税销项税额。增值税的计税方法包括一般计税方法和简易计税方法。一般纳税人发生应税行为适用一般计税方法计税。小规模纳税人发生应税行为适用简易计税方法计税。当采用一般计税方法时，建筑业增值税税率为9%。

1. 一般计税方法：当采用一般计税方法时，建筑业增值税税率为9%。

计算公式为：增值税销项税额=税前造价×9%

税前造价为人工费、材料费、施工机具使用费、企业管理费、利润和规费之和，各费用项目均不包含增值税可抵扣进项税额的价格计算。

2. 简易计税方法：按简易计税方法计算的应纳税额，是指按照销售额和增值税征收率计算的增值税额，不得抵扣进项税额。

当采用简易计税方法时，建筑业增值税税率为3%。

计算公式为：增值税=税前造价×3%

知识点2　按造价形成划分建筑安装工程费用的计价公式

（一）分部分项工程费

分部分项工程费=∑（分部分项工程量×综合单价）

公式中，综合单价包括人工费、材料费、施工机具使用费、企业管理费和利润以及一定范围的风险费用（下同）。

（二）措施项目费

1. 国家计量规范规定应予计量的措施项目，其计算公式为：

措施项目费=∑（措施项目工程量×综合单价）

2. 国家计量规范规定不宜计量的措施项目计算方法如下：

（1）安全文明施工费。

安全文明施工费=计算基数×安全文明施工费费率（%）

计算基数应为定额基价（定额分部分项工程费+定额中可以计量的措施项目费）、定额人工费或（定额人工费+定额机械费），其费率由工程造价管理机构根据各专业工程的特点综合确定。

（2）夜间施工增加费。

夜间施工增加费=计算基数×夜间施工增加费费率（%）

（3）二次搬运费。

二次搬运费=计算基数×二次搬运费费率（%）

（4）冬雨期施工增加费。

冬雨期施工增加费＝计算基数×冬雨期施工增加费费率（％）

（5）已完工程及设备保护费。

已完工程及设备保护费＝计算基数×已完工程及设备保护费费率（％）

上述第（2）项至第（5）项措施项目的计费基数应为"定额人工费"或"定额人工费+定额机械费"，其费率由工程造价管理机构根据各专业工程特点和调查资料综合分析后确定。

（三）其他项目费

1. 暂列金额。由建设单位根据工程特点，按有关计价规定估算，施工过程中由建设单位掌握使用，扣除合同价款调整后如有余额，归建设单位。

2. 计日工。由建设单位和施工企业按施工过程中的签证计价。

3. 总承包服务费。由建设单位在最高投标限价中根据总承包服务范围和有关计价规定编制，施工企业投标时自主报价，施工过程中按签约合同价执行。

（四）规费

（五）增值税

🔍 技能实践

技能点：实际工程中计算安装工程造价

例：某安防工程人工费为100万元，材料费为140万元，施工机具使用费为40万元，企业管理费以人工费和机械费合计为计算基础，费率为18％，利润率以人工费为计算基础，费率为30％，规费30万元，增值税税率为9％，则该工程的含税造价为多少万元？

解析：依题意

企业管理费＝（人工费+机械费）×18％＝（100+140）×18％＝43.2万元

利润＝人工费×30％＝100×30％＝30万元

增值税＝（人工费+材料费+施工机具使用费+企业管理费+规费+利润）×9％＝（100+140+40+43.2+30+30）×9％≈34.49万元

工程的含税造价＝人工费+材料费+施工机具使用费+企业管理费+规费+利润+增值税＝100+140+40+43.2+30+30+34.49＝417.69万元

🔍 课后拓展

选择题

1. 某施工工程人工费为80万元，材料费为140万元，施工机具使用费为40万元，企业管理费以人工费和机械费合计为计算基础，费率为18％，利润率以人工费为计算基础，费率为30％，规费30万元，增值税税率为10％，则该工程的含税造价约为（　　）万元。

A. 316　　　　B. 369　　　　C. 360　　　　D. 450

2. 某建设工程项目的造价中，人工费为3000万元，材料费为6000万元，施工机具使用费为1000万元，企业管理费为400万元，利润为800万元，规费为300万元。各项费用均不包含增值税可抵扣进项税额，增值税税率为9%，则增值税销项税额为（　　）万元。

A. 1035　　　　B. 900　　　　C. 936　　　　D. 1008

答案：1. B

解析：[80+140+40+（80+40）×18%+80×30%+30] ×1.1＝369.16万元

2. A

解析：（3000+6000+1000+400+800+300）×9%＝1035万元

子工作任务3　工程量清单计价方式

🔍 教学目标

知识目标：明晰工程量清单计价的基本概念，识记工程量清单计价应用过程，识记工程量清单计价的方法。

技能目标：会进行投标报价的编制，会进行合同价款的约定。

素质目标：提高系统解决实际工程问题的能力，培养勤恳踏实的专业精神及具有契约精神。

🔍 知识学习

2.1.3.1　工程量清单计价方式1

知识点1　工程量清单计价基本概念

工程量清单计价，是一种主要由市场定价的计价模式。为适应我国投资体制改革和建设管理体制改革的需要，加快我国建设工程计价模式与国际接轨的步伐，在全国范围内推出了《建设工程工程量清单计价规范》（GB50500—2013）（以下简称《计价规范》）。

《计价规范》规定，使用国有资金投资的建设工程发承包，必须采用工程量清单计价。非国有资金投资的建设工程，宜采用工程量清单计价。不采用工程量清单计价的建设工程，应执行本规范除工程量清单等专门性规定外的其他规定。

工程量清单应采用综合单价计价。措施项目中的安全文明施工费必须按国家或省级、行业建设主管部门的规定计算，不得作为竞争性费用。规费和税金必须按国家或省级、行业建设主管部门的规定计算，不得作为竞争性费用。

知识点 2　工程量清单计价应用过程

工程量清单计价应用过程如图 2-4 所示。

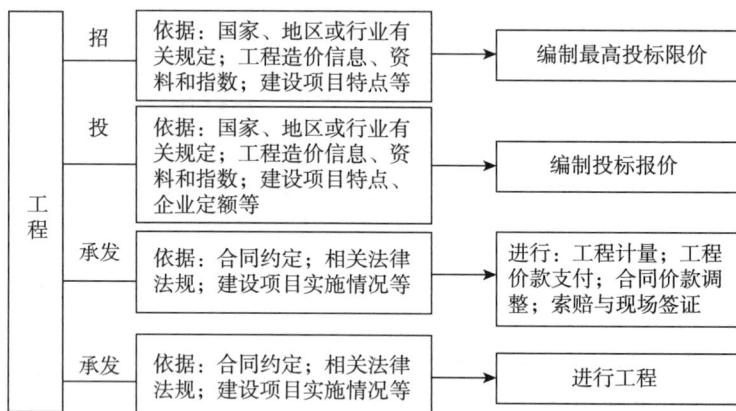

图 2-4　工程量清单计价应用过程

知识点 3　工程量清单计价的方法

一、工程量清单计价概述

工程造价的计算采用工程量清单计价，建筑安装工程造价由分部分项工程费、措施项目费、其他项目费、规费和税金组成。在工程量清单计价中，如按分部分项工程单价组成来分，工程量清单计价主要有三种形式：①工料单价法；②综合单价法；③全费用综合单价法。

工料单价＝人工费＋材料费＋施工机具使用费

综合单价＝人工费＋材料费＋施工机具使用费＋管理费＋利润

全费用综合单价＝人工费＋材料费＋施工机具使用费＋管理费＋利润＋规费＋税金

《计价规范》规定，分部分项工程量清单应采用综合单价计价。但在 2015 年发布实施的《建设工程造价咨询规范》（GB/T51095—2015）中，为了贯彻工程计价的全费用单价，强调最高投标限价、投标报价的单价应采用全费用综合单价。本书主要依据《计价规范》编写，即采用综合单价法计价。利用综合单价法计价需分项计算清单项目，再汇总得到工程总造价。

分部分项工程费＝Σ（分部分项工程量×分部分项工程综合单价）

措施项目费＝Σ（措施项目工程量×措施项目综合单价）＋Σ单项措施费

其他项目费＝暂列金额＋暂估价＋计日工＋总承包服务费＋索赔与现场签证

单位工程报价＝分部分项工程费＋措施项目费＋其他项目费＋规费＋税金

单项工程报价＝∑单位工程报价

总造价＝∑单项工程报价

二、分部分项工程费计算

根据分部分项工程费计算公式，利用综合单价法计算分部分项工程费需要解决两个核心问题，即确定各分部分项工程的工程量及其综合单价。

1. 分部分项工程量的确定。招标文件中的工程量清单标明的工程量是招标人编制最高投标限价和投标人投标报价的共同基础，它是工程量清单编制人按施工图图示尺寸和工程量清单计算规则计算得到的工程净量。但是，该工程量不能作为承包人在履行合同义务中应予完成的实际和准确的工程量，发承包双方进行工程竣工结算时的工程量应按发承包双方在合同中约定应予计量且实际完成的工程量确定，当然该工程量的计算也应严格遵照工程量清单计算规则，以实体工程量为准。

2. 综合单价的编制。《计价规范》中的工程量清单综合单价是指完成一个规定清单项目所需的人工费、材料和工程设备费、施工机具使用费和企业管理费与利润以及一定范围内的风险费用。该定义并不是真正意义上的全费用综合单价，而是一种狭义的综合单价，规费和税金等不可竞争的费用并不包括在项目单价中。

综合单价的计算通常采用定额计价的方法，即以计价定额为基础进行组合计算。由于《计价规范》与定额中的工程量计算规则、计量单位、工程内容不尽相同，综合单价的计算不是简单地将其所含的各项费用进行汇总，而是要通过具体计算后综合而成。综合单价的计算可以概括为以下步骤：

(1) 确定组合定额子目。清单项目一般以一个"综合实体"考虑，包括了较多的工程内容，计价时，可能出现一个清单项目对应多个定额子项的情况。因此计算综合单价的第一步就是将清单项目的工程内容与定额项目的工程内容进行比较，结合清单项目的特征描述，确定拟组价清单项目应该由哪几个定额子目来组合。如"监控摄像设备"项目，根据《湖北省通用安装工程消耗量定额及全费用基价表　第五册　建筑智能化工程》规定，此项目包括开箱检查、设备组装、检查基础、安装设备、接线、本体调试，分别列有摄像机安装、防护罩安装、摄像机支架安装，则应用这 3 个定额子目来组合综合单价。

(2) 计算定额子目工程量。由于一个清单项目可能对应几个定额子目，而清单工程量计算的是主项工程量，与各定额子目的工程量可能并不一致。即便一个清单项目对应一个定额子目，也可能由于清单工程量计算规则与所采用的定额工程量计算规则之间的差异，而导致两者的计价单位和计算出来的工程量不一致。因此，清单工程量不能直接用于计价，在计价时必须考虑施工方案等各种影响因素，根据所采用的计价定额及相应的工程量计算规则重新计算各定额子目的施工工程量。定额子目工程量的具体计算方法，应按照与所采用的定额相对应的工程量计算规则计算。

(3) 测算人、料、机消耗量。人工、材料、机械的消耗量一般参照定额进行确定。编制投标报价时一般采用反映企业水平的企业定额，投标企业没有企业定额时可参照消耗量定额进行调整。

（4）确定人、料、机单价。人工单价、材料价格和施工机械台班单价，应根据工程项目的具体情况及市场资源的供求状况进行确定，采用市场价格作为参考，并考虑一定的调价系数。

（5）计算清单项目的人、料、机费。按确定的分项工程人工、材料和机械的消耗量及询价获得的人工单价、材料单价、施工机械台班单价，与相应的计价工程量相乘得到各定额子目的人、料、机费，将各定额子目的人、料、机费汇总后算出清单项目的人、料、机费。

人、料、机费 = $\sum$ ｛计价工程量× ［ $\sum$（人工消耗量×人工单价）+ $\sum$（材料消耗量×材料单价）+ $\sum$（台班消耗量×台班单价）］｝

（6）计算清单项目的管理费和利润。企业管理费及利润通常根据各地区规定的费率乘以规定的计价基础得出。

（7）计算清单项目的综合单价。将清单项目的人、料、机费，管理费及利润汇总得到该清单项目的合价，将该清单项目合价除以清单项目的工程量即可得到该清单项目的综合单价。

综合单价 =（人、料、机费+管理费+利润）/清单工程量

全费用综合单价 =（人、料、机费+管理费+利润+规费+税金）/清单工程量

三、措施项目费计算

措施项目费是指为完成工程项目施工，而用于发生在该工程施工准备和施工过程中的技术、生活、安全、环境保护等方面的非工程实体项目所支出的费用。措施项目清单计价应根据建设工程的施工组织设计，对可以计算工程量的措施项目，应按分部分项工程量清单的方式采用综合单价计价。其余的措施项目可以"项"为单位的方式计价，应包括除规费、税金外的全部费用。

措施项目费的计算方法一般有以下几种：

1. 综合单价法。这种方法与分部分项工程综合单价的计算方法一样，就是根据需要消耗的实物工程量与实物单价计算措施费，适用于可以计算工程量的措施项目，主要是指一些与工程实体有紧密联系的项目，如混凝土模板、脚手架、垂直运输等。与分部分项工程不同，并不要求每个措施项目的综合单价必须包含人工费、材料费、机具费、管理费和利润中的每一项。

2. 参数法计价。参数法计价是指按一定的基数乘以系数的方法或自定义公式进行计算。这种方法简单明了，但最大的难点是公式的科学性、准确性难以把握。这种方法主要适用于施工过程中必须发生，但在投标时很难具体分项预测，又无法单独列出项目内容的措施项目，如夜间施工费、二次搬运费、冬雨期施工的计价均可以采用该方法。

3. 分包法计价。在分包价格的基础上增加投标人的管理费及风险费进行计价的方法，这种方法适合可以分包的独立项目，如室内空气污染测试等。

有时招标人要求对措施项目费进行明细分析，这时采用参数法组价和分包法组价都是先计算该措施项目的总费用，这就需人为用系数或比例的办法分摊人工费、材料费、机具费、管理费及利润。

四、其他项目费计算

其他项目费由暂列金额、暂估价、计日工、总承包服务费等内容构成。

暂列金额和暂估价由招标人按估算金额确定。招标人在工程量清单中提供的暂估价的材料和专业工程，若属于依法必须招标的，由承包人和招标人共同通过招标确定材料单价与专业工程分包价；若材料不属于依法必须招标的，经发承包双方协商确认单价后计价；若专业工程不属于依法必须招标的，由发包人、总承包人与分包人按有关计价依据进行计价。

计日工和总承包服务费由承包人根据招标人提出的要求，按估算的费用确定。

五、规费与税金的计算

规费和税金应按国家或省级、行业建设主管部门的规定计算，不得作为竞争性费用。每一项规费和税金的规定文件中，对其计算方法都有明确的说明，故可以按各项法规和规定的计算方式计取。具体计算时，一般按国家及有关部门规定的计算公式和费率标准进行计算。

六、风险费用的确定

风险具体指工程建设施工阶段发承包双方在招投标活动和合同履约及施工中所面临的涉及工程计价方面的风险。采用工程量清单计价的工程，应在招标文件或合同中明确风险内容及其范围（幅度），并在工程计价过程中予以考虑。

🔍 技能实践

2.1.3.2　工程量清单计价方式2

技能点 1：投标报价的编制

1. 投标报价的概念。《计价规范》规定，投标价是投标人参与工程项目投标时报出的工程造价，即投标价是指在工程招标发包过程中，由投标人或受其委托具有相应资质的工程造价咨询人按照招标文件的要求以及有关计价规定，依据发包人提供的工程量清单、施工设计图纸，结合工程项目特点、施工现场情况及企业自身的施工技术、装备和管理水平等，自主确定的工程造价。

投标价是投标人希望达成工程承包交易的期望价格，但不能高于招标人设定的最高投标限价。投标报价的编制是指投标人对拟承建工程项目所要发生的各种费用的计算过程。作为投标计算的必要条件，应预先确定施工方案和施工进度，此外，投标计算还必须与采用的合同形式相一致。

2. 投标报价的编制原则。报价是投标的关键性工作，报价是否合理直接关系到投标工作的成败。工程量清单计价下编制投标报价的原则如下：

（1）投标报价由投标人自主确定，但必须执行《计价规范》的强制性规定。投标价应由投标人或受其委托具有相应资质的工程造价咨询人编制。

（2）投标人的投标报价不得低于工程成本。《中华人民共和国招标投标法》中规定："中标人的投标应当符合下列条件之一……（二）能够满足招标文件的实质性要求，并且经评审的投标价格最低；但是投标价格低于成本的除外"。《评标委员会和评标方法暂行规定》中规定："在评标过程中，评标委员会发现投标人的报价明显低于其他投标报价或者在设有标底时明显低于标底，使得其投标报价可能低于其个别成本的，应当要求该投标人作出书面说明并提供相关证明材料。投标人不能合理说明或者不能提供相关证明材料的，由评标委员会认定该投标人以低于成本报价竞标，应当否决其投标。"上述法律法规的规定，特别要求投标人的投标报价不得低于工程成本。

（3）投标人必须按招标工程量清单填报价格。实行工程量清单招标，招标人在招标文件中提供工程量清单，其目的是使各投标人在投标报价中具有共同的竞争平台。因此，为避免出现差错，要求投标人必须按招标人提供的招标工程量清单填报投标价格，填写的项目编码、项目名称、项目特征、计量单位、工程量必须与招标工程量清单一致。

（4）投标报价要以招标文件中设定的发承包双方责任划分，作为设定投标报价费用项目和费用计算的基础。发承包双方的责任划分不同，会导致合同风险分摊不同，从而导致投标人报价不同；不同的工程发承包模式会直接影响工程项目投标报价的费用内容和计算深度。

（5）应该以施工方案、技术措施等作为投标报价计算的基本条件。企业定额反映企业技术和管理水平，是计算人工、材料和机械台班消耗量的基本依据，更要充分利用现场考察、调研成果、市场价格信息和行情资料等编制基础标价。

（6）报价计算方法要科学严谨，简明适用。

3. 投标报价的编制依据。

（1）《计价规范》与专业工程量计算规范；

（2）招标文件（包括招标工程量清单）及其补充通知、答疑纪要、异议澄清或修正；

（3）建设工程设计文件及相关资料；

（4）与建设项目相关的标准、规范等技术资料；

（5）施工现场情况、工程特点及满足工程要求的施工方案；

（6）投标人企业定额、工程造价数据、自行调查的价格信息等；

（7）其他的相关资料。

4. 投标报价的编制与审核。在编制投标报价之前，需要先对清单工程量进行复核。因为工程量清单中的各分部分项工程量并不十分准确，若设计深度不够则可能出现较大的误差，而工程量的多少是选择施工方法、安排人力和机械、准备材料必须考虑的因素，自然也影响分项工程的单价，因此一定要对工程量进行复核。

（1）综合单价。综合单价中应包括招标文件中划分的应由投标人承担的风险范围及其费用，招标文件中没有明确的，应提请招标人明确。

（2）单价项目。分部分项工程和措施项目中的单价项目中最主要的是确定综合单价，应根据拟定的招标文件和招投标工程清单项目中的特征描述及有关要求确定综合单价计算，包括：

①工程量清单项目特征描述。确定分部分项工程和措施项目中的单价项目综合单价的最重要依据之一是该清单项目的特征描述，投标人投标报价时应依据招标工程量清单项目的特征描述确定清单项目的综合单价。在招标投标过程中，若出现工程量清单特征描述与设计图纸不符，投标人应以招标工程量清单的项目特征描述为准，确定投标报价的综合单价。若施工中施工图纸或设计变更与招标工程量清单项目特征描述不一致，发承包双方应按实际施工的项目特征依据合同约定重新确定综合单价。

②企业定额。企业定额是施工企业根据本企业具有的管理水平、拥有的施工技术和施工机械装备水平而编制的，完成一个规定计量单位的工程项目所需的人工、材料、施工机械台班的消耗标准，是施工企业内部进行施工管理的标准，也是施工企业投标报价确定综合单价的依据之一。投标企业没有企业定额时可根据企业自身情况参照消耗量定额进行调整。

③资源可获取价格。综合单价中的人工费、材料费、机械费是以企业定额的人、料、机消耗量乘以人、料、机的实际价格得出的，因此投标人拟投入的人、料、机等资源的可获取价格直接影响综合单价的高低。

④企业管理费费率、利润率。企业管理费费率可由投标人根据本企业近年的企业管理费核算数据自行测定，当然也可以参照当地造价管理部门发布的平均参考值。

利润率可由投标人根据本企业当前盈利情况、施工水平、拟投标工程的竞争情况以及企业当前经营策略自主确定。

⑤风险费用。招标文件中要求投标人承担的风险费用，投标人应在综合单价中给予考虑，通常以风险费率的形式进行计算。风险费率的测算应根据招标人要求结合投标企业当前风险控制水平进行定量测算。在施工过程中，当出现的风险内容及其范围（幅度）在招标文件规定的范围（幅度）内时，综合单价不得变动，合同价款不作调整。

⑥材料、工程设备暂估价。招标工程量清单中提供了暂估单价的材料、工程设备，按暂估的单价计入综合单价。

（3）总价项目。由于各投标人拥有的施工设备、技术水平和采用的施工方法有所差异，因此投标人应根据自身编制的投标施工组织设计或施工方案确定措施项目，投标人根据投标施工组织设计或施工方案调整和确定的措施项目应通过评标委员会的评审。

①措施项目中的总价项目应采用综合单价方式报价，包括除规费、税金外的全部费用。

②措施项目中的安全文明施工费应按照国家或省级、行业主管部门的规定计算确定。

（4）其他项目费。

①暂列金额应按照招标工程量清单中列出的金额填写，不得变动。

②暂估价不得变动和更改。暂估价中的材料、工程设备必须按照暂估单价计入综合单价；专业工程暂估价必须按照招标工程量清单中列出的金额填写。

③计日工应按照招标工程量清单列出的项目和估算的数量，自主确定各项综合单价并计算费用。

④总承包服务费应根据招标工程量列出的专业工程暂估价内容和供应材料、设备情况，按照招标人提出协调、配合与服务要求和施工现场管理需要自主确定。

（5）规费和税金。规费和税金必须按国家或省级、行业建设主管部门规定的标准计算，不得作为竞争性费用。

（6）投标总价。投标人的投标总价应当与组成招标工程量清单的分部分项工程费、措施项目费、其他项目费和规费、税金的合计金额相一致，即投标人在进行工程项目工程量清单招标的投标报价时，不能进行投标总价优惠（或降价、让利），投标人对投标报价的任何优惠（或降价、让利）均应反映在相应清单项目的综合单价中。

综上所述，投标报价的编制应首先根据招标人提供的工程量清单编制分部分项工程量清单计价表、措施项目清单计价表、其他项目清单计价表、规费和税金项目清单计价表，计算完毕后汇总得到单位工程投标报价汇总表，再层层汇总，分别得出单项工程投标报价汇总表和工程项目投标总价汇总表。工程项目投标报价的编制过程，如图 2-5 所示。

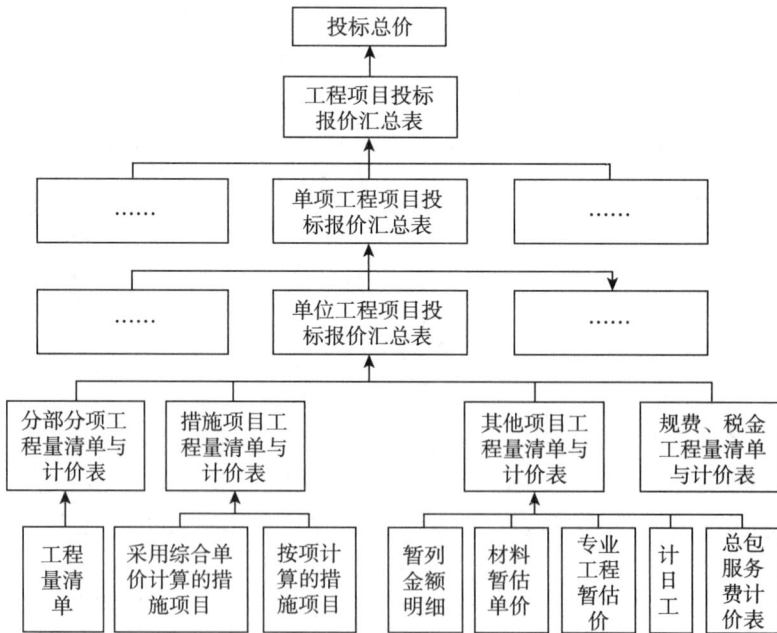

图 2-5　工程项目工程量清单投标报价编制流程

5. 工程量清单计价实例。

表 2-1　视频监控系统人、材、机费用表

序号	设备名称	单位	主材	数量	单价（元）				
					人工费	材料费	机械费	企业管理费	利润
1	彩色摄像机	台	850	91	52.00	0.85	16.92		
2	2.7—13mm 自动光圈镜头	台	430	91	15.60	1.67	3.39		
3	摄像机专用电源	台	21	91					
4	室内护罩	套	60	91	15.60	0.50	2.43		
5	室内支架	套	80	91	52.00	8.65	6.30		
6	1T 硬盘	台	470	12	52.00	3.85	11.45		
7	液晶显示器	台	1200	6	93.60	1.71	5.43		
8	数字硬盘录像机	台	6500	6	312.00		137.55		
9	视频电缆 75-5	米	2	100	0.60	0.11	0.07		
10	电源线 RVV2 * 1.0	米	2	2000	1.55	0.25	0.11		
11	PVC 管 20	米	2.1	5000	2.35	4.08	0.09		
12	钢制线槽 200 * 100	个	44	150	21.00	10.00	3.41		
13	操作台	台	2500	1	69.00	3.69	28.77		
14	监控系统调试	系统		91	26.00	0.60	0.83		

某视频监控项目，已知设备名称、单位、主材价格、数量等信息，经查单位数量人、材、机费用如表 2-1 所示。试根据智能化建筑工程量清单计算规则计算视频监控项目工程的综合单价（不含措施费、规费和税金）、投标报价，其中，管理费取人、料、机费之和的 14%，利润取人、料、机费与管理费之和的 8%。

解：第一步　求出每个设备的管理费：人、料、机费之和的 14%；

第二步　求出利润：人、料、机费与管理费之和的 8%；

第三步　求出综合单价，人、料、机、企、利加上主材价格；

第四步　求出合价，用综合单价乘以数量；

第五步　合价求和得到总价；

利用 Excel 表格运算，结果如表 2-2 所示。

表2-2　视频监控系统综合单价

序号	设备名称	单位	主材	数量	单价（元）					综合单价	合价
					人工费	材料费	机械费	企业管理费	利润		
1	彩色摄像机	台	850	91	52.00	0.85	16.92	9.77	6.36	935.90	85166.97
2	2.7—13mm 自动光圈镜头	台	430	91	15.60	1.67	3.39	2.89	1.88	455.44	41444.73
3	摄像机专用电源	台	21	91						21.00	1911.00
4	室内护罩	套	60	91	15.60	0.50	2.43	2.59	1.69	82.81	7536.09
5	室内支架	套	80	91	52.00	8.65	6.30	9.37	6.11	162.43	14781.02
6	1T 硬盘	台	470	12	52.00	3.85	11.45	9.42	6.14	552.86	6634.32
7	液晶显示器	台	1200	6	93.60	1.71	5.43	14.10	9.19	1324.03	7944.19
8	数字硬盘录像机	台	6500	6	312.00		137.55	62.94	41.00	7053.49	42320.92
9	视频电缆75-5	米	2	100	0.60	0.11	0.07	0.11	0.07	3.22	322.03
10	电源线 RVV2 *1.0	米	2	2000	1.55	0.25	0.11	0.27	0.17	4.68	9363.18
11	PVC 管20	米	2	5000	2.35	4.08	0.09	0.91	0.59	10.13	50637.12
12	钢制线槽200 *100	个	44	150	21.00	10.00	3.41	4.82	3.14	86.37	12954.84
13	操作台	台	2500	1	69.00	3.69	28.77	14.20	9.25	2624.92	2624.92
14	监控系统调试	系统		91	26.00	0.60	0.83	3.84	2.50	33.77	3073.24
	总价										286714.56

技能点2：合同价款的约定

合同价款的约定是建设工程合同的主要内容。实行招标的工程合同价款应在中标通知书发出之日起30天内，由发承包双方依据招标文件和中标人的投标文件在书面合同中约定。合同约定不得违背招标、投标文件中关于工期、造价、质量等方面的实质性内容。招标文件与中标人投标文件不一致的地方应以投标文件为准。不实行招标的工程合同价款，应在发承包双方认可的工程价款基础上，由发承包双方在合同中约定。发承包双方认可的工程价款的形式可以是承包方或设计人编制的施工图预算，也可以是承发包双方认可的其他形式。合同中涉及工程价款的事项较多，能够详细约定的事项应尽可能具体约定，约定的用词应尽可能唯一，如有几种解释，最好对用词进行定义，尽量避免因理解上的歧义造成合同纠纷。

发承包双方应在合同条款中对下列事项进行约定：

1. 预付工程款的数额、支付时间及抵扣方式。预付工程款是发包人为解决承包人在施工准备阶段资金周转问题提供的协助。如使用的录像机、摄像机等大宗材料，可根据工程具体情况设置工程材料预付款。双方应在合同中约定预付款数额：可以是绝对数，如 50 万元、100 万元；也可以是额度，如合同金额的 10%、15% 等。约定支付时间：如合同签订后 1 个月支付、开工日前 7 天支付等。约定抵扣方式：在工程进度款中按比例抵扣。约定违约责任：如不按合同约定支付预付款的利息计算方式。

2. 安全文明施工费。约定支付计划、使用要求等。

3. 工程计量与支付工程进度款的方式、数额及时间。双方应在合同中约定计量时间和方式：可按月计量，如每月 25 日；可按工程形象部位（目标）划分分段计量。进度款支付周期与计量周期保持一致，约定支付时间：如计量后 7 天以内、10 天以内支付。约定支付数额：如已完工程价款的 80%、90% 等。约定违约责任：如不按合同约定支付进度款需支付利息的利率、需承担的违约责任等。

4. 工程价款的调整因素、方法、程序、支付及时间。约定调整因素：如工程变更后综合单价调整，设备价格上涨超过投标报价时的 3%，工程造价管理机构发布的人工费调整等。约定调整方法：如结算时一次调整，材料采购时报发包人调整等。约定调整程序：承包人提交调整报告交发包人，由发包人现场代表审核签字等。约定支付时间：如与工程进度款支付同时进行等。

如工程量偏差超过 15%，调整的原则是：当工程量增加 15% 以上时，其增加部分的工程量的综合单价应予调低；当工程量减少 15% 以上时，减少后剩余部分的工程量的综合单价应予调高。

5. 施工索赔与现场签证的程序、金额确定与支付时间。约定索赔与现场签证的程序：如由承包人提出、发包人现场代表或授权的监理工程师核对等。约定索赔提出时间：如知道索赔事件发生后的 28 天内等。约定核对时间：收到索赔报告后 7 天以内、10 天以内等。约定支付时间：原则上与工程进度款同期支付等。

6. 承担计价风险的内容、范围以及超出约定内容、范围的调整办法。约定风险的内容范围：如全部材料、主要材料等。约定物价变化调整幅度：如摄像机、录像机价格涨幅不超过投标报价的 5% 等。

7. 工程竣工价款结算编制与核对、支付及时间。约定承包人在什么时间提交竣工结算书；发包人或其委托的工程造价咨询企业在什么时间内核对完毕；核对完毕后，什么时间内支付等。

8. 工程质量保证金的数额、预留方式及时间。在合同中约定数额：如合同价款的 3% 等。约定支付方式。约定归还时间：如质量缺陷期退还等。

9. 违约责任以及发生合同价款争议的解决方法及时间。约定解决价款争议的办法是协商、调解、仲裁还是诉讼，约定解决方式的优先顺序、处理程序等。如采用调解应约定好调解人员；如采用仲裁应约定双方都认可的仲裁机构；如采用诉讼方式，应约定有管辖权的法院。

10. 与履行合同、支付价款有关的其他事项。

🔍 课后拓展

选择题

1. 根据《建设工程工程量清单计价规范》，关于投标人投标报价的说法，正确的是（　　）。

A. 投标人可以进行适当的总价优惠

B. 规费和税金不得作为竞争性费用

C. 投标人的总价优惠不需要反映在综合单价中

D. 不同承发包模式对于投标报价高低没有直接影响

2. 根据《建设工程工程量清单计价规范》，关于投标价编制原则的说法，正确的是（　　）。

A. 投标报价只能由投标人自行编制

B. 投标报价不得低于工程成本

C. 投标报价可以另行设定情况优惠总价

D. 投标报价高于招标控制价的必须下调后采用

3. 根据《建设工程工程量清单计价规范》，投标人进行投标报价时，发现某招标工程量清单项目特征描述与设计图纸不符，则投标人在确定综合单价时应（　　）。

A. 以招标工程量清单项目的特征描述为报价依据

B. 以设计图纸作为报价依据

C. 综合两者对项目特征共同描述作为报价依据

D. 暂不报价，待施工时依据设计变更后的项目特征报价

答案：1. B

解析：选项 A 和选项 C 错误，投标人在进行工程项目工程量清单招标的投标报价时，不能进行投标总价优惠（或降价、让利），投标人对投标报价的任何优惠（或降价、让利）均应反映在相应清单项目的综合单价中。选项 D 错误，不同的工程承发包模式会直接影响工程项目投标报价的费用内容和计算深度。

2. B

3. A

案例题

1. 某高层商业办公综合楼工程建筑面积为 $90586m^2$，根据计算，建筑工程造价为 2300 元/m^2（不含增值税进项税额），安装工程造价为 1200 元/m^2（不含增值税进项税额），装饰装修工程造价为 1000 元/m^2（不含增值税进项税额），其中定额人工费占分部分项工程造价的 15%，措施项目费以分部分项工程费为计费基础，其中安全文明施工费费率为 1.5%，其他措施费费率合计 1%，其他项目费合计 800 万（不含增值税进项税额），规费费率为 8%，增值税税率为 9%。请计算招标控制价。（列式计算，计算结果保留小数点后两位，单位：万元）

解：建筑工程费 ＝90586×2300＝20834.78 万元

安装工程费 ＝90586×1200＝10870.32 万元

装饰装修工程费 ＝90586×1000＝9058.60 万元

分部分项工程费 ＝20834.78＋10870.32＋9058.60＝40763.70 万元

安全文明施工费 ＝40763.70×1.5％＝611.46 万元；

其他措施费 ＝40763.70×1％＝407.64 万元

措施项目费 ＝安全文明施工费＋其他措施费 ＝1019.10 万元

其他项目费 ＝800 万元

规费 ＝40763.70×15％×8％＝489.16 万元

税金 ＝ （40763.70＋1019.10＋800＋489.16） ×9％＝3876.48 万元

招标控制价 ＝40763.70＋1019.10＋800＋489.16＋3876.48＝46948.44 万元

2. 某建设单位就一工业厂房工程招标，在投标过程中，甲施工单位在投标总价基础上下浮 5％进行报价，并给出了书面说明。经评标小组核算后，发现该施工单位报的下浮部分包含有不可作为竞争性费用，最后给予废标处理。

事件中，评标小组的做法是否合理？不可作为竞争性费用项目分别是什么？

解：合理。不可竞争费用为安全文明施工费、规费、税金。

3. 某线路工程土石方单位工程投标报价情况为：土石方工程清单工程量 420m³，定额工程量 650m³，定额单价人工费为 8.40 元/m³，材料费为 12.0 元/m³，机械费为 1.60 元/m³。分部分项工程清单费用合计为 8200 万元，措施费项目清单合计为 360 万元，其他项目清单合计为 120 万元 （其中，暂列金额为 85 万元，总包服务费为 30 万元，计日工费为 5 万元），规费为 225.68 万元。该工程企业管理费费率为 15％，利润为 5％，税金为 3.48％。

该单位所报的土方开挖分项工程综合单价是多少？中标造价是多少万元？工程预付款金额是多少万元？（列式计算，计算结果保留小数点后两位，单位：元/m³）

解：（1） 综合单价 ＝ （人工费＋材料费＋机械费＋管理费＋利润）/清单工程量

＝ （8.4×650＋12×650＋1.6×650） × （1＋15％） × （1＋5％） ÷420＝41.11 元/m³

（2） 中标造价 ＝分部分项工程费＋措施项目费＋其他项目费＋规费＋税金 ＝ （8200 万元＋360 万元＋120 万元＋225.68 万元） （1＋3.48％） ＝9215.60 万元

（3） 工程材料预付款按合同部分条款约定，为合同金额扣除措施费和暂列金额的 10％。即工程材料预付款 ＝ （9215.60－360－85） ×10％＝877.06 万元。

工作任务 2　项目施工阶段施工成本管理

🔖 教学目标

知识目标：识记工程计量的原则和依据、单价合同计量的规定、总价合同计量的规定及国家相关的法律法规。

技能目标：会进行合同价款的调整，会进行工程变更价款的确定，会开展索赔与现场签证，会计算预付款及期中支付。

素质目标：提高系统解决实际工程问题的能力，培养勤恳踏实的专业精神，培养学生守法意识、合规意识。

🔍 知识学习

2.2.1 项目施工阶段施工成本管理 1

知识点 1 工程计量的原则和依据

工程量的正确计量是发包人向承包人支付合同价款的前提和依据。无论采用何种计价方式，其工程量必须按照相关工程现行国家计量规范规定的工程量计算规则计算。采用全国统一的工程量计算规则，对于规范工程建设各方的计量计价行为，有效减少计量争议具有重要意义。除专用合同条款另有约定外，工程量的计量按月进行。

一、工程计量的原则

工程量计量按照合同约定的工程量计算规则、图纸及变更指示等进行计量。工程量计算规则应以相关的国家标准、行业标准等为依据，由合同当事人在专用合同条款中约定。

对于不符合合同文件要求的工程，承包人超出施工图纸范围或因承包人原因造成返工的工程量，不予计量。

若发现工程量清单中出现漏项、工程量计算偏差，以及工程变更引起工程量的增减变化，应据实调整，正确计量。

二、工程计量的依据

计量依据一般有质量合格证书、《计价规范》、技术规范中的"计量支付"条款和设计图纸。也就是说，计量时必须以这些资料为依据。

1. 质量合格证书。对于承包人已完成的工程，并不是全部进行计量，只有质量达到合同标准的已完工程才予以计量。所以工程计量必须与质量监理紧密配合，经过专业监理工程师检验，工程质量达到合同规定的标准后，由专业监理工程师签署报验申请表（质量合格证书），只有质量合格的工程才予以计量。所以说质量监理是计量的基础，计量又是质量监理的保障，通过计量支付，强化承包人的质量意识。

2. 《计价规范》和技术规范。《计价规范》和技术规范是确定计量方法的依据。因为《计价规范》和技术规范的"计量支付"条款规定了清单中每一项工程的计量方法，同时还规定了按规定的计量方法确定的单价所包括的工作内容和范围。

3. 设计图纸。单价合同以实际完成的工程量进行结算，但被监理工程师计量的工程数量，并不一定是承包人实际施工的数量。计量的几何尺寸要以设计图纸为依据，监理工程师对承包人超出设计图纸要求增加的工程量和自身原因造成返工的工程量，不予计量。例如，在某防雷接地工程中，避雷网、引下线、接地母线敷设长度的计量支付条款中规定按照设计图纸以延米计量，其单价包括所有材料及施工的各项费用。根据这个规定，如果承包人做了 350m，而避雷网的设计长度 300m，则只计量 300m，发包人按 300m 付款，承包人多做的 50m 避雷网所消耗的扁钢，发包人不予补偿。

知识点 2　单价合同计量的规定

工程量必须以承包人完成合同工程应予计量的工程量确定。施工中进行工程量计量时，当发现招标工程量清单中出现缺项、工程量偏差，或因工程变更引起工程量增减时，应按承包人在履行合同义务中完成的工程量计量。

1. 计量程序。按《建设工程施工合同（示范文本）》（GF—2017—0201）（以下简称《示范文本》），除专用合同条款另有约定外，单价合同的计量按照如下约定执行：

（1）承包人应于每月 25 日向监理人报送上月 20 日至当月 19 日已完成的工程量报告，并附具进度付款申请单、已完成工程量报表和有关资料。

（2）监理人应在收到承包人提交的工程量报告后 7 天内完成对承包人提交的工程量报表的审核并报送发包人，以确定当月实际完成的工程量。监理人对工程量有异议的，有权要求承包人进行共同复核或抽样复测。承包人应协助监理人进行复核或抽样复测，并按监理人要求提供补充计量资料。承包人未按监理人要求参加复核或抽样复测的，监理人复核或修正的工程量视为承包人实际完成的工程量。

（3）监理人未在收到承包人提交的工程量报表后的 7 天内完成审核的，承包人报送的工程量报告中的工程量视为承包人实际完成的工程量，据此计算工程价款。

2. 工程计量的方法。监理人一般只对以下三方面的工程项目进行计量：①工程量清单中的全部项目；②合同文件中规定的项目；③工程变更项目。

一般可按照以下方法进行计量：

（1）均摊法。所谓均摊法，就是对清单中某些项目的合同价款，按合同工期平均计量。如保养测量设备、保养气象记录设备、维护工地清洁和整洁等。这些项目都有一个共同的特点，即每月均有发生。所以，可以采用均摊法进行计量支付。例如，保养气象记录设备，每月发生的费用是相同的，如本项合同款额为 2000 元，合同工期为 20 个月，则每月计量、支付的款额为：2000÷20＝100 元/月。

（2）凭据法。所谓凭据法，就是按照承包人提供的凭据进行计量支付。如建筑工程险保险费、第三方责任险保险费、履约保证金等项目，一般按凭据法进行计量支付。

（3）估价法。所谓估价法，就是按合同文件的规定，根据监理工程师估算的已完成的工程价值支付。如为监理工程师提供测量设备、天气记录设备、通信设备等项目。这类清单项目往往要购买几种仪器设备，当承包人对于某一项清单项目中规定购买的仪器设备不能一次购进时，则需采用估价法进行计量支付。其计量过程如下：

①按照市场的物价情况，对清单中规定购置的仪器设备分别进行估价。

②按下式计量支付金额：

$$F = A \cdot \frac{B}{D}$$

公式中：F—计算的支付金额；

A—清单所列该项的合同金额；

B—该项实际完成金额（按估算价格计算）；

D—该项全部仪器设备的总估算价格。

从上式可知，该项实际完成金额 B 必须按各种设备的估算价格计算，它与承包人购进的价格无关。估算的总价与合同工程量清单的款额无关。

当然，估价的款额与最终支付的款额无关，最终支付的款额是合同清单中的款额。

（4）图纸法。在工程量清单中，许多项目都采取按照设计图纸所示的尺寸进行计量，如混凝土构筑物的体积、钻孔桩的桩长等。

（5）分解计量法。所谓分解计量法，就是将一个项目，根据工序或部位分解为若干子项，对完成的各子项进行计量支付。这种计量方法主要是为了解决一些包干项目或较大的工程项目的支付时间过长，影响承包人的资金流动等问题。

知识点3　总价合同计量的规定

按《示范文本》，除专用合同条款另有约定外，按月计量支付的总价合同，按照如下约定执行：

1. 承包人应于每月 25 日向监理人报送上月 20 日至当月 19 日已完成的工程量报告，并附具进度付款申请单、已完成工程量报表和有关资料。

2. 监理人应在收到承包人提交的工程量报告后 7 天内完成对承包人提交的工程量报表的审核并报送发包人，以确定当月实际完成的工程量。监理人对工程量有异议的，有权要求承包人进行共同复核或抽样复测。承包人应协助监理人进行复核或抽样复测，并按监理人要求提供补充计量资料。承包人未按监理人要求参加复核或抽样复测的，监理人审核或修正的工程量视为承包人实际完成的工程量。

3. 监理人未在收到承包人提交的工程量报表后的 7 天内完成复核的，承包人提交的工程量报告中的工程量视为承包人实际完成的工程量。

总价合同采用支付分解表计量支付的，可以按照《示范文本》"总价合同的计量"条款约定进行计量，但合同价款按照支付分解表进行支付。

其他价格形式合同的计量：合同当事人可在专用合同条款中约定其他价格形式合同的计量方式和程序。

知识点4　《财政部、住房城乡建设部关于完善建设工程价款结算有关办法的通知》

《财政部、住房城乡建设部关于完善建设工程价款结算有关办法的通知》自 2022

年 8 月 1 日起施行。为进一步完善建设工程价款结算有关办法，维护建设市场秩序，减轻建筑企业负担，保障农民工权益，该通知相关规定如下：

1. 提高建设工程进度款支付比例。政府机关、事业单位、国有企业建设工程进度款支付应不低于已完成工程价款的 80%；同时，在确保不超出工程总概（预）算以及工程决（结）算工作顺利开展的前提下，除按合同约定保留不超过工程价款总额 3% 的质量保证金外，进度款支付比例可由发承包双方根据项目实际情况自行确定。在结算过程中，若发生进度款支付超出实际已完成工程价款的情况，承包单位应按规定在结算后 30 日内向发包单位返还多收到的工程进度款。

2. 当年开工、当年不能竣工的新开工项目可以推行过程结算。发承包双方通过合同约定，将施工过程按时间或进度节点划分施工周期，对周期内已完成且无争议的工程量（含变更、签证、索赔等）进行价款计算、确认和支付，支付金额不得超出已完工部分对应的批复概（预）算。经双方确认的过程结算文件作为竣工结算文件的组成部分，竣工后原则上不再重复审核。

知识点 5　《保障中小企业款项支付条例》

《保障中小企业款项支付条例》自 2020 年 9 月 1 日起施行。为促进机关、事业单位和大型企业及时支付中小企业款项，维护中小企业合法权益，条例相关规定如下：

1. 机关、事业单位和大型企业不得要求中小企业接受不合理的付款期限、方式、条件和违约责任等交易条件，不得违约拖欠中小企业的货物、工程、服务款项。

2. 机关、事业单位从中小企业采购货物、工程、服务，应当自货物、工程、服务交付之日起 30 日内支付款项；合同另有约定的，付款期限最长不得超过 60 日。大型企业从中小企业采购货物、工程、服务，应当按照行业规范、交易习惯合理约定付款期限并及时支付款项。

3. 机关、事业单位和大型企业不得以法定代表人或者主要负责人变更，履行内部付款流程，或者在合同未作约定的情况下以等待竣工验收批复、决算审计等为由，拒绝或者迟延支付中小企业款项。

4. 机关、事业单位和大型企业迟延支付中小企业款项的，应当支付逾期利息。双方对逾期利息的利率有约定的，约定利率不得低于合同订立时 1 年期贷款市场报价利率；未作约定的，按照每日利率万分之五支付逾期利息。

5. 机关、事业单位和大型企业使用商业汇票等非现金支付方式支付中小企业款项的，应当在合同中作出明确、合理约定，不得强制中小企业接受商业汇票等非现金支付方式，不得利用商业汇票等非现金支付方式变相延长付款期限。

6. 机关、事业单位和大型企业不得强制要求以审计机关的审计结果作为结算依据，但合同另有约定或者法律、行政法规另有规定的除外。

7. 除依法设立的投标保证金、履约保证金、工程质量保证金、农民工工资保证金外，工程建设中不得收取其他保证金。保证金的收取比例应当符合国家有关规定。机关、事业单位和大型企业不得将保证金限定为现金。中小企业以金融机构保函提供保证的，机关、事业单位和大型企业应当接受。机关、事业单位和大型企业应当按照合同约定，在保证期限届满后及时与中小企业对收取的保证金进行核实和结算。

技能实践

2.2.2 项目施工阶段施工成本管理2

技能点1：合同价款调整

一、合同价款应当调整的事项

以下事项发生，发承包双方应当按照合同约定调整合同价款：

1. 法律法规变化；

2. 工程变更；

3. 项目特征不符；

4. 工程量清单缺项；

5. 工程量偏差；

6. 计日工；

7. 市场价格波动

8. 暂估价；

9. 不可抗力；

10. 提前竣工（赶工补偿）；

11. 误期赔偿；

12. 索赔；

13. 现场签证；

14. 暂列金额；

15. 发承包双方约定的其他调整事项。

二、法律法规变化

施工合同履行过程中经常出现法律法规变化引起的合同价款调整问题。

招标工程以投标截止日前28天，非招标工程以合同签订前28天为基准日。基准日期后，法律变化导致承包人在合同履行过程中所需要的费用发生《示范文本》"市场价格波动引起的调整"条款约定以外的增加时，由发包人承担由此增加的费用；减少时，应从合同价格中予以扣减。基准日期后，因法律变化造成工期延误时，工期应予以顺延。

因法律变化引起的合同价格和工期调整，合同当事人无法达成一致的，由总监理工程师按《示范文本》"商定或确定"条款的约定处理。

因承包人原因造成工期延误，在工期延误期间出现法律变化的，由此增加的费用和（或）延误的工期由承包人承担。

但因承包人原因导致工期延误的，且上述规定的调整时间在合同工程原定竣工时间之后，合同价款调增的不予调整，合同价款调减的予以调整。

三、项目特征不符

《计价规范》中规定：

1. 发包人在招标工程量清单中对项目特征的描述，应被认为是准确和全面的，并且与实际施工要求相符合。承包人应按照发包人提供的招标工程量清单，根据其项目特征描述的内容及有关要求实施合同工程，直到项目被改变为止。

2. 承包人应按照发包人提供的设计图纸实施工程合同，若在合同履行期间出现设计图纸（含设计变更）与招标工程量清单任一项目的特征描述不符，且该变化引起该项目工程造价增减变化的，应按照实际施工的项目特征，按规范中工程变更相关条款的规定重新确定相应工程量清单项目的综合单价，并调整合同价款。

其中第 1 条规定了项目特征描述的要求。项目特征是构成清单项目价值的本质特征，单价的高低与其具有必然联系。因此，发包人在招标工程量清单中对项目特征的描述应被认为是准确和全面的，并且与实际施工要求相符合，否则，承包人无法报价。

而当项目特征变化后，发承包双方应按实际施工的项目特征重新确定综合单价。例如，招标时，某摄像机项目特征描述中像素为 400 万，但施工图纸本来就表明（或在施工过程中发包人变更）像素为 4K 超高清，很显然，这时应该重新确定综合单价，因为 400 万像素和 4K 超高清的摄像机，其价格是不一样的。

四、工程量清单缺项

施工过程中，工程量清单项目的增减变化必然带来合同价款的增减变化。而导致工程量清单缺项的原因，一是设计变更，二是施工条件改变，三是工程量清单编制错误。

《计价规范》对这部分的规定如下：

1. 合同履行期间，由于招标工程量清单中缺项，新增分部分项工程量清单项目的，应按照规范中工程变更相关条款确定单价，并调整合同价款。

2. 新增分部分项工程量清单项目后，引起措施项目发生变化的，应按照规范中工程变更相关规定，在承包人提交的实施方案被发包人批准后调整合同价款。

3. 由于招标工程量清单中措施项目缺项，承包人应将新增措施项目实施方案提交发包人批准后，按照规范中工程变更相关规定调整合同价款。

五、工程量偏差

施工合同履行期间，若应予计算的实际工程量与招标工程量清单列出的工程量出现偏差，或者因工程变更等非承包人原因导致工程量偏差，该偏差对工程量清单项目的综合单价将产生影响，是否调整综合单价以及如何调整，发承包双方应当在施工合同中约定。如果合同中没有约定或约定不明的，可以按以下原则办理：

1. 当应予计算的实际工程量与招标工程量清单出现偏差（包括因工程变更等原因导致的工程量偏差）超过 15% 时，对综合单价的调整原则为：当工程量增加 15% 以上时，其增加部分的工程量的综合单价应予调低；当工程量减少 15% 以上时，减少后剩余部分的工程量的综合单价应予调高。至于具体的调整方法，可参见台下公式。

当 $Q>1.1500$ 时：

$S=1.15Q \times Po+（Q_1 1.15Q_0）\times P$

$S=Q_1 \times P_1$

公式中：S—调整后的分部分项工程费结算价；

Q_1—最终完成的工程量；

Q_0—招标工程量清单列出的工程量；

P—按照最终完成工程量重新调整后的综合单价；

P_1—承包人在工程量清单中填报的综合单价。

2. 如果工程量出现超过 15%的变化，且该变化引起相关措施项目相应发生变化时，按系数或单一总价方式计价的，工程量增加的措施项目费调增，工程量减少的措施项目费调减。

六、计日工

计日工是指在施工过程中，承包人完成发包人提出的工程合同范围以外的零星项目或工作，按合同中约定的综合单价计价。发包人通知承包人以计日工方式实施的零星工作，承包人应予执行。

需要采用计日工方式的，经发包人同意后，由监理人通知承包人以计日工计价方式实施相应的工作，其价款按列入已标价工程量清单或预算书中的计日工计价项目及其单价进行计算。已标价工程量清单或预算书中无相应的计日工单价的，按照合理的成本与利润构成的原则，由合同当事人确定计日工的单价。

采用计日工计价的任何一项工作，承包人应在该项工作实施过程中，每天提交以下报表和有关凭证报送监理人审查：

1. 工作名称、内容和数量；

2. 投入该工作的所有人员的姓名、专业、工种、级别和耗用工时；

3. 投入该工作的材料类别和数量；

4. 投入该工作的施工设备型号、台数和耗用台时；

5. 其他有关资料和凭证。

计日工由承包人汇总后，列入最近一期进度付款申请单，由监理人审查并经发包人批准后列入进度付款。

七、市场价格波动引起的调整

施工合同履行时间往往较长，合同履行过程中经常出现人工、材料、工程设备和机械台班等市场价格起伏引起价格波动的现象，这种变化一般会造成承包人施工成本的增加或减少，进而影响合同价格调整，最终影响合同当事人的权益。

按《示范文本》，除专用合同条款另有约定外，市场价格波动超过合同当事人约定的范围，合同价格应当调整。合同当事人可以在专用合同条款中约定选择以下一种方式对合同价格进行调整：

第 1 种方式：采用价格指数进行价格调整。

（1）价格调整公式。因人工、材料和设备等价格波动影响合同价格时，根据专用合同条款中约定的数据，按以下公式计算差额并调整合同价格：

式中△P 为需调整的价格差额；

$$\triangle P = P_0 \left[A + \left(B_1 \times \frac{F_{t1}}{F_{01}} + B_2 \times \frac{F_{t2}}{F_{02}} + B_3 \times \frac{F_{t3}}{F_{03}} + \cdots + B_n \times \frac{F_{tn}}{F_{00}} \right) - 1 \right]$$

P_0—约定的付款证书中承包人应得到的已完成工程量的金额，此项金额应不包括价格调整、不计质量保证金的扣留和支付、预付款的支付和扣回；约定的变更及其他金额已按现行价格计价的，也不计在内；

A—定值权重（即不调部分的权重）；

B_1，B_2，B_3…各可调因子的变值权重（即可调部分的权重），为各可调因子在签约合同价中所占的比例；

F_{t1}，F_{t2}，F_{t3}…—各可调因子的现行价格指数，指约定的付款证书相关周期最后一天的前 42 天的各可调因子的价格指数；

F_{01}，F_{02}，F_{03}…—各可调因子的基本价格指数，指基准日期的各可调因子的价格指数。

以上价格调整公式中的各可调因子、定值和变值权重，以及基本价格指数及其来源在投标函附录价格指数和权重表中约定，非招标订立的合同，由合同当事人在专用合同条款中约定。价格指数应首先采用工程造价管理机构发布的价格指数，无前述价格指数时，可采用工程造价管理机构发布的价格代替。

（2）暂时确定调整差额。在计算调整差额时无现行价格指数的，合同当事人同意暂用前次价格指数计算。实际价格指数有调整的，合同当事人进行相应调整。

（3）权重的调整。因变更导致合同约定的权重不合理时，按照《示范文本》"商定或确定"条款约定执行。

（4）因承包人原因工期延误后的价格调整。因承包人原因未按期竣工的，对合同约定的竣工日期后继续施工的工程，在使用价格调整公式时，应采用计划竣工日期与实际竣工日期的两个价格指数中较低的一个作为现行价格指数。

第 2 种方式：采用造价信息进行价格调整。

合同履行期间，因人工、材料、工程设备和机械台班价格波动影响合同价格时，人工、机械使用费按照国家或省、自治区、直辖市建设行政管理部门、行业建设管理部门或其授权的工程造价管理机构发布的人工、机械使用费系数进行调整；需要进行价格调整的材料，其单价和采购数量应由发包人审批，发包人确认需调整的材料单价及数量，作为调整合同价格的依据。

（1）人工单价发生变化且符合省级或行业建设主管部门发布的人工费调整规定，合同当事人应按省级或行业建设主管部门或其授权的工程造价管理机构发布的人工费等文件调整合同价格，但承包人对人工费或人工单价的报价高于发布价格的除外。

（2）材料、工程设备价格变化的价款调整按照发包人提供的基准价格，按以下风险范围规定执行：

①承包人在已标价工程量清单或预算书中载明材料单价低于基准价格的：除专用合同条款另有约定外，合同履行期间材料单价涨幅以基准价格为基础超过 5%时，或材

料单价跌幅以在已标价工程量清单或预算书中载明材料单价为基础超过5%时，其超过部分据实调整。

②承包人在已标价工程量清单或预算书中载明材料单价高于基准价格的：除专用合同条款另有约定外，合同履行期间材料单价跌幅以基准价格为基础超过5%时，材料单价涨幅以在已标价工程量清单或预算书中载明材料单价为基础超过5%时，其超过部分据实调整。

③承包人在已标价工程量清单或预算书中载明材料单价等于基准价格的：除专用合同条款另有约定外，合同履行期间材料单价涨跌幅以基准价格为基础超过5%时，其超过部分据实调整。

④承包人应在采购材料前将采购数量和新的材料单价报发包人核对，发包人确认用于工程时，发包人应确认采购材料的数量和单价。发包人在收到承包人报送的确认资料后5天内不予答复的视为认可，作为调整合同价格的依据。未经发包人事先核对，承包人自行采购材料的，发包人有权不予调整合同价格。发包人同意的，可以调整合同价格。

前述基准价格是指由发包人在招标文件或专用合同条款中给定的材料、工程设备的价格，该价格原则上应当按照省级或行业建设主管部门或其授权的工程造价管理机构发布的信息价编制。

（3）施工机械台班单价或施工机械使用费发生变化超过省级或行业建设主管部门或其授权的工程造价管理机构规定的范围时，按规定调整合同价格。

第3种方式：专用合同条款约定的其他方式。

八、暂估价

暂估价专业分包工程、服务、材料和工程设备的明细由合同当事人在专用合同条款中约定。

1. 依法必须招标的暂估价项目。对于依法必须招标的暂估价项目，采取以下第2种方式确定。合同当事人也可以在专用合同条款中选择其他招标方式。

第1种方式：对于依法不属于必须招标的暂估价项目，由承包人招标。对该暂估价项目的确认和批准按照以下约定。

（1）承包人应当根据施工进度计划，在招标工作启动前14天将招标方案通过监理人报送发包人审查，发包人应当在收到承包人报送的招标方案后7天内批准或提出修改意见。承包人应当按照经过发包人批准的招标方案开展招标工作。

（2）承包人应当根据施工进度计划，提前14天将招标文件通过监理人报送发包人审批，发包人应当在收到承包人报送的相关文件后7天内完成审批或提出修改意见。发包人有权确定最高投标限价并按照法律规定参加评标。

（3）承包人与供应商、分包人在签订暂估价合同前，应当提前7天将确定的中标候选供应商或中标候选分包人的资料报送发包人，发包人应在收到资料后3天内与承包人共同确定中标人。承包人应当在签订合同后7天内，将暂估价合同副本报送发包人留存。

第2种方式：对于依法必须招标的暂估价项目，由发包人和承包人共同招标确定暂估价供应商或分包人的，承包人应按照施工进度计划，在招标工作启动前 14 天通知发包人并提交暂估价招标方案和工作分工。发包人应在收到后 7 天内确认。确定中标人后，由发包人、承包人与中标人共同签订暂估价合同。

2. 不属于依法必须招标的暂估价项目。除专用合同条款另有约定外，对于不属于依法必须招标的暂估价项目，采取以下方式确定。

（1）承包人应根据施工进度计划，在签订暂估价项目的采购合同、分包合同前 28 天向监理人提出书面申请。监理人应当在收到申请后 3 天内报送发包人，发包人应当在收到申请后 14 天内给予批准或提出修改意见，发包人逾期未予批准或提出修改意见的，视为该书面申请已获得同意。

（2）发包人认为承包人确定的供应商、分包人无法满足工程质量或合同要求的，发包人可以要求承包人重新确定暂估价项目的供应商、分包人。

（3）承包人应当在签订暂估价合同后 7 天内，将暂估价合同副本报送发包人留存。

承包人具备实施暂估价项目的资格和条件的，经发包人和承包人协商一致后，可由承包人自行实施暂估价项目，合同当事人可以在专用合同条款约定具体事项。

因发包人原因导致暂估价合同订立和履行迟延的，由此增加的费用和（或）延误的工期由发包人承担，并支付承包人合理的利润。因承包人原因导致暂估价合同订立和履行迟延的，由此增加的费用和（或）延误的工期由承包人承担。

例如，某工程招标，将光纤激光切割机作为暂估价，为 12 万元，工程实施后，根据市场价格变动，将光纤激光切割机加权平均认定为 11 万元，此时，应在综合单价中以 11 万元取代 12 万元。

暂估材料或工程设备的单价确定后，在综合单价中只应取代原暂估单价，不应再在综合单价中涉及企业管理费或利润等其他费用的变动。

九、不可抗力

1. 不可抗力的确认。不可抗力是指合同当事人在签订合同时不可预见，在合同履行过程中不可避免且不能克服的自然灾害和社会性突发事件，如地震、海啸、瘟疫、骚乱、戒严、暴动、战争和专用合同条款中约定的其他情形。

不可抗力发生后，发包人和承包人应收集证明不可抗力发生及不可抗力造成损失的证据，并及时认真统计所造成的损失。合同当事人对是否属于不可抗力或其损失的意见不一致的，由监理人按约定处理。发生争议时，按《示范文本》"争议解决"的约定处理。

2. 不可抗力的通知。合同一方当事人遇到不可抗力事件，使其履行合同义务受到阻碍时，应立即通知合同另一方当事人和监理人，书面说明不可抗力和受阻碍的详细情况，并提供必要的证明。

不可抗力持续发生的，合同一方当事人应及时向合同另一方当事人和监理人提交中间报告，说明不可抗力和履行合同受阻的情况，并于不可抗力事件结束后 28 天内提交最终报告及有关资料。

3. 不可抗力后果的承担。按《示范文本》，不可抗力引起的后果及造成的损失由合同当事人按照法律规定及合同约定各自承担。不可抗力发生前已完成的工程应当按照合同约定进行计量支付。

不可抗力导致的人员伤亡、财产损失、费用增加和（或）工期延误等后果，由合同当事人按以下原则承担：

（1）永久工程、已运至施工现场的材料和工程设备的损坏，以及因工程损坏造成的第三者人员伤亡和财产损失由发包人承担。

（2）承包人施工设备的损坏由承包人承担。

（3）发包人和承包人承担各自人员伤亡和财产的损失。

（4）因不可抗力影响承包人履行合同约定的义务，已经引起或将引起工期延误的，应当顺延工期，由此导致承包人停工的费用损失由发包人和承包人合理分担，停工期间必须支付的工人工资由发包人承担。

（5）因不可抗力引起或将引起工期延误，发包人要求赶工的，由此增加的赶工费用由发包人承担。

（6）承包人在停工期间按照发包人要求照管、清理和修复工程的费用由发包人承担。不可抗力发生后，合同当事人均应采取措施尽量避免损失和减少损失的扩大，任何一方当事人没有采取有效措施导致损失扩大的，应对扩大的损失承担责任。

因合同一方迟延履行合同义务，在迟延履行期间遭遇不可抗力的，不免除其违约责任。

十、提前竣工（赶工补偿）

为了保证工程质量，承包人除了根据标准规范、施工图纸进行施工外，还应当按照科学合理的施工组织设计，按部就班地进行施工作业。因为有些施工流程必须有一定的时间间隔，例如，现浇混凝土必须经过一定时间的养护才能进行下一道工序，刷油漆必须等上道工序所刮腻子干燥后方可进行等。所以，《建设工程质量管理条例》第10条第1款规定："建设工程发包单位不得迫使承包方以低于成本的价格竞标，不得任意压缩合理工期。"据此，《计价规范》作了以下规定：

1. 工程发包时，招标人应当依据相关工程的工期定额合理计算工期，压缩的工期天数不得超过定额工期的20%。超过者，应在招标文件中明示增加赶工费用。

2. 工程实施过程中，发包人要求合同工程提前竣工的，应征得承包人同意后与承包人商定采取加快工程进度的措施，并应修订合同工程进度计划。发包人应承担承包人由此增加的提前竣工（赶工补偿）费用。

3. 发承包双方应在合同中约定提前竣工每日历天应补偿额度，此项费用应作为增加合同价款列入竣工结算文件中，应与结算款一并支付。

赶工费用主要包括：①人工费的增加，如新增加投入人工的报酬，不经济使用人工的补贴等；②材料费的增加，如可能造成不经济使用材料而损耗过大，材料提前交货可能增加的费用以及材料运输费的增加等；③机械费的增加，如可能增加机械设备投入，不经济使用机械等。

十一、暂列金额

暂列金额是指招标人在工程量清单中暂定并包括在合同价款中的一笔款项。用于工程合同签订时尚未确定或者不可预见的所需材料、工程设备、服务的采购，施工中可能发生的工程变更、合同约定调整因素出现时的合同价款调整以及发生的索赔、现场签证确认等的费用。

已签约合同价中的暂列金额由发包人掌握使用。发包人按照合同的规定作出支付后，如有剩余，则暂列金额余额归发包人所有。

技能点 2：工程变更价款的确定

由于建设工程项目建设的周期长、涉及的关系复杂、受自然条件和客观因素的影响大，导致项目的实际施工情况与招标投标时的情况相比往往会有一些变化，出现工程变更。

一、变更估价

按《示范文本》，除专用合同条款另有约定外，变更估价按照以下约定处理：

1. 已标价工程量清单或预算书有相同项目的，按照相同项目单价认定。

2. 已标价工程量清单或预算书中无相同项目，但有类似项目的，参照类似项目的单价认定。

3. 变更导致实际完成的变更工程量与已标价工程量清单或预算书中列明的该项目工程量的变化幅度超过 15% 的，或已标价工程量清单或预算书中无相同项目及类似项目单价的，按照合理的成本与利润构成的原则，由合同当事人协商确定变更工作的单价。

因变更引起的价格调整应计入最近一期的进度款中支付。

二、措施项目费的调整

工程变更引起施工方案改变并使措施项目发生变化时，承包人提出调整措施项目费的，应事先将拟实施的方案提交发包人确认，并应详细说明与原方案措施项目相比的变化情况。拟实施的方案经发承包双方确认后执行，并应按照下列规定调整措施项目费：

1. 安全文明施工费应按照实际发生变化的措施项目调整，不得浮动。

2. 采用单价计算的措施项目费，应按照实际发生变化的措施项目调整，根据前述已报价工程量清单项目的规定确定单价。

按总价（或系数）计算的措施项目费，按照实际发生变化的措施项目调整，但应考虑承包人报价浮动因素，即调整金额按照实际调整金额乘以承包人报价浮动率计算。

承包人报价浮动率可按下列公式计算：

①招标工程：

承包人报价浮动率 L＝（1-中标价/最高投标限价）×100%

②非招标工程：

承包人报价浮动率 L＝（1-报价值/施工图预算）×100%

如果承包人未事先将拟实施的方案提交给发包人确认，则视为工程变更不引起措施项目费的调整或承包人放弃调整措施项目费的权利。

技能点 3：索赔与现场签证

一、索赔

索赔是指在合同履行过程中，对于非己方的过错而应由对方承担责任的情况造成的损失，向对方提出补偿的要求。建设工程施工中的索赔是发承包双方行使正当权利的行为，承包人可向发包人索赔，发包人也可向承包人索赔。

（一）索赔费用的组成

索赔费用的组成与建筑安装工程造价的组成相似，一般可归结为人工费、材料费、施工机具使用费、分包费、施工管理费、利息、利润、保险费等。索赔各要素费用计算的具体内容见表 2-3。

在不同的索赔事件中可以索赔的费用是不同的，不同的合同文本规定也不完全一致。根据《标准施工招标文件》（2013 修正）中通用条款的内容，可以合理补偿承包人的内容见表 2-3。

表 2-3　《标准施工招标文件》中通用条款可以合理补偿承包人的内容

要素	具体内容
人工费	
材料费	由于索赔事件的发生造成材料实际用量超过计划用量而增加的材料费。 由于发包人原因，导致工程延期期间的材料价格上涨和超期储存费用。材料费中应包括运输费、仓储费以及合理的损耗费用。 如果由于承包商管理不善造成材料损坏、失效，则不能列入索赔款项内。
施工机具使用费	由于完成合同之外的额外工作，所增加的机具使用费。 非因承包人原因，导致工效降低所增加的机具使用费。 由于发包人或工程师指令错误或迟延导致机械停工的台班停滞费。
现场管理费	
总部（企业）管理费	
保险费	因发包人原因导致工程延期时，承包人必须办理工程保险、施工人员意外伤害保险等各项保险的延期手续所需要的费用。
保函手续费	因发包人原因导致工程延期时，承包人必须办理相关履约保函的延期手续，由此而增加的手续费。
利息	发包人延迟支付工程款利息，发包人迟延退还工程质量保证金的利息，承包人垫资施工的垫资利息，发包人错误扣款的利息等。
利润	
分包费用	由于发包人的原因导致分包工程费用增加时，分包人只能向总承包人提出索赔，但分包人的索赔款项应当列入总承包人对发包人的索赔款项中。

《标准施工招标文件》中规定的可以合理补偿承包人索赔的条款见表 2-4。

表 2-4 《标准施工招标文件》中合同条款规定的可以合理补偿承包人索赔的条款

序号	条款号	主要内容	可补偿内容		
			工期	费用	利润
1	1.6.1	提供图纸延误	√	√	√
2	1.10.1	施工过程发现文物、古迹以及其他遗迹、化石、钱币或物品	√		
3	2.3	延迟提供施工场地	√	√	√
4	4.11.2	承包人遇到不利物质条件	√	√	
5	5.2.4	发包人要求向承包人提前交付材料和工程设备		√	
6	5.2.6	发包人提供的材料和工程设备不符合合同要求	√	√	√
7	8.3	发包人提供资料错误导致承包人的返工或造成工程损失	√	√	
8	9.2.5	采取合同未约定的安全作业环境及安全施工措施		√	
9	9.2.6	因发包人原因造成承包人人员工伤事故		√	
10	11.3	发包人的原因造成工期延误	√	√	√
11	11.4	异常恶劣的气候条件	√		
12	11.6	发包人要求承包人提前竣工		√	√
13	12.2	发包人原因引起的暂停施工	√	√	
14	12.4.2	发包人原因造成暂停施工后无法按时复工	√	√	
15	13.1.3	发包人原因造成工程质量达不到合同约定验收标准的	√	√	√
16	13.5.3	监理人对隐蔽工程重新检查，经检验证明工程质量符合合同要求的	√	√	√
17	13.6.2	因发包人提供的材料、工程设备不合格造成工程不合格	√	√	√
18	14.1.3	承包人应监理人要求对材料、工程设备和工程重新检验且检验结果合格	√	√	√
19	16.2	基准日后法律变化引起的价格调整		√	
20	18.4.2	发包人在全部工程竣工前，使用已接收的单位工程导致承包人费用增加的	√	√	√
21	18.6.2	发包人的原因导致试运行失败的		√	√

序号	条款号	主要内容	可补偿内容		
			工期	费用	利润
22	19.2	发包人原因导致的工程缺陷和损失		√	√
23	19.4	工程移交后因发包人原因出现的缺陷修复后的试验和试运行		√	
24	21.3.1	不可抗力	√	部分费用√	
25	22.2.2	因发包人违约导致承包人暂停施工	√	√	√

（二）索赔费用的计算方法

索赔费用的计算方法主要有实际费用法、总费用法和修正总费用法。

1. 实际费用法。实际费用法是施工索赔时最常用的一种方法。该方法是按照各索赔事件所引起损失的费用项目分别分析计算索赔值，然后将各个项目的索赔值汇总，即可得到总索赔费用值。

这种方法以承包商为某项索赔工作所支付的实际开支为根据，但仅限于由于索赔事件引起的、超过原计划的费用，故也称额外成本法。在这种计算方法中，需要注意的是不要遗漏费用项目。

2. 总费用法。发生了多起索赔事件后，重新计算该工程的实际费用，再减去原合同价，其差额即为承包人索赔的费用。计算公式为：

索赔金额＝实际总费用－投标报价估算费用

但这种方法对业主不利，因为实际发生的总费用中可能有承包人的施工组织不合理因素；承包人在投标报价时为竞争中标而压低报价，中标后通过索赔可以得到补偿。所以这种方法只有在难以采用实际费用法时采用。

3. 修正总费用法。即在总费用计算的原则上，去掉一些不合理的因素，使其更合理。修正的内容包括：

（1）将计算索赔款的时段局限于受到外界影响的时间，而不是整个施工期。

（2）只计算受到影响时段内的某项工作所受影响的损失，而不是计算该时段内所有施工工作所受的损失。

（3）对投标报价费用重新进行核算。对接受影响时段内该项工作的实际单价进行核算，乘以完成的该项工作的工程量，得出调整后的报价费用。

按修正后的总费用计算索赔金额的公式为：

索赔金额＝某项工作调整后的实际总费用－该项工作的报价费

二、现场签证

现场签证，是指发承包双方现场代表（或其委托人）就施工过程中涉及的责任事件所作的签认证明。

1. 现场签证的范围。现场签证的范围一般包括：

（1）施工合同范围以外零星工程的确认；

（2）在工程施工过程中发生变更后需要现场确认的工程量；

（3）非承包人原因导致的人工、设备窝工及有关损失；

（4）符合施工合同规定的非承包人原因引起的工程量或费用增减；

（5）确认修改施工方案引起的工程量或费用增减；

（6）工程变更导致的工程施工措施费增减等。

2. 现场签证的程序。承包人应发包人要求完成合同以外的零星工作或非承包人责任事件发生时，承包人应按合同约定及时向发包人提出现场签证。当合同对现场签证未作具体约定时，按照《建设工程价款结算暂行办法》的规定处理：

（1）承包人应在接受发包人要求的 7 天内向发包人提出签证，发包人签证后施工。若没有相应的计日工单价，签证中还应包括用工数量和单价、机械台班数量和单价、使用材料品种及数量和单价等。若发包人未签证同意，承包人施工后发生争议的，责任由承包人自负。

（2）发包人应在收到承包人的签证报告 48 小时内给予确认或提出修改意见，否则视为该签证报告已被认可。

（3）发承包双方确认的现场签证费用与工程进度款同期支付。

3. 现场签证费用的计算。现场签证费用的计价方式包括两种：

第一种是完成合同以外的零星工作时，按计日工单价计算。此时提交现场签证费用申请时，应包括下列证明材料：

（1）工作名称、内容和数量；

（2）投入该工作所有人员的姓名、工种、级别和耗用工时；

（3）投入该工作的材料类别和数量；

（4）投入该工作的施工设备型号、台数和耗用台时；

（5）监理人要求提交的其他资料和凭证。

第二种是其他非承包人责任引起的事件发生时，应按合同中的约定计算。

现场签证种类繁多，发承包双方在工程施工过程中来往信函就责任事件的证明均可称为现场签证，但并不是所有的签证均可马上算出价款，有的需要经过索赔程序，这时的签证仅是索赔的依据，有的签证可能根本不涉及价款。考虑到招标时招标人对计日工项目的预估难免会有遗漏，造成实际施工发生后，无相应的计日工单价，现场签证只能包括单价一并处理。因此，在汇总时，有计日工单价的，可归并于计日工，如无计日工单价的，归并于现场签证，以示区别。当然，现场签证全部汇总于计日工也是一种可行的处理方式。

技能点 4：预付款及期中支付

一、预付款

1. 预付款的支付。按《示范文本》，预付款的支付按照专用合同条款约定执行，但至迟应在开工通知载明的开工日期 7 天前支付。预付款应当用于材料、工程设备、施工设备的采购及修建临时工程、组织施工队伍进场等。

发包人逾期支付预付款超过 7 天的，承包人有权向发包人发出要求预付的催告通知，发包人收到通知后 7 天内仍未支付的，承包人有权暂停施工。

（1）百分比法。根据《建设工程价款结算暂行办法》的规定，预付款的比例原则上不低于合同金额的 10%，不高于合同金额的 30%。

（2）公式计算法。公式计算法是根据主要材料（含结构件等）占年度承包工程总价的比重、材料储备定额天数和年度施工天数等因素，通过公式计算预付款额度的一种方法（公式如下）。

工程预付款数额 = 工程总价×材料比例（%）/年度施工天数×材料储备定额天数

材料储备定额天数由当地材料供应的在途天数、加工天数、整理天数、供应间隔天数、保险天数等因素决定。

2. 预付款担保。发包人要求承包人提供预付款担保的，承包人应在发包人支付预付款 7 天前提供预付款担保，专用合同条款另有约定除外。预付款担保可采用银行保函、担保公司担保等形式，具体由合同当事人在专用合同条款中约定。在预付款完全扣回之前，承包人应保证预付款担保持续有效。

发包人在工程款中逐期扣回预付款后，预付款担保额度应相应减少，但剩余的预付款担保金额不得低于未被扣回的预付款金额。

3. 工程预付款的抵扣。除专用合同条款另有约定外，预付款在进度付款中同比例扣回。在颁发工程接收证书前，提前解除合同的，尚未扣完的预付款应与合同价款一并结算。

预付款的扣回有两种方式：

（1）按合同约定扣款。

（2）起扣点计算法。

从未施工工程尚需的主要材料及构件的价值相当于工程预付款数额时起扣，此后每次结算工程价款时，按材料所占比重扣减工程价款，至工程竣工前全部扣清。起扣点的计算公式如下：

$$T = P - M/N$$

T 表示起扣点；

P 表示承包工程价款总额；

M 表示预付备料款限额；

N 表示主要材料所占比重。

二、安全文明施工费

安全文明施工费由发包人承担，发包人不得以任何形式扣减该部分费用。因基准日期后合同所适用的法律或政府有关规定发生变化，增加的安全文明施工费由发包人承担。

承包人经发包人同意采取合同约定以外的安全措施所产生的费用，由发包人承担。未经发包人同意的，如果该措施避免了发包人的损失，则发包人在避免损失的额度内承担该措施费。如果该措施避免了承包人的损失，由承包人承担该措施费。

除专用合同条款另有约定外，发包人应在开工后 28 天内预付安全文明施工费总额的 50%，其余部分与进度款同期支付。发包人逾期支付安全文明施工费超过 7 天的，承包人有权向发包人发出要求预付的催告通知，发包人收到通知后 7 天内仍未支付的，承包人有权暂停施工。

承包人对安全文明施工费应专款专用，承包人应在财务账目中单独列项备查，不得挪作他用，否则发包人有权责令其限期改正。逾期未改正的，可以责令其暂停施工，由此增加的费用和（或）延误的工期由承包人承担。

三、工程进度款支付

1. 付款周期。除专用合同条款另有约定外，付款周期应按照《示范文本》中"计量周期"条款的约定与计量周期保持一致。

2. 进度付款申请单的编制。除专用合同条款另有约定外，进度付款申请单应包括下列内容：

（1）截至本次付款周期已完成工作对应的金额；

（2）根据"变更"应增加和扣减的变更金额；

（3）根据"预付款"约定应支付的预付款和扣减的返还预付款；

（4）根据"质量保证金"约定应扣减的质量保证金；

（5）根据"索赔"应增加和扣减的索赔金额；

（6）对已签发的进度款支付证书中出现错误的修正，应在本次进度付款中支付或扣除的金额；

（7）根据合同约定应增加和扣减的其他金额。

3. 进度付款申请单的提交。

（1）单价合同进度付款申请单的提交。单价合同的进度付款申请单，按照《示范文本》"单价合同的计量"条款约定的时间按月向监理人提交，并附上已完成工程量报表和有关资料。单价合同中的总价项目按月进行支付分解，并汇总列入当期进度付款申请单。

（2）总价合同进度付款申请单的提交。总价合同按月计量支付的，承包人按照《示范文本》"总价合同的计量"条款约定的时间按月向监理人提交进度付款申请单，并附上已完成工程量报表和有关资料。

总价合同按支付分解表支付的，承包人应按照《示范文本》"支付分解表"及"进度付款申请单的编制"条款的约定向监理人提交进度付款申请单。

（3）其他价格形式合同的进度付款申请单的提交。合同当事人可在专用合同条款中约定其他价格形式合同的进度付款申请单的编制和提交程序。

4. 进度款审核和支付。

（1）除专用合同条款另有约定外，监理人应在收到承包人进度付款申请单以及相关资料后 7 天内完成审查并报送发包人，发包人应在收到后 7 天内完成审批并签发进度款支付证书。发包人逾期未完成审批且未提出异议的，视为已签发进度款支付证书。

发包人和监理人对承包人的进度付款申请单有异议的，有权要求承包人修正和提供补充资料，承包人应提交修正后的进度付款申请单。监理人应在收到承包人修正后的进度付款申请单及相关资料后 7 天内完成审查并报送发包人，发包人应在收到监理人报送的进度付款申请单及相关资料后 7 天内，向承包人签发无异议部分的临时进度款支付证书。存在争议的部分，按照《示范文本》"争议解决"条款的约定处理。

（2）除专用合同条款另有约定外，发包人应在进度款支付证书或临时进度款支付证书签发后 14 天内完成支付，发包人逾期支付进度款的，应按照中国人民银行发布的同期同类贷款基准利率支付违约金。

（3）发包人签发进度款支付证书或临时进度款支付证书，不表明发包人已同意、批准或接受了承包人完成的相应部分的工作。

5. 进度付款的修正。在对已签发的进度款支付证书进行阶段汇总和复核中发现错误、遗漏或重复的，发包人和承包人均有权提出修正申请。经发包人和承包人同意的修正，应在下期进度付款中支付或扣除。

6. 支付分解表。

（1）支付分解表的编制要求。

①支付分解表中所列的每期付款金额，应为《示范文本》"进度付款申请单的编制"条款"第（1）项目"的估算金额。

②实际进度与施工进度计划不一致的，合同当事人可按照《示范文本》"商定或确定"条款修改支付分解表。

③不采用支付分解表的，承包人应向发包人和监理人提交按季度编制的支付估算分解表，用于支付参考。

（2）总价合同支付分解表的编制与审批。

①除专用合同条款另有约定外，承包人应根据约定的施工进度计划、签约合同价和工程量等因素对总价合同按月进行分解，编制支付分解表。承包人应当在收到监理人和发包人批准的施工进度计划后 7 天内，将支付分解表及编制支付分解表的支持性资料报送监理人。

②监理人应在收到支付分解表后 7 天内完成审核并报送发包人。发包人应在收到经监理人审核的支付分解表后 7 天内完成审批，经发包人批准的支付分解表为有约束力的支付分解表。

③发包人逾期未完成支付分解表审批的，也未及时要求承包人进行修正和提供补充资料的，则承包人提交的支付分解表视为已经获得发包人批准。

（3）单价合同的总价项目支付分解表的编制与审批。除专用合同条款另有约定外，单价合同的总价项目，由承包人根据施工进度计划和总价项目的总价构成、费用性质、计划发生时间和相应工程量等因素按月进行分解，形成支付分解表，其编制与审批参照总价合同支付分解表的编制与审批执行。

四、支付账户

发包人应将合同价款支付至合同协议书中约定的承包人账户。

🔍**课后拓展**

案例题

1. 某安防施工合同约定，施工现场主导光纤测试设备 10 台，由施工企业租赁，台班单价为 900 元/台班，租赁费为 300 元/台班，人工工资为 200 元/工日，窝工补贴为 90 元工日，以人工费为基数的综合费率为 35%，在施工过程中，发生了如下事件：①出现异常恶劣天气导致工程停工 3 天，人员窝工 30 个工日；②因恶劣天气导致场外道路中断，抢修道路用工 20 个工日；③场外大面积停电，停工 2 天，人员窝工 20 个工日。为此，安防施工企业可向业主索赔费用为多少？

解析：事件分别处理结果如下：

①异常恶劣天气导致的停工通常不能进行费用索赔。

②抢修道路用工可以索赔，索赔额 $= 20 \times 200 \times (1+35\%) = 5400$（元）

③场外停电可以索赔，索赔额 $= 2 \times 900 \times 10 + 20 \times 90 = 19800$（元）

总索赔费用 $= 5400 + 19800 = 25200$（元）

2. 某安防工程合同总价为 5000 万元，合同工期为 180 天，材料费占合同总价的 60%，材料储备定额天数为 25 天，材料供应在途天数为 5 天，用公式计算法来计算该工程的预付款约为（　　）万元。

解析：工程预付款额数 $= 5000 \times 0.6 / 180 \times 25 = 417$ 万元

3. 已知某建筑工程施工合同总额为 8000 万元，工程预付款按合同金额的 20% 计取，主要材料及构件造价占合同额的 50%。预付款起扣点为多少万元？

解析：$T = P - M/N$，$T = 8000 - 8000 \times 20\% / 50\% = 4800$ 万元

4. 某土方工程，招标文件中估计工程量 1.5 万 m^3，合同中约定土方工程单价为 16 元/m^3，当实际工程量超过估计工程量 15% 时，超过部分单价调整为 15 元/m^3，该工程实际完成土方工程量 1.8 万 m^3，则土方工程实际结算工程款为（　　）万元。

解析：首先确定增（减）工程量是否超过 15%：$1.5 \times (1+15\%) = 1.725 < 1.8$

增加工程量 15% 以内的，执行合同约定的单份：$1.5 \times (1+15\%) \times 16 = 27.6$ 万元

增加 15% 以上的工程量，执行调整后单价：$(1.8 - 1.725) \times 15 = 1.125$ 万元

则土方工程实际结算工程款为：$27.6 + 1.125 = 28.725$ 万元

5. 某工程合同价为 14250 万元，合同中约定，根据人工费和四项主要材料价格指数对总造价按调值公式法进行调整，各调值因素的比重、基准和现行价格指数如下表：

可调项目	人工费	材料一	材料二	材料三	材料四
因素比重	0.15	0.30	0.12	0.15	0.08
基期价格指数	0.99	1.01	0.99	0.96	0.78
现行价格指数	1.12	1.16	0.85	0.80	1.05

列式计算经调整后的实际结算价款应为多少万元？（精确到小数点后 2 位）

解析：调值部分，即人工费和四项主要材料所占比重之和为：

0.15+0.30+0.12+0.15+0.08＝0.8

所以，不调值部分所占比重为：1-0.8＝0.2

调值后的实际结算价款为：

$$14250 \times (0.2 + 0.15 * \frac{1.12}{0.99} + 0.30 * \frac{1.16}{1.01} + 0.12 * \frac{0.85}{0.99} + 0.15 * \frac{0.80}{0.96} + 0.08 *$$

$$\frac{1.05}{0.78}) = 14962.5 \text{ 万元}$$

选择题

1. 下列索赔事件引起的费用索赔中，可以获得利润补偿的有（　　　）。

A. 施工中发现文物　　　　B. 延迟提供施工场地

C. 承包人提前竣工　　　　D. 延迟提供图纸

E. 基准日后法律的变化

答案：1. BD

工作任务3　竣工交付阶段施工成本管理

🔍 **教学目标**

知识目标：识记竣工结算与支付、质量保证金处理的流程等。

技能目标：会进行合同解除的价款结算与支付。

素质目标：提高系统解决实际工程问题的能力，培养勤恳踏实的专业精神，培养学生守法意识、合规意识。

🔍 **知识学习**

2.3.1　竣工交付阶段施工成本管理1

知识点1　竣工结算与支付

竣工结算是指建设工程项目完工并验收合格后，对所完成的项目进行的全面工程结算。工程完工后，发承包双方必须在合同约定时间内办理工程竣工结算。工程竣工结算应由承包人或受其委托具有相应资质的工程造价咨询人编制，并应由发包人或受其委托具有相应资质的工程造价咨询人核对。

一、竣工结算的依据

工程竣工结算编制的主要依据有：

1. 《计价规范》；

2. 工程施工合同及补充协议；

3. 发承包双方已确认的施工过程结算价款；

4. 发承包双方实施过程中已确认的工程量及其结算的合同价款；

5. 发承包双方实施过程中已确认调整后追加（减）的合同价款；

6. 建设工程设计文件及相关资料；

7. 工程招标投标文件；

8. 其他依据。

二、竣工结算的编制

1. 竣工结算的编制方法。竣工结算的编制应区分合同类型，采用相应的编制方法。

（1）采用总价合同的，应在合同价基础上对设计变更、工程洽商以及工程索赔等合同约定可以调整的内容进行调整。

（2）采用单价合同的，应计算或核定竣工图或施工图以内的各个分部分项工程量，依据合同约定的方式确定分部分项工程项目价格，并对设计变更、工程洽商、施工措施以及工程索赔等内容进行调整。

（3）采用成本加酬金合同的，应依据合同约定的方法计算各个分部分项工程以及设计变更、工程洽商、施工措施等内容的工程成本，并计算酬金及有关税费。

2. 竣工结算的编制内容。采用工程量清单计价，竣工结算编制的主要内容有：

（1）工程项目的所有分部分项工程量，以及实施工程项目采用的措施项目工程量；为完成所有工程量并按规定计算的人工费、材料费、设备费、机具费、企业管理费、利润和税金。

（2）分部分项工程和措施项目以外的其他项目所需计算的各项费用。

（3）工程变更费用、索赔费用、合同约定的其他费用。

3. 竣工结算的计算方法。工程量清单计价法通常采用单价合同的合同计价方式，竣工结算的编制是采取合同价加变更签证的方式进行。

工程项目竣工结算价 = ∑ 单项工程竣工结算价

单项工程竣工结算价 = ∑ 单位工程竣工结算价

单位工程竣工结算价 = 分部分项工程费 + 措施费 + 其他项目费 + 规费 + 税金

《计价规范》中对计价原则有如下规定：

（1）分部分项工程和措施项目中的单价项目应依据双方确认的工程量与已标价工程量清单的综合单价计算；发生调整的，应以发承包双方确认调整的综合单价计算。

（2）措施项目中的总价项目应依据已标价工程量清单的项目和金额计算；发生调整的，应以发承包双方确认调整的金额计算，其中安全文明施工费应按国家或省级、行业建设主管部门的规定计算。

（3）其他项目应按下列规定计价：

①计日工应按发包人实际签证确认的事项计算。

②暂估价应按计价规范相关规定计算。

③总承包服务费应依据已标价工程量清单的金额计算；发生调整的，应以发承包双方确认调整的金额计算。

④索赔费用应依据发承包双方确认的索赔事项和金额计算。

⑤现场签证费用应依据发承包双方签证资料确认的金额计算。

⑥暂列金额应减去合同价款调整（包括索赔、现场签证）金额计算，如有余额归发包人。

（4）规费和税金按国家或省级建设主管部门的规定计算。

（5）发承包双方在合同工程实施过程中已经确认的工程计量结果和合同价款，在竣工结算办理中应直接进入结算。

三、竣工结算款支付

1. 承包人提交竣工结算款支付申请。除专用合同条款另有约定外，承包人应在工程竣工验收合格后 28 天内向发包人和监理人提交竣工结算申请单，并提交完整的结算资料，有关竣工结算申请单的资料清单和份数等要求由合同当事人在专用合同条款中约定。

除专用合同条款另有约定外，竣工结算申请单应包括以下内容：

（1）竣工结算合同价格。

（2）发包人已支付承包人的款项。

（3）应扣留的质量保证金。已缴纳履约保证金的或提供其他工程质量担保方式的除外。

（4）发包人应支付承包人的合同价款。

2. 发包人签发竣工结算支付证书与支付结算款。

（1）发包人在收到承包人提交竣工结算申请单后 28 天内未完成审批且未提出异议的，视为发包人认可承包人提交的竣工结算申请单，并自发包人收到承包人提交的竣工结算申请单后第 29 天起视为已签发竣工付款证书。

（2）除专用合同条款另有约定外，发包人应在签发竣工付款证书后的 14 天内，完成对承包人的竣工付款。发包人逾期支付的，按照中国人民银行发布的同期同类贷款基准利率支付违约金。逾期支付超过 56 天的，按照中国人民银行发布的同期同类贷款基准利率的 2 倍支付违约金。

（3）承包人对发包人签认的竣工付款证书有异议的，对于有异议部分应在收到发包人签认的竣工付款证书后 7 天内提出异议，并由合同当事人按照专用合同条款约定的方式和程序进行复核，或按照《示范文本》"争议解决"条款约定处理。对于无异议部分，发包人应签发临时竣工付款证书。承包人逾期未提出异议的，视为认可发包人的审批结果。

四、项目竣工协议

发包人要求项目竣工的，合同当事人应签订项目竣工协议。在项目竣工协议中应明确，合同当事人按照《示范文本》"竣工结算申请"及"竣工结算审核"条款的约定，对已完合格工程进行结算，并支付相应合同价款。

五、最终结清

1. 最终结清申请单。

（1）除专用合同条款另有约定外，承包人应在缺陷责任期终止证书颁发后 7 天内，按专用合同条款约定的份数向发包人提交最终结清申请单，并提供相关证明材料。

除专用合同条款另有约定外，最终结清申请单应列明质量保证金、应扣除的质量保证金、缺陷责任期内发生的增减费用。

（2）发包人对最终结清申请单内容有异议的，有权要求承包人进行修正和提供补充资料，承包人应向发包人提交修正后的最终结清申请单。

2. 最终结清证书和支付。

（1）除专用合同条款另有约定外，发包人应在收到承包人提交的最终结清申请单后 14 天内完成审批并向承包人颁发最终结清证书。发包人逾期未完成审批，又未提出修改意见的，视为发包人同意承包人提交的最终结清申请单，且自发包人收到承包人提交的最终结清申请单后第 15 天起视为已颁发最终结清证书。

（2）除专用合同条款另有约定外，发包人应在颁发最终结清证书后 7 天内完成支付。发包人逾期支付的，按照中国人民银行发布的同期同类贷款基准利率支付违约金；逾期支付超过 56 天的，按照中国人民银行发布的同期同类贷款基准利率的 2 倍支付违约金。

（3）承包人对发包人颁发的最终结清证书有异议的，按《示范文本》"争议解决"条款的约定办理。

知识点 2　质量保证金的处理

经合同当事人协商一致扣留质量保证金的，应在专用合同条款中予以明确。在工程项目竣工前，承包人已经提供履约担保的，发包人不得同时预留工程质量保证金。

一、承包人提供质量保证金的方式

承包人提供质量保证金有以下三种方式：

1. 质量保证金保函；

2. 相应比例的工程款；

3. 双方约定的其他方式。

除专用合同条款另有约定外，质量保证金原则上采用上述第 1 种方式。

二、质量保证金的扣留

质量保证金的扣留有以下三种方式：

1. 在支付工程进度款时逐次扣留，在此情形下，质量保证金的计算基数不包括预付款的支付、扣回以及价格调整的金额。

2. 工程竣工结算时一次性扣留质量保证金。

3. 双方约定的其他扣留方式。

除专用合同条款另有约定外，质量保证金的扣留原则上采用上述第 1 种方式。

发包人累计扣留的质量保证金不得超过工程价款结算总额的 3%。如承包人在发包人签发竣工付款证书后 28 天内提交质量保证金保函，发包人应同时退还扣留的作为质量保证金的工程价款。保函金额不得超过工程价款结算总额的 3%。

发包人在退还质量保证金的同时按照中国人民银行发布的同期同类贷款基准利率支付利息。

三、质量保证金的退还

缺陷责任期内，承包人认真履行合同约定的责任，到期后，承包人可向发包人申请返还保证金。

发包人在接到承包人返还保证金申请后，应于 14 天内会同承包人按照合同约定的内容进行核实。如无异议，发包人应当按照约定将保证金返还给承包人。对返还期限没有约定或者约定不明确的，发包人应当在核实后 14 天内将保证金返还承包人，逾期未返还的依法承担违约责任。发包人在接到承包人返还保证金申请后 14 天内不予答复，经催告后 14 天内仍不予答复，视同认可承包人的返还保证金申请。

发包人和承包人对保证金预留、返还以及工程维修质量、费用有争议的，按约定的争议和纠纷解决程序处理。

四、保修

1. 保修责任。工程保修期从工程竣工验收合格之日起算，具体分部分项工程的保修期由合同当事人在专用合同条款中约定，但不得低于法定最低保修年限。在工程保修期内，承包人应当根据有关法律规定以及合同约定承担保修责任。

发包人未经竣工验收擅自使用工程的，保修期自转移占有之日起算。

2. 修复费用。保修期内，修复的费用按照以下约定处理：

（1）保修期内，因承包人原因造成工程的缺陷、损坏，承包人应负责修复，并承担修复的费用以及因工程的缺陷、损坏造成的人身伤害和财产损失。

（2）保修期内，因发包人使用不当造成工程的缺陷、损坏，可以委托承包人修复，但发包人应承担修复的费用，并支付承包人合理利润。

（3）因其他原因造成工程的缺陷、损坏，可以委托承包人修复，发包人应承担修复的费用，并支付承包人合理的利润，因工程的缺陷、损坏造成的人身伤害和财产损失由责任方承担。

3. 修复通知。在保修期内，发包人在使用过程中，发现已接收的工程存在缺陷或损坏的，应书面通知承包人予以修复，但情况紧急必须立即修复缺陷或损坏的，发包人可以口头通知承包人并在口头通知后 48 小时内书面确认，承包人应在专用合同条款约定的合理期限内到达工程现场并修复缺陷或损坏。

4. 未能修复。因承包人原因造成工程的缺陷或损坏，承包人拒绝维修或未能在合理期限内修复缺陷或损坏，且经发包人书面催告后仍未修复的，发包人有权自行修复或委托第三方修复，所需费用由承包人承担，但修复范围超出缺陷或损坏范围的，超出范围部分的修复费用由发包人承担。

📍 技能实践

2.3.2　竣工交付阶段施工成本管理 2

技能点：合同解除的价款结算与支付

1. 因不可抗力解除合同。因不可抗力导致合同无法履行连续超过 84 天或累计超过 140 天的，发包人和承包人均有权解除合同。合同解除后，由双方当事人按照《示范文本》"商定或确定"条款商定或确定发包人应支付的款项，该款项包括：

（1）合同解除前承包人已完成工作的价款。

（2）承包人为工程订购的并已交付给发包人，或承包人有责任接受交付的材料、工程设备和其他物品的价款。

（3）发包人要求承包人退货或解除订货合同而产生的费用，或因不能退货或解除合同而产生的损失。

（4）承包人撤离施工现场以及遣散承包人人员的费用。

（5）按照合同约定在合同解除前应支付给承包人的其他款项。

（6）扣减承包人按照合同约定应向发包人支付的款项。

（7）双方商定或确定的其他款项。

除专用合同条款另有约定外，合同解除后，发包人应在商定或确定上述款项后 28 天内完成上述款项的支付。

2. 因发包人违约解除合同。

（1）发包人违约的情形。在合同履行过程中发生的下列情形，属于发包人违约：

①因发包人原因未能在计划开工日期前 7 天内下达开工通知的。

②因发包人原因未能按合同约定支付合同价款的。

③发包人违反《示范文本》"变更的范围"条款第 2 项约定，自行实施被取消的工作或转由他人实施的。

④发包人提供的材料、工程设备的规格、数量或质量不符合合同约定，或因发包人原因导致交货日期延误或交货地点变更等情况的。

⑤因发包人违反合同约定造成暂停施工的。

⑥发包人无正当理由没有在约定期限内发出复工指示，导致承包人无法复工的。

⑦发包人明确表示或者以其行为表明不履行合同主要义务的。

⑧发包人未能按照合同约定履行其他义务的。

发包人发生除上述第⑦项以外的违约情况时，承包人可向发包人发出通知，要求发包人采取有效措施纠正违约行为。发包人收到承包人通知后 28 天内仍不纠正违约行为的，承包人有权暂停相应部位工程施工，并通知监理人。

除专用合同条款另有约定外，承包人按《示范文本》"发包人违约的情形"条款约定暂停施工满28天后，发包人仍不纠正其违约行为并致使合同目的不能实现的，或发包人明确表示或者以其行为表明不履行合同主要义务的，承包人有权解除合同，发包人应承担由此增加的费用，并支付承包人合理的利润。

（2）因发包人违约解除合同后的付款。承包人按照上述"发包人违约"解除合同的，发包人应在解除合同后28天内支付下列款项，并解除履约担保：

①合同解除前所完成工作的价款。

②承包人为工程施工订购并已付款的材料、工程设备和其他物品的价款。

③承包人撤离施工现场以及遣散承包人人员的款项。

④按照合同约定在合同解除前应支付的违约金。

⑤按照合同约定应当支付给承包人的其他款项。

⑥按照合同约定应退还的质量保证金。

⑦因解除合同给承包人造成的损失。

合同当事人未能就解除合同后的结清达成一致的，按照《示范文本》"争议解决"条款的约定处理。

承包人应妥善做好已完工程和与工程有关的已购材料、工程设备的保护和移交工作，并将施工设备和人员撤出施工现场，发包人应为承包人撤出提供必要条件。

3. 因承包人违约解除合同。

（1）承包人违约的情形。在合同履行过程中发生的下列情形，属于承包人违约：

①承包人违反合同约定进行转包或违法分包的。

②承包人违反合同约定采购和使用不合格的材料和工程设备的。

③因承包人原因导致工程质量不符合合同要求的。

④承包人违反《示范文本》"材料与设备专用要求"条款的约定，未经批准，私自将已按照合同约定进入施工现场的材料或设备撤离施工现场的。

⑤承包人未能按施工进度计划及时完成合同约定的工作，造成工期延误的。

⑥承包人在缺陷责任期及保修期内，未能在合理期限对工程缺陷进行修复，或拒绝按发包人要求进行修复的。

⑦承包人明确表示或者以其行为表明不履行合同主要义务的。

⑧承包人未能按照合同约定履行其他义务的。

承包人发生除上述第⑦项约定以外的其他违约情况时，监理人可向承包人发出整改通知，要求其在指定的期限内改正。

承包人应承担因其违约行为而增加的费用和（或）延误的工期。此外，合同当事人可在专用合同条款中另行约定承包人违约责任的承担方式和计算方法。

除专用合同条款另有约定外，出现上述第⑦项约定的违约情况时，或监理人发出整改通知后，承包人在指定的合理期限内仍不纠正违约行为并致使合同目的不能实现的，发包人有权解除合同。合同解除后，因继续完成工程的需要，发包人有权使用承包人在施工现场的材料、设备、临时工程、承包人文件和由承包人或以其名义编制的其他文件，合同当事人应在专用合同条款约定相应费用的承担方式。发包人继续使用的行为不免除或不减轻承包人应承担的违约责任。

（2）因承包人违约解除合同后的处理。因承包人原因导致合同解除的，则合同当事人应在合同解除后 28 天内完成估价、付款和清算，并按以下约定执行：

①合同解除后，按《示范文本》"商定或确定"条款商定或确定承包人实际完成工作对应的合同价款，以及承包人已提供的材料、工程设备、施工设备和临时工程等的价值。

②合同解除后，承包人应支付的违约金。

③合同解除后，因解除合同给发包人造成的损失。

④合同解除后，承包人应按照发包人要求和监理人的指示完成现场的清理和撤离。

⑤发包人和承包人应在合同解除后进行清算，出具最终结清付款证书，结清全部款项。

因承包人违约解除合同的，发包人有权暂停对承包人的付款，查清各项付款和已扣款项。发包人和承包人未能就合同解除后的清算和款项支付达成一致的，按照《示范文本》"争议解决"条款的约定处理。

因承包人违约解除合同的，发包人有权要求承包人将其为实施合同而签订的材料和设备的采购合同的权益转让给发包人，承包人应在收到解除合同通知后 14 天内，协助发包人与采购合同的供应商达成相关的转让协议。

课后拓展

选择题

1. 按照合同约定方式预留质量保证金，保证金预留比例不得高于工程价款结算总额的（　　）。

A. 3%　　　　　B. 5%　　　　　C. 10%　　　　　D. 15%

2. 根据《示范文本》，发包人明确表示或者以其行为表明不履行合同主要义务的，承包人有权解除合同，发包人应承担（　　）。

A. 由此增加的费用并支付承包人合理的利润

B. 由此增加的费用，但不包括利润

C. 承包人已订购但未支付的材料费用

D. 由此支出的直接成本，不包括管理费

答案：1. A；2. A

工作领域 3

安全防范系统施工进度管理

在进行安全防范系统施工的时候，施工企业往往重视的是施工的成本、施工的质量控制和工程的竣工时间。重视工程的竣工时间从另外一个角度来说就是重视施工的进度，只有确保了施工的进度才能准确掌握施工的竣工时间。

随着安防市场管理制度的规范，人们的意识也发生了很大的转变，在施工项目管理工作中越来越重视施工的进度管理。对建筑工程而言，能否在规定的时间内把工程按期完成是十分重要的，因为工程的交付时间会影响工程项目全寿命周期的经济效益。一旦交付的日期在合同规定的时间以后，会直接影响工程使用者的使用，工程的延期交付还会增加工程项目的管理费用，给工程相关方的经济效益带来很大的影响。

如果建筑工程项目是生产性建设项目，那么对于使用者的影响会更大，因为延期会给工程的投资方带来无法估计的损失，进而很有可能会导致工程的投资方承担很大的经济债务，所以在进行工程施工管理的时候，一定要重视进度管理。忽视施工的进度管理还可能会给施工的成本控制和施工的其他管理带来很大的麻烦。如果缺乏有效的进度管理，施工方若想保证施工进度或加快施工进度，很可能会增加施工的成本，进行快速的施工还有可能会导致施工的质量无法得到保证。因此，在进行施工项目管理的时候，一定要处理好施工的成本控制、质量控制和进度管理三者之间的关系，只有把三者的关系处理好才能确保整个工程施工的顺利完成，达到预期的目标。在进行施工项目管理的时候，通常以成本低、质量高和进度快作为最终的目标。

工作任务 1 安全防范系统施工进度计划的编制及管理

子工作任务 1 安全防范系统施工进度计划的编制

🔎 **教学目标**

知识目标：掌握编制施工总进度计划的原则和依据。

技能目标：会进行施工进度计划的编制。

素质目标：提高系统解决实际工程问题的能力，培养勤恳踏实的专业精神。

🔍 知识学习

3.1.1　安全防范系统进度计划的编制

知识点 1　施工总进度计划的编制原则和依据

一、施工总进度计划的编制原则

1. 合理安排施工顺序，保证在劳动力、材料物资以及资金消耗量最少的情况下，按规定工期完成拟建工程施工任务。

2. 采用可靠合理的施工方法，确保工程项目的施工在连续、稳定、安全、均衡的状态下进行。

3. 节约工程施工中的成本。

二、施工总进度计划的编制依据

1. 工程项目的全部设计施工图纸，包括工程的初步设计或扩大初步设计、技术设计、施工图设计、设计说明书、建筑总平面图等。

2. 工程项目有关概（预）算资料、指标、劳动力定额、机械台班定额和工期定额。

3. 施工承包合同规定的进度要求和施工组织设计。

4. 施工总方案（施工部署方案、施工方案）。

5. 工程项目所在地区的自然条件和技术经济条件，包括气象、地形地貌、水文地质和交通水电条件等。

6. 工程项目需要的资源，包括劳动力状况、机具设备能力和物资供应来源条件等。

7. 当地建设行政主管部门对施工的要求。

8. 国家现行的安全防范系统施工技术、质量、安全规范、操作规程和技术经济指标。

知识点 2　施工进度计划编制的步骤

施工进度计划编制步骤如下：

1. 按招投标和工程合同约定的施工范围划分单位工程、单项工程、分部工程、分项工程，划分时可参照业主提供的项目建设计划。

2. 确定每个单位工程的计算进度的单位和总量，单位可以是工程量，适用于专业较少的工程；也可以是承包工作量，适用于多个专业综合的工程；若工程设备和材料均为承包方供应则可用机电工程投资额作为单位。

3. 依据类似工程的施工经验，参照相关定额等资料，结合现场施工条件，考虑当地气象环境因素，进行分析比较后，初步确定单位工程的施工持续时间。

4. 明确各单位工程间的衔接关系，合理安排开工顺序，尽量做到均衡施工，工程量大、技术难度大的单位工程先开工，留出一些次要的后备工程作计划的平衡调剂用，以保持计划的弹性并留有余地。

5. 安排施工总进度计划，初步编制网络计划图，要注意如与业主的项目建设计划安排有异，应在施工总进度计划编制说明中作出解释。

6. 施工总进度计划由编制人员起草完成后，施工承包方召集有关部门和人员进行内部审核。

7. 对施工总进度计划审核后进行修正和审议。

8. 进行外部审议目的是使参加者了解施工总进度计划的编制情况，沟通计划执行中要求配合和支持的事项，明确各方衔接的节点及日期，排除计划执行中可能遇到的障碍，取得对计划的认同和理解。

🔍 技能实践

技能点：编制施工进度计划

1. 施工过程中总进度纲要的主要内容包括：
（1）项目实施的总体部署；
（2）总进度规划；
（3）各子系统进度规划；
（4）确定里程碑事件的计划进度目标；
（5）总进度目标实现条件和应采取的措施。

2. 安全防范系统项目总进度目标论证的工作步骤如下：
（1）调查研究和收集资料；
（2）进行项目结构分析；
（3）进行进度计划系统的结构分析；
（4）确定项目的工作编码；
（5）编制各层（各级）进度计划；
（6）协调各层进度计划的关系和编制总进度计划。

🔍 课后拓展

选择题

1. 某工程采用建设项目工程总承包的模式，则项目总进度目标的控制是（　　）的任务。

A. 业主方与监理方　　　　　B. 业主方与工程总承包方

C. 监理与工程总承包方　　　D. 工程总承包方与设计方

2. 在进行安全防范系统项目总进度目标控制前，首先应分析和论证（　　）。

A. 进度计划系统的完整性　　　B. 进度计划方法的适用性

C. 进度控制方法的合理性　　　D. 进度目标实现的可能性

3. 在建设工程进度控制工作中，控制进度的组织措施包括（　　）。

A. 审查承包商提交的进度计划，使其能在合理的状态下施工

B. 建立进度信息沟通网络及计划实施中的检查分析制度

C. 采用网络计划技术结合电子计算机的应用，对工程进度实施动态控制

D. 建立进度计划审核制度和工程进度报告制度

E. 建立进度控制目标体系，明确进度控制人员及其职责分工

4. 某施工方的施工进度控制的环节有：①编制施工进度计划；②组织施工进度计划实施；③编制资源需求计划；④施工进度计划检查与调整。其控制顺序正确的是（　　）。

A. ①②③④　　　　B. ①③②④　　　　C. ③①②④　　　　D. ③①④②

5. 施工进度计划的调整包括（　　）。

A. 调整工程量

B. 调整工作起止时间

C. 调整工作关系

D. 调整项目质量标准

E. 调整工程计划造价

答案：1. B；2. D；3. BDE；4. B；5. ABC

子工作任务 2　安全防范系统施工进度计划的管理

教学目标

知识目标：能制定合理的进度计划，监控和调整进度计划。

技能目标：会进行施工进度计划制定，施工进度监控与调整，施工进度风险管理。

素质目标：提高系统解决实际工程问题的能力，培养勤恳踏实的专业精神。

知识学习

3.1.2　安全防范系统进度计划的管理

知识点 1　施工进度计划管理的职责

施工进度管理是建筑项目中非常重要的一个环节，它对于项目的顺利进行和完成

具有至关重要的作用。施工进度管理是监控和管理施工进度的关键。

一、施工进度计划制定

施工进度管理的职责之一是制定施工进度计划。需要根据项目的整体要求和相关方的需求，制定出科学合理的施工进度计划。在制定计划的过程中，需要考虑到各种不同因素的影响，如工期、资源配置和技术要求等。通过合理地调配和安排，确保施工进度计划的可行性和有效性。

二、施工进度监控与调整

在项目的实际施工过程中，施工进度管理需要进行持续的监控和调整。施工方需要密切关注施工进度的变化和项目的实际情况，及时发现并解决施工进度问题。如果发现进度偏差或延迟，施工方需要及时采取补救措施，保证项目能够按时交付。同时，施工方还需要与各个相关部门进行有效的沟通和协调，以确保施工的顺利进行。

三、施工进度报告与汇总

施工进度管理还需要负责编写施工进度报告和汇总。施工方需要定期向项目经理或相关领导提交进度报告，汇总和总结项目的施工进度情况。这些报告需要准确地反映项目的进展和问题，提供有针对性的建议和解决方案。同时，施工方还需要根据项目的要求进行数据分析和预测，为项目的决策提供参考依据。

四、施工进度风险管理

施工进度管理还需要进行施工进度风险管理。施工方需要分析和评估项目中可能出现的各种风险因素，包括人力资源、物资供应和技术难题等。同时，施工方还需要制定相应的应对策略，降低施工进度风险对项目的影响。在施工过程中，如果发生进度延误或其他重大问题，施工方需要及时处理和解决，以确保项目的正常进行。

五、施工进度相关数据管理

施工进度管理需要对施工进度相关的数据进行管理。施工方需要建立和维护施工进度的数据库，收集和整理施工进度数据。通过对数据的统计和分析，施工方能够更好地了解项目的施工进度情况，及时发现问题并采取相应的措施。同时，施工方还需要确保数据的准确性和保密性，防止数据泄露或被篡改。

综上所述，施工进度管理在安防项目中发挥着重要的作用。施工方需要制定施工进度计划、监控和调整施工进度、编写进度报告与汇总、进行施工进度风险管理、管理施工进度相关的数据。只有通过科学有效的施工进度管理，才能确保项目的顺利进行和圆满完成。

知识点 2　工程进度计划的控制

一、工程进度控制的目标

通过编制工程总进度网络计划和对施工单位提供的进度计划的审核认定，进行进度目标的分解和关键线路、节点的进度目标控制。在施工过程中检查并管理工程实际进度，进行实际进度与计划进度的比较和原因分析，采取经济、技术、合同措施。通过对人员、机具、材料、方法、环境的控制和统筹安排，实现工期不超过计划工期的目标。

二、工程进度控制的原则

1. 工程进度控制的依据是安全防范系统施工合同所约定的工期目标。

2. 在确保工程质量和安全的原则下，控制进度。

3. 应采用动态的控制方法，对工程进度进行主动控制。

三、工程进度控制的内容与方法

1. 编制施工进度计划控制方案。专业监理工程师应依据施工承包合同有关条款、施工图及施工实际情况，编制施工进度计划控制方案，对进度目标进行风险分析，制定防范性对策，并报总监理工程师。

2. 审批进度计划。

（1）施工单位应根据安全防范系统施工合同的约定按时编制施工总进度计划，并按时填写《施工进度计划报审表》，报监理审批。

（2）监理工程师应根据本工程的条件，全面分析施工单位编制的施工总进度计划的合理性和可行性。

（3）监理工程师应审查进度网络计划的关键线路并进行分析。

（4）对工程进度计划，应分析施工单位主要工程材料及设备供应等方面的配套安排。

（5）有重要的修改意见应要求施工单位按意见修改计划后重新申报。

（6）进度计划由总监理工程师签署意见批准实施并报送建设单位。

3. 监督进度计划的实施。

（1）在计划实施过程中，监理工程师应对承包单位实际进度进行跟踪监督，并对实施情况做好记录，为公正、合理地处理工程延误提供证据。

（2）及时检查审核施工单位提交的进度统计资料和进度控制报表，并根据实际检查的结果进行实际进度与计划进度的对比，定期向建设单位汇报工程实际进度状况，按期提供必要的进度报告，提出合理预防由业主原因导致工程延期和费用索赔的建议，组织定期和不定期的现场会议，及时分析，汇报工程施工进度状况，并协调施工单位之间的生产活动，对工程进度进行评价和分析。

（3）发现偏离应要求施工单位及时采取措施，实现计划进度的安排。

4. 工程进度计划的调整。

（1）发现工程进度严重偏离计划时，总监理工程师应组织监理工程师进行原因分析、研究措施，也可提出建议，并签发《监理通知》，要求相关单位采取纠正措施，并向业主提供证明。

（2）召开各方协调会议，研究应采取的措施，保证合同约定目标的实现。

（3）重新调整的进度计划，施工单位应报项目监理审批，审查意见经总监理工程师批准后报送业主。

四、工程进度控制的措施和对策

1. 施工总进度计划评审。要求施工单位根据合同的要求提出工程的总进度计划，由现场监理对总进度计划是否满足规定的工期进行审查论证并提出意见。

2. 督促施工单位编制进度计划。在总进度计划的前提下，要求施工单位做出施工计划和具体的安排，根据作业计划核实工程所需的各种相关材料及工时，还应包括设备订货及供货计划、劳动力、机具等规划。

3. 对进度实施动态管理。除工程例会上讨论施工进度计划外，为了确保分部或分项工程的施工进度，必要时召开专门工期进度会议，进行进度计划值和实际值的比较，分析计划完不成的原因，并制定相应的补救措施，协调解决存在的问题，对工程进度实施动态管理。

4. 协调好各施工单位之间的施工安排，尽可能减少相互干扰，以保证项目顺利实施。

🔍 技能实践

技能点：工程进度控制

安全防范系统项目进度计划是由多个相互关联的进度计划组成的系统，它是项目进度控制的依据。由于各种进度计划编制所需要的必要资料是在项目进展过程中逐步形成的，因此项目进度计划系统的建立和完善也有一个过程，它也是逐步形成的。

安全防范系统项目管理有多种类型，代表不同利益方的项目管理都有进度控制的任务，但是其控制的目标和时间范畴是不相同的。

安全防范系统项目是在动态条件下实施的，进度控制也就必须是一个动态的管理过程，它由下列环节组成：

（1）进度目标的分析和论证；

（2）在收集资料和调查研究的基础上编制进度计划；

（3）定期跟踪检查所编制的进度计划执行情况，若其执行有偏差，则采取纠偏措施，并视必要调整进度计划。

🔍 课后拓展

选择题

1. 关于项目进度计划和进度计划系统的说法正确的是（　　）。

A. 进度计划系统由多个进度计划组成的，是逐步形成的

B. 进度计划是实施性的，进度计划系统是控制性的

C. 业主方编制的进度计划是控制性的，施工方编制的进度计划是实施性的

D. 进度计划是项目参与方编制的，进度计划系统是业主方编制的

2. 某建设工程项目按施工总进度计划，各单位工程进度计划及相应分部工程进度计划组成了计划系统，该计划系统是由多个相互关联的不同（　　）进度计划组成。

A. 深度　　　　B. 项目参与方　　　C. 功能　　　　D. 周期

3. 下列措施中，属于进度控制的管理措施的是（　　）。

A. 调整进度控制任务分工表

B. 进行进度控制会议的组织设计

C. 选择发承包模式

D. 改进施工方法

4. 在建设工程进度控制工作中，控制进度的组织措施包括（　　）。

A. 审查承包商提交的进度计划，使其能在合理的状态下施工

B. 建立进度信息沟通网络及计划实施中的检查分析制度

C. 采用网络计划技术结合电子计算机的应用，对工程进度实施动态控制

D. 建立进度计划审核制度和工程进度报告制度

E. 建立进度控制目标体系，明确进度控制人员及其职责分工

答案：1. A；2. A；3. C；4. BDE

工作任务 2　流水施工

📌 **教学目标**

知识目标：明晰流水施工的基本概念，清楚流水施工的特点；清楚全等流水节拍、成倍流水节拍、异步流水节拍的组织方法。

技能目标：会划分流水施工段，会合理地确定流水步距及流水节拍；会进行流水施工的工序确定，会进行流水施工布置。

素质目标：提高系统解决实际工程进度管理问题的能力，培养勤恳踏实的工匠精神。

📌 **知识学习**

3.2.1　流水施工 1

知识点 1　流水施工的概述、流水节拍与流水步距

一、流水施工概述

流水施工是应用流水线生产的基本原理，结合安防安装工程的特点，科学地安排施工生产活动的一种组织形式。安全防范系统的流水施工与工业企业中采用的流水线生产极为相似。不同的是，工业生产中各个工件在流水线上从前一个工序向后一个工序流动，生产者是固定的；而在建筑施工活动中各个施工对象是固定的，专业施工队伍则由前一施工段向后一施工段流动，即生产者是移动的。因而它的组织与管理也更为复杂。

1. 流水施工的概念。流水施工是指所有的施工过程按一定的时间间隔依次投入施工，各个施工过程陆续开工，陆续竣工，使同一施工过程的施工班组保持连续、均衡施工，不同施工过程尽可能平行和搭接。

2. 流水施工与其他施工组织方式的比较。为了说明安全防范系统中采用流水施工的优越性，可将流水施工同其他施工方式进行比较。除了上述流水施工方式外，常用的施工组织方式还有依次施工和平行施工。现以三幢房屋设备安装工程为例，采用上述三种方式组织施工并进行效果分析。

例如，某三幢房屋设备安装工程有 5 个施工过程：管槽铺设 2 天、线路铺设 2 天、设备检验 2 天、设备安装 3 天、设备调试 1 天，一幢房屋作为一个施工段。现分别采用依次、平行、流水施工方式组织施工。

（1）依次施工。依次施工是各施工段或各施工过程依次开工、依次完成的一种施工组织方式，即按次序一段段的或一个个施工过程进行施工。将上述三幢房屋的设备安装工程组织依次施工。这种方法的优点是单位时间内投入的劳动力和物资资源较少，施工现场管理简单。但专业工作队的工作有间歇，工地物资资源消耗也有间断性，工期显然拉得很长。它适用于工作面有限、规模小、工期要求不紧的工程。每段施工工期为各施工过程作业时间之和。如下图所示。

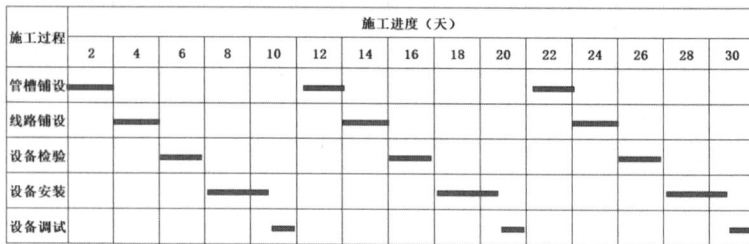

图 3-1　依次施工

（2）平行施工。平行施工是全部工程任务的各施工段同时开工、同时完成的一种施工组织方式。将上述三幢房屋的设备安装工程组织平行施工，其施工进度安排如下图所示。

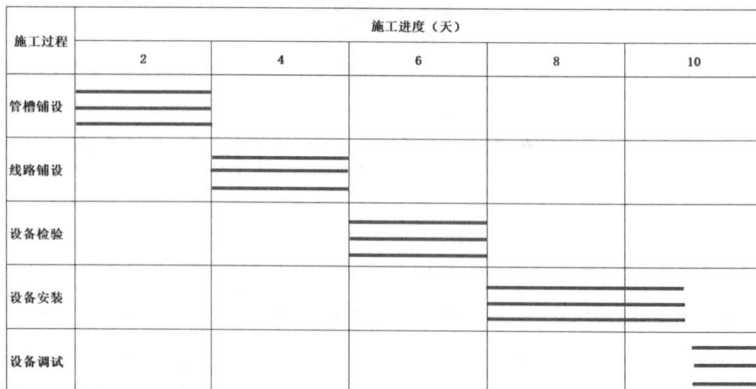

图 3-2　平行施工

完成三幢房屋的设备安装工程所需的时间等于一幢房屋设备安装工程施工的时间。

这种方法的优点是工期短，充分利用工作面。但专业工作队数目成倍增加，现场临时设施增加，物资资源消耗集中，这些情况都会带来不良的经济效果。这种方法一般适用于工期要求紧、大规模的建筑群。

（3）流水施工。将上述三幢房屋的设备安装工程组织流水施工，其施工进度计划如下图所示。

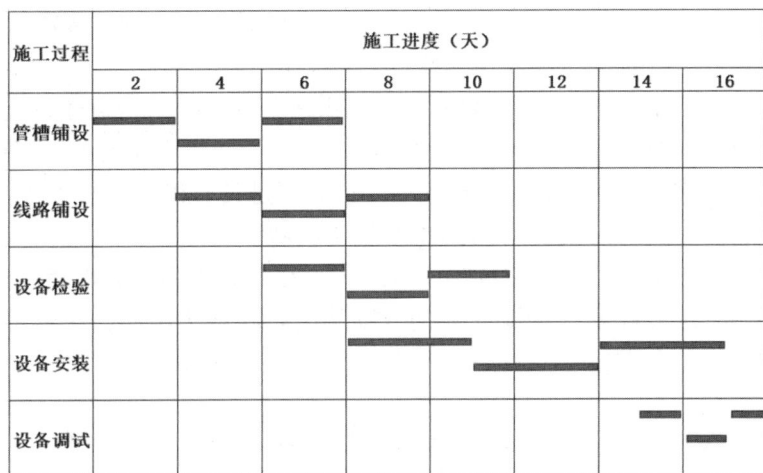

图 3-3 流水施工

从图 3-3 可以看出，流水施工方式的优点是保证了各工作队的工作和物资的消耗具有连续性和均衡性，能消除依次施工和平行施工方式的缺点，同时保留它们的优点。

二、组织流水施工的条件与特点

1. 组织流水施工的条件。

（1）划分施工过程。划分施工过程就是把拟建工程的整个安全防范系统分解为若干施工过程。划分施工过程是为了对施工对象的施工过程进行分解，以便于逐一实现局部对象的施工，从而使施工对象整体得以实现。也只有这种合理的分解，才能组织专业化施工队伍有效协作。

（2）划分施工段。根据组织流水施工的需要，将拟建工程尽可能地划分为劳动量大致相等的若干个施工段，也可称为流水段。

安全防范系统组织流水施工的关键是将安防单件产品变成多件产品，以便成批生产。由于安全防范系统施工体量庞大，通过划分施工段（区）就可将单件产品变成"批量"的多件产品，从而成为流水作业的前提。没有"批量"就不可能也就没有必要组织任何流水作业。每一个段（区）就是一个假定"产品"。

（3）每个施工过程组织独立的施工班组。在一个流水分部中，每个施工过程尽可能组织独立的施工班组，其形式可以是专业班组也可以是混合班组，这样可使每个施工班组按施工顺序，依次地、连续地和均衡地从一个施工段转移到另一个施工段进行相同的操作。

（4）主要施工过程必须连续、均衡地施工。主要施工过程是指工作量较大、作业时间较长的施工过程。对于主要施工过程，必须连续、均衡地施工；对其他次要施工过程，可考虑与相邻的施工过程合并。如不能合并，为缩短工期，可安排间断施工。

（5）不同施工过程尽可能组织平行搭接施工。不同施工过程之间的关系，关键是工作时间上有搭接和工作空间上有搭接。在有工作面的条件下，除必要的技术和组织间歇时间外，应尽可能组织平行搭接施工。

2. 流水施工的特点。流水施工是搭接施工的一种特定形式，它最主要的组织特点是每个施工过程的作业均能连续施工，前后施工过程的施工段都能紧密衔接，使得整个工程的资源供应呈一定规律性和均匀性。

大型安全防范系统施工是一项非常复杂的组织管理工作，尽管理论上的流水施工组织方法和实际情况会有差异，甚至有很大的差异，但是它所总结的一套安排生产的方法和计算分析的理论，对于施工生产活动的组织还是具有很大帮助的。

其中，在计算分析时，就需要用到流水施工参数。流水施工参数是指在组织流水施工时，为了表达流水施工在工艺流程、空间布置和时间排列等方面相互依存的关系，引入一些描述施工进度计划图特征的数据。按其性质和作用不同，一般可分为工艺参数、时间参数和空间参数。

三、流水节拍

流水节拍是指一个施工过程在一个施工段上的作业时间，用符号 $i = 1, 2 \cdots\cdots n$ 表示。流水节拍的大小决定着施工速度和施工的节奏性。影响流水节拍数值大小的因素主要有：施工方案、劳动力人数或施工机械台数、工作班次以及工程量的多少。其数值的确定可以依照以下各种方法进行：

1. 定额计算法。这一方式根据各施工段的工程量、能够投入的资源量（工人数、机械台数和材料量等），按公式（3-1）或公式（3-2）进行计算。

$$t_i = S_i Z_i = i \qquad\qquad (3-1)$$

$$t_i = \frac{Q_i H_i}{R_i Z_i} = \frac{P_i}{R_i Z_i} \qquad\qquad (3-2)$$

公式中，t_i—某施工过程流水节拍；

Q_i—某施工过程在某施工段上的工程量；

S_i—某施工过程的每工日产量数量；

R_i—某施工过程的施工班组人数或机械台数；

Z_i—每天工作班制；

P_i—某施工过程在某段施工段上的劳动量；

H_i—某施工过程采用的时间定额。

2. 工期计算法。对某些在规定日期内必须完成的工程项目，往往采用工期计算法。具体步骤如下：

（1）根据工期按经验估算出各分部所需的施工时间。

（2）根据各分部估算出的时间确定各施工过程时间，然后根据公式（3-1）或公式（3-2）求出各施工过程所需的人数或机械台数。但在这种情况下，必须检查劳动力和工作面机械供应的可能性，如果供应不足，就需采用增加工作班次来调整解决。

3. 经验估算法。经验估算法是根据以往的施工经验进行估算。一般为了提高其准确程度，往往先估算出该流水节拍的最长、最短和正常（即最可能）三种时间值，然后据此求期望时间值作为某专业工作队在某施工段上的流水节拍。一般按下面公式进行计算：

$$li = \frac{a+4c+b}{6} \qquad (3-3)$$

公式中，li—某施工过程在某施工段上的流水节拍；

a—某施工过程在某施工段上的最短估算时间；

b—某施工过程在某施工段上的最长估算时间；

c—某施工过程在某施工段上的正常估算时间。

这种方法适用于没有定额可循的工程。

四、流水步距

流水步距是两个相邻的施工过程先后进入同一施工段开始施工的时间间隔，用符号 B 表示（i 表示前一个施工过程，i+1 表示后一个施工过程）。在施工段不变的情况下，流水步距越大，工期越长；流水步越小，则工期越短。流水步距的数目等于（n-1）个参加流水施工的施工过程数。确定流水步距的基本要求是：

1. 应保证相邻两个施工过程之间工艺上有合理的顺序，不发生前一个施工过程尚未全部完成，而后一个施工过程便提前介入的现象。有时为了缩短时间，在工艺技术条件允许的情况下，某些专业队也可以搭接施工。

2. 应使各个施工过程的专业工作队连续施工，不发生停工现象。

3. 应考虑各个施工过程之间必需的技术间歇时间和组织间隔时间。

五、流水间歇时间

流水间歇时间是指在组织流水施工中，由于施工过程之间的工艺或组织上的需要，必要留出的时间间隔，用符号 ti 表示。它包括技术间歇时间和组织间歇时间。技术间歇时间是指在同一施工段的相邻两个施工过程之间必须留有的工艺技术间隔。如设备进场后，后续施工过程不能立即投入作业，必须有足够的时间调试设备。组织间歇时间是指由于施工组织上的需要，同一段相邻两个施工过程在规定流水步距之外所增加的必要的时间间隔。

六、流水工期

流水工期是指完成一项过程任务或一个流水组施工所需的时间。

🔑 技能实践

技能点：组织流水施工的技能目标

流水施工组织的技能目标如下：

1. 合理地确定施工的顺序，利用工作面，争取连续作业，减少工作面的停歇时间。

2. 合理地确定工作的起点和终点，以保证工作面不发生停歇，连续作业。

3. 正确地划分施工段，以使各专业队伍在各段上的人数大致相等，有利于组织流水施工。

4. 合理地确定流水步距和流水强度，以保证施工的连续性和均衡性。

以此，最大限度地实现工作面连续流水作业，加快施工进度。在实行全优施工法中，除应合理地组织平行施工和流水施工外，还必须合理地组织平行、顺次、交叉、搭接作业，使各种专业队伍在时间上和空间上最大限度地实现平、顺、交、接，以充分发挥其综合效益。

🔍 **课后拓展**

案例题

背景：某安防工程由5个施工过程组成，分别为线管铺设、线路铺设、进场检验、设备安装、设备调试。根据施工工艺要求，线管铺设施工完毕后，需等待2天后才能进行线路铺设。现拟采用5个专业施工人员进行施工，各施工过程的流水节拍见表3-1流水节拍表。

表 3-1　流水节拍表

施工过程编号	施工过程	流水节拍（天）
Ⅰ	线管铺设	3
Ⅱ	线路铺设	2
Ⅲ	进场检验	1
Ⅳ	设备安装	4
Ⅴ	设备调试	2

问题：按上述5个专业施工人员组织流水施工，绘制其流水施工进度计划图，并计算总工期。

解析：5个专业施工人员组织流水施工属于异步节拍的流水施工。

施工过程	施工进度（d）													
	1	2	3	4	5	6	7	8	9	10	11	12	13	14
线管铺设	■	■	■											
线路铺设						■	■							
进场检验								■						
设备安装									■	■	■	■		
设备调试													■	■

总工期：

线管铺设+（2 天）+线路铺设+进场检验+设备安装+设备调试

3+2+2+1+4+2＝14（天）

3.2.2　流水施工 2

知识点 2　全等流水节拍、成倍流水节拍、异步流水节拍的组织方法

一、流水施工方式

流水施工方式根据流水施工节拍特征的不同，可分为有节奏流水、无节奏流水。有节奏流水又可分为全等流水节拍、成倍流水节拍和异步流水节拍。

二、全等流水节拍施工

全等流水节拍施工是指各个施工过程的流水节拍均为常数的一种流水施工方式，即同一施工过程在各施工段上的流水节拍都相等，并且不同施工过程之间的流水节拍也相等的一种流水方式。根据其间歇与否又可分为无间歇全等流水节拍施工和有间歇全等流水节拍施工。

1. 无间歇全等流水节拍施工。无间歇全等流水节拍施工是指各个施工过程之间没有技术间歇时间和组织间歇时间，且流水节拍均相等的一种流水施工方式。

无间歇全等流水节拍施工的特征如下：

（1）同一施工过程流水节拍相等，不同施工过程流水节拍也相等，即 $t1 = t2 = t3 = \cdots\cdots = t_n$，要做到这一点的前提是使各施工段的劳动量基本相等。

（2）各施工过程之间的流水步距相等，且等于流水节拍，即 $B1，2 = B2，3 = \cdots\cdots = B_{n-1}$。

2. 有间歇全等流水节拍施工。有间歇全等流水节拍施工是指各个施工过程之间有的需要技术间歇时间或组织间歇时间可搭接施工，其流水节拍均为相等的一种流水施工方式。

全等流水节拍施工的特征为同一施工过程流水节拍相等，不同施工过程流水节拍也相等，各施工过程之间的流水步距不一定相等，因为有技术间歇或组织间歇。

3. 全等流水节拍施工方式的适用范围。全等流水节拍施工比较适用于分部工程流水（专业流水），不适用于单位工程，特别是大型的建筑群。因为全等流水节拍施工虽然是一种比较理想的流水施工方式，它能保证专业班组的工作连续，工作面充分利用，实现均衡施工，但由于它要求划分的各分部、分项工程都采用相同的流水节拍，这对一个单位工程或建筑群来说，往往十分困难，不容易达到，因此实际应用范围不是很广泛。

三、成倍流水节拍施工

成倍流水节拍施工是指同一施工过程在各个施工段的流水节拍相等，不同施工过程之间的流水节拍不完全相等，但各个施工过程的流水节拍均为其中最小流水节拍的整数倍的施工方式。

成倍流水节拍施工的特征如下：

1. 同一施工过程流水节拍相等，不同施工过程流水节拍等于或为其中最小流水节拍的整数倍。

2. 各个施工段的流水步距等于其中最小的流水节拍。

3. 每个施工过程的班组数等于本过程流水节拍与最小流水节拍的比值。

成倍流水节拍施工方式比较适用于线型工程（如道路、管道等）的施工。

四、异步流水节拍施工

异步流水节拍施工是指同一施工过程在各个施工段的流水节拍相等，不同施工过程之间的流水节拍不一定相等的流水施工方式，其特征如下：

1. 同一施工过程流水节拍相等，不同施工过程流水节拍不一定相等。

2. 各个施工过程之间的流水步距不一定相等。

🔍 **技能实践**

技能点：流水施工的组织方式

1. 确定施工工序。将施工过程根据不同的工作内容划分为不同的工序，可以根据施工计划进行划分，每个工序应具有明确的施工内容和时间安排。

2. 制定流水线布置图。根据施工工序的先后顺序，制定流水线布置图，即按照工序的进行顺序将施工区域划分为不同的作业面，保证施工过程中不同工序之间的顺序性。

3. 配备足够的施工人力和机械设备。根据施工工序的具体要求，合理安排工人和机械设备的数量，确保在施工过程中能够及时完成各项工作任务。

🔍 **课后拓展**

案例题

某分项工程包含依次进行的甲、乙、丙 3 个施工过程，每个施工过程划分 4 个施工段组织流水施工，3 个施工过程的流水节拍见表 3-2 流水节拍表。

为了缩短工期，项目经理部的进度控制部门安排乙施工过程提前 1 天开工。按施工质量验收规范的规定，乙施工过程的每个施工段完成后至少要养护 2 天，才能进行丙施工过程的相应施工段的施工。

表 3-2　流水节拍

施工过程	流水节拍（天）			
	施工段 1	施工段 2	施工段 3	施工段 4
甲	2	4	3	2

施工过程	流水节拍（天）			
	施工段 1	施工段 2	施工段 3	施工段 4
乙	3	2	3	3
丙	4	2	1	3

试绘制该工程的流水施工横道图？

答案：

各施工过程流水节拍的累加数列：

甲：2，6，9，11

乙：3，5，8，11

丙：4，6，7，10

错位相减，取最大值的流水步距：

甲到乙的流水的步距：

```
 2  6  9  11
    3  5  8  11
 2  3  ④  3  -11
```

乙到丙的流水的步距：

```
 3  5  8  11
    4  6  7  10
 3  1  2  ④  -10
```

综上可得：最大流水步距为 4，提前 1 天为总工期减 1 天，养护 2 天为总工期加 2 天。

总工期：（4+4）+（4+2+1+3）-1+2 = 19（天）

流水施工横道图：

施工过程	施工进度（d）																		
	1	2	3	4	5	6	7	8	9	10	11	12	13	14	15	16	17	18	19
甲																			
乙																			
丙																			

工作任务 3　网络计划图的绘制及参数计算

🔖 **教学目标**

知识目标：了解施工网络计划的表示方法、施工网络计划的特点；了解网络图中 6 个时间参数的概念；

技能目标：会通过各工作之间的逻辑关系画出网络图；能计算出网络图中的 6 个时间参数：最早开始时间、最早完成时间、最迟开始时间、最迟完成时间、总时差、自由时差。

素质目标：提高系统进行实际工程进度计划的能力，培养勤恳踏实的工匠精神。

🔖 **知识学习**

3.3.1　网络计划图的绘制及参数计算 1

知识点 1　网络计划的概述

一、建筑施工网络计划概述

网络技术是施工组织计划技术的主要方法之一。它由箭线和节点组成，用来表达各项工作的先后顺序和相互关系。这种方法逻辑严密，主要矛盾突出，有利于计划的优化调整和计算机的应用。因此在工程管理、军事、航天和科学研究等领域得到广泛地使用，并取得了显著的效果。

1. 建筑施工网络计划的表示方法。安防施工网络计划是一种以网状图形表示工程施工顺序的工作流程图。通常有双代号和单代号两种表示方法，如图 3-4、3-5 所示。

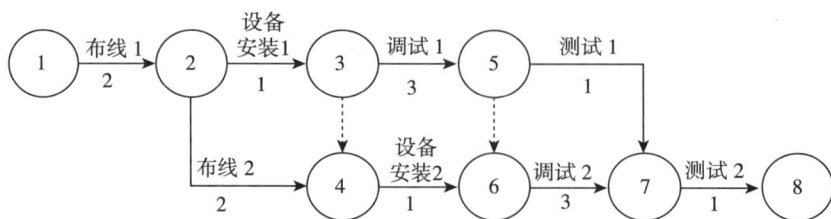

图 3-4　双代号网络图

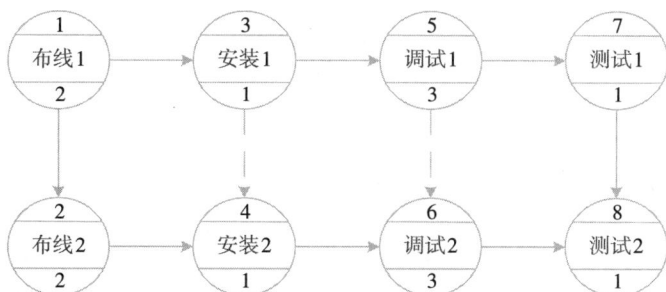

图 3-5　单代号网络图

　　人们在工程实践中，将网络图与时间坐标有机结合起来，形成了时间坐标网络计划，如图 3-6 所示。将单代号网络图与搭接施工原理有机结合起来，形成了单代号搭接网络计划，如图 3-7 所示。将双代号网络图与流水施工原理有机结合起来，形成了流水施工网络计划，如图 3-8 所示。

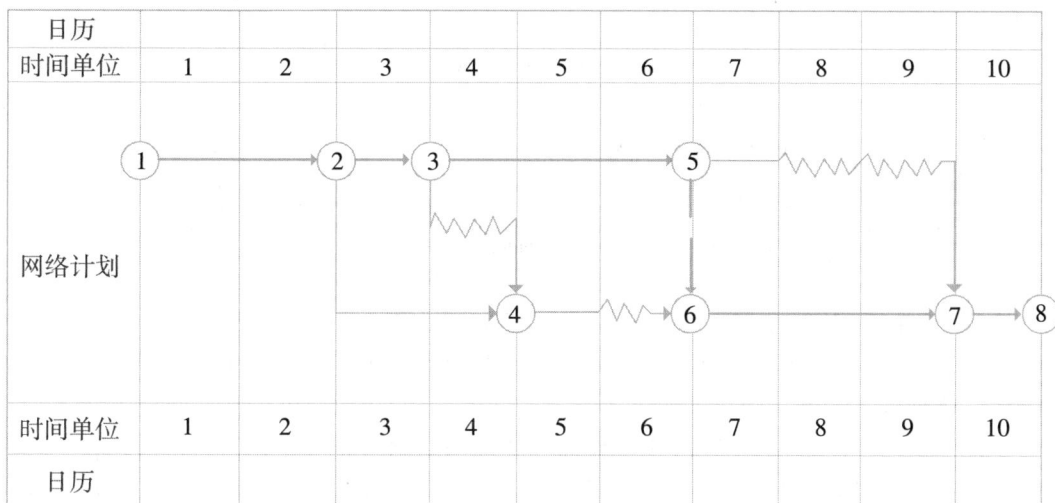

图 3-6　时间坐标网络计划图

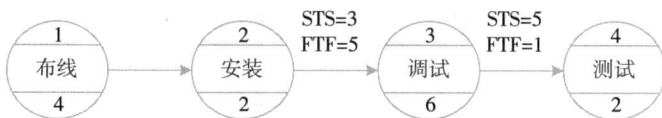

图 3-7　单代号搭接网络图

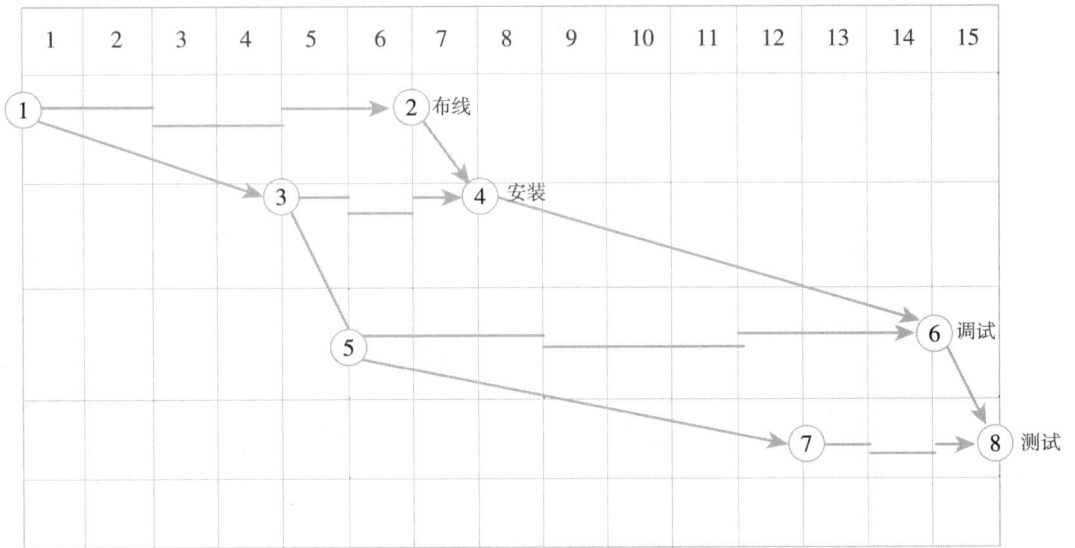

图 3-8 流水施工网络计划图

2. 建筑施工网络计划的基本原理。首先绘制工程施工网络图，以此表达施工计划中各工作先后顺序的逻辑关系；其次通过计算确定关键工作及关键路线；再按选定目标不断改善计划安排，并付诸实施；最后在进行过程中进行控制、监督和调整，以达到缩短工期、提高工效、降低成本、增加经济效益的目的。

3. 建筑施工网络计划的特点。安防施工进度计划既可以用网络图表示，也可以用直线图来表示。从发展的角度看，网络图的应用将会比直线图更为广泛。因为网络图具有以下特点：

（1）能全面明确地反映出各项工作之间的依赖、制约关系。

（2）通过计算，能确定各项工作的开始时间和结束时间以及其他各种时间参数，并能找出对全局有影响的关键工作和关键线路，便于在施工中集中力量抓住主要矛盾，确保工期，避免盲目施工。

（3）能利用计算得出某些工作的机动时间，更好地调配人力物力，达到降低成本的目的。

（4）可以利用计算机对复杂的网络计划进行调整与优化，实现计划的科学管理。

（5）在计划实施过程中能进行有效的控制和调整，保证取得最大的经济效果。如某一工序因故提前和拖后时，能从计划中了解或预见对其施工及总工期的影响程度，便于及早采取措施，消除不利因素。

二、双代号网络计划

1. 双代号网络计划的基本要素。

实箭线：一条实箭线表示一项工作或一个施工过程，箭头表示工作的结束。通常将工作名称标注在箭线上方，工作时间或资源数量标注在箭线的下方，如图 3-9（a）所示。一般而言，每项工作的完成都要消耗一定的时间及资源，只消耗时间不需要消耗资源的工作，如存储时长检测等技术间歇，若单独考虑时，也应作为一项工作来对待，均用实箭线来表示，如图 3-9（b）所示。

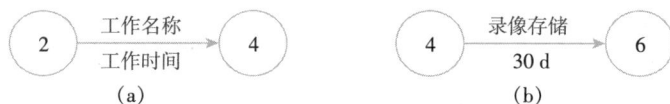

图 3-9　实箭线表示方法

虚箭线：虚箭线仅表示工作之间的逻辑关系，它既不消耗时间，也不消耗资源。一般不标注名称，持续时间为零，表示方式如图 3-10 所示。

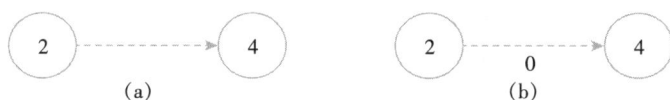

图 3-10　虚箭线表示方法

节点（也称事件）：在双代号网络图中节点用 O 表示。它表示的内容有以下几个方面：

（1）节点表示前面工作结束和后面工作开始的瞬间，节点不需要消耗时间和资源。

（2）节点根据其位置不同可以分为起点节点、终点节点、中间节点。起点节点就是网络图的第一个节点，它表示一项计划（或工程）的开始。终点节点就是网络图中的终止节点，它表示一项计划（或工程）的结束。中间节点就是网络图中的任何一个中间节点，它既表示前面各项工作的结束，又表示其紧随其后的各项工作的开始，如图 3-11 所示。

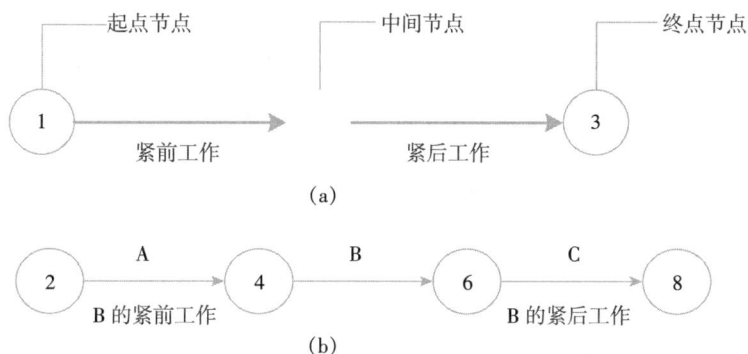

图 3-11　节点示意图

紧前工作：紧排在本工作之前的工作称为紧前工作。

紧后工作：紧排在本工作之后的工作称为紧后工作。

（3）节点必须编号，每条箭线前后两个节点的编号表示一项工作。如图 3-11 表示某工程中的若干项工作，且一项工作应只有唯一的一条箭线和相应的一对节点编号，箭尾的节点编号应小于箭头的节点编号。

（4）对一个节点而言，可以有许多箭线通向该节点，这些箭线称为"内向箭线"或"内向工作"，同样也可以有许多箭线从同一节点出发，这些箭线称为"外向箭线"或"外向工作"，如图 3-12 所示。

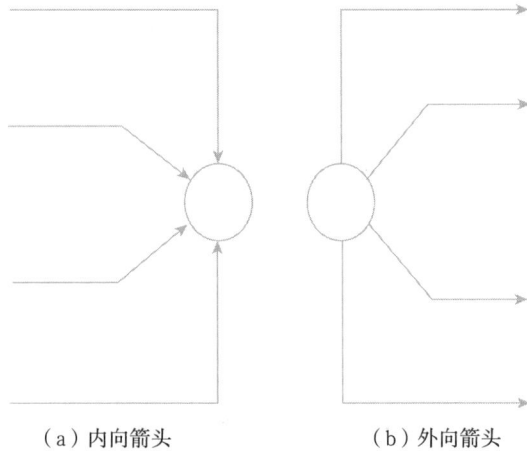

（a）内向箭头　　　　　　　　　（b）外向箭头

图 3-12　内向箭线和外向箭线

线路和关键线路：线路是指从网络图的起点节点，顺着箭头所指的方向，通过一系列的节点和箭线，最后达到终止节点的通路。一个网络图中，从起点节点到终点节点，一般都存在着许多线路，如图 3-13 有 3 条线路，每条线路都包含着若干项工作，这些工作的持续时间之和就是这条线路的时间长度，即线路的总持续时间。图 3-13 中 3 条线路均有各自的总持续时间，见表 3-3。

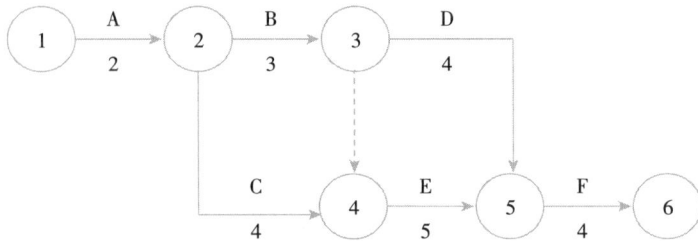

图 3-13　双代号网络图

表 3-3

线路	总持续时间	关键线路
1 → 2 → 3 → 5 → 6	13	
1 → 2 → 3 → 4 → 5 → 6	14	
1 → 2 → 4 → 5 → 6	15	15

任何一个网络图中至少存在一条或几条总时间最长的线路，如图 3-13，总持续时间最长的线路决定了此网络计划工期，这条线路是如期完工的关键所在，因此称为关键线路。在关键线路上的工作称为关键工作。一般用双线或粗线表示，其他线路长度

小于关键线路，称为非关键线路。

关键线路不是一成不变的，在一定条件下，关键线路和非关键线路会互相转化，如当关键工作的施工时间拖延，导致非关键工作的施工时间缩短时，就有可能使关键线路发生转移。但在网络计划图中，关键工作的比重往往不宜过大，否则不利于工程组织者集中力量抓好主要矛盾。

2. 双代号网络图的绘制方法。双代号网络图的正确绘制是网络计划方法应用的关键。正确的网络计划图应正确表达各种逻辑关系且工作项目齐全、施工过程数目得当、遵守绘图的基本规则和选择恰当的绘图排列方法。

网络图中的逻辑关系是指网络计划中所表示的各项工作之间客观上存在或主观上安排的先后顺序关系。这种顺序关系划分为两类：一类是施工工艺关系，称为工艺逻辑；另一类是施工组织关系，称为组织逻辑。

工艺逻辑关系是由施工工艺和操作过程所决定的，各项工作之间客观上存在先后施工顺序。对于一个具体的分部工程来说，当确定了施工方法以后，则该分部工程的各项工作的先后顺序一般是固定的，有的是绝对不能颠倒的。

组织逻辑关系是在施工组织安排中，考虑劳动力、机具、材料或工期等因素的影响，在各项工作之间主观上安排的先后顺序关系。这种关系不受施工工艺的限制，不是工程性质本身决定的，而是在保证施工质量、安全和工期等的前提下，可以人为安排的顺序关系。比如有 A、B 两幢房屋设备安装工程的接地工程，如果施工方案确定使用一组人员，那么要接地的顺序究竟是先 A 后 B 还是先 B 后 A，应该取决于施工方案所作出的决定。

在绘制网络计划图时，必须正确反映各工作之间的逻辑关系，其表示方法见表3-4。

表 3-4　双代号网络图中逻辑关系的表达方式

序号	各活动之间的逻辑关系	双代号网络图中的表达方式
1	A 完成后，进行 B 和 C。	
2	A、B 完成后，进行 C 和 D。	

序号	各活动之间的逻辑关系	双代号网络图中的表达方式
3	A、B 完成，进行 C。	
4	A 完成后，进行 C； A、B 完成后，进行 D。	
5	A、B 完成后，进行 D； A、B、C 完成后，进行 E； D、E 完成后，进行 F。	
6	A1 完成后，进行 A2、B1； A2 完成后，进行 A3； A2、B1 完成后，进行 B2； A3、B2 完成后，进行 B3。	
7	A 完成后，进行 B； B、C 完成后，进行 D。	

3. 绘制双代号网络图的基本规则。

（1）双代号网络图必须正确表达逻辑关系，如图 3-14 所示。双代号网络图中，严禁出现循环回路，因为它会导致计划工作无结果。网络图形成了工作循环回路，它所表达的逻辑关系是错误的。

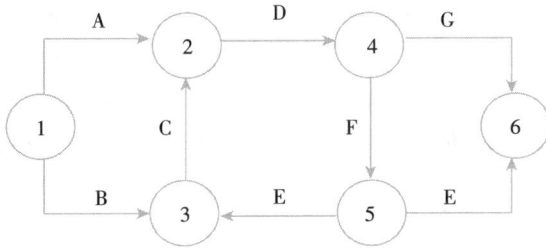

图 3-14 不允许出现循环回路

（2）双代号网络图中，在节点之间严禁出现带双向箭头或无箭头的连线，它会导致工作顺序不明确。如图 3-15 中③和④的连线就是错误的。

图 3-15

（3）双代号网络图中，严禁出现没有箭头节点或没有箭尾节点的箭线。如图 3-16所示。

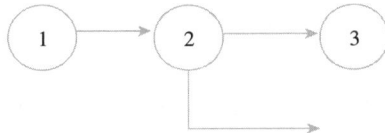

（a）没有箭头节点的箭线

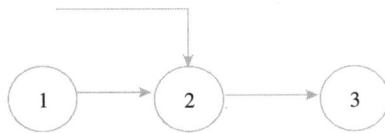

（b）没有箭尾节点的箭线

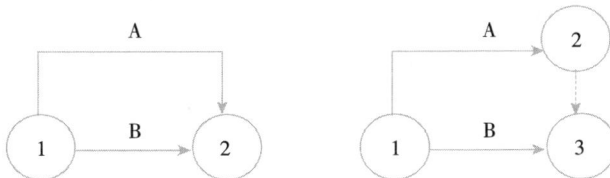

（c）两个代号只能代表一个施工过程

图 3-16

（4）双代号网络图中，一条箭线只能代表一个施工过程，一条箭线箭头节点的编号必须大于箭尾节点编号，一张网络图节点编号顺序一般是从左到右，从上到下进行编号，节点编号不能重复，按自然数从小到大编号，也可以跳号，两个代号只能代表一个施工过程。

（5）当双代号网络图的某些节点有多条外向箭线或多条内向箭线时，在保证一项工作应只有唯一的一条箭线和相应的一对节点编号的前提下，可使用母线法绘图，如图 3-17 所示。

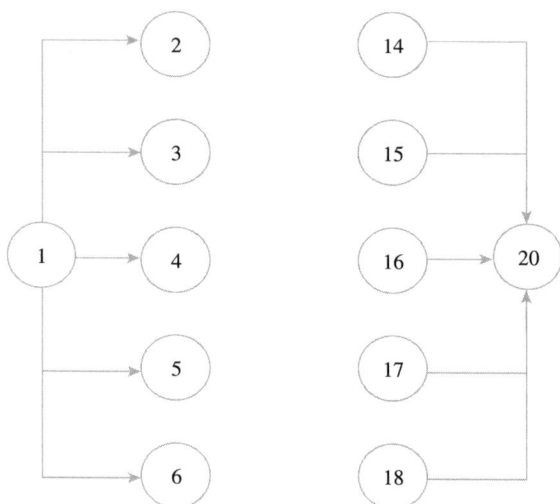

图 3-17　母线法

（6）绘制网络图时，箭线不宜交叉，当交叉不可避免时，可用过桥法或指向法，如图 3-18 所示。

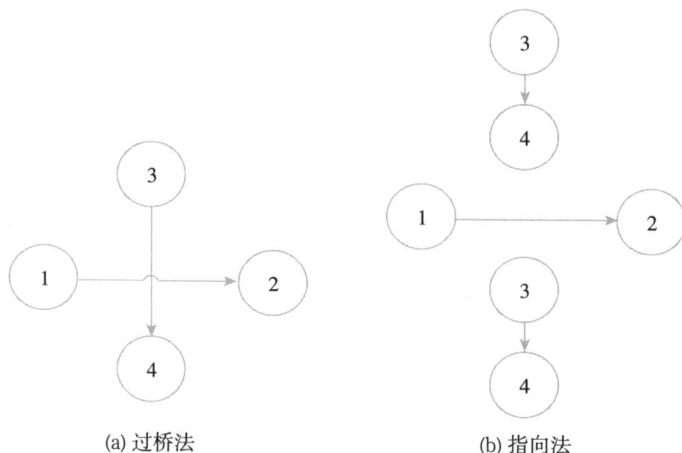

(a) 过桥法　　　　　　　　　(b) 指向法

图 3-18　箭线交叉的处理方法

（7）双代号网络图中只有一个起点节点，在不分期完成任务的网络图中，只有一个终点节点，而其他所有节点均应是中间节点。如图 3-19 中出现 1、3 两个起点节点，以及出现 6、7 两个终点节点均为错误。

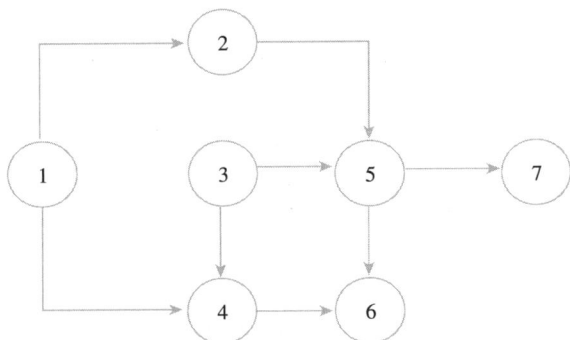

图 3-19 不允许出现多个起点节点和多个终点节点

（8）双代号施工网络图的排列方法是把各工序的工艺顺序按水平方向排列，施工段按垂直方向排列。例如，某工程水平方向排列为布线、安装、调试和检测四项工作，分两个施工段，组织流水施工，其形式如图 3-20 所示。

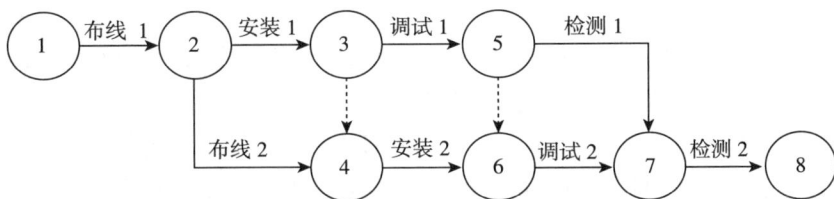

图 3-20 工艺顺按水平方向排列

施工段按水平方向排列是把施工段按水平方向排列，工艺顺序按垂直方向排列。

4. 绘制双代号网络图应注意的问题。

（1）层次分明，重点突出。绘制网络计划图时，首先遵循网络图的绘制规则，画出一张符合工艺和组织逻辑关系的网络计划草图，然后检查、整理出一幅条理清楚、层次分明和重点突出的网络计划图。

（2）构图形式要简洁、易懂。绘制网络计划图时，通常的箭线应以水平线为主，竖线、斜线为辅，如图 3-21a 所示，应尽量避免用曲线，如图 3-21b 所示。

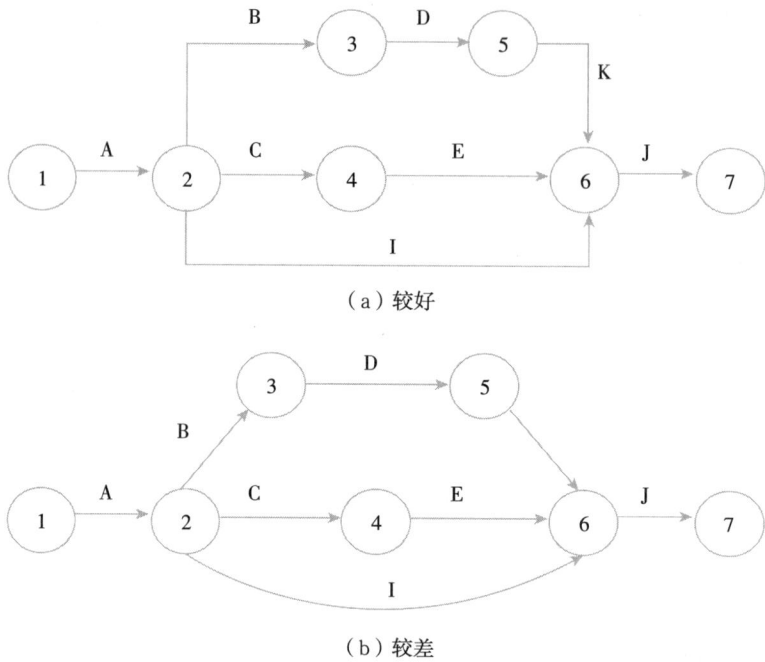

（a）较好

（b）较差

图 3-21

（3）正确应用虚箭线。绘制网络图时，正确应用虚箭线可以使网络计划中的逻辑关系更加明确、清楚，它起到"断"和"连"的作用。

用虚箭线切断逻辑关系：如图 3-22a 所示的 AB 工作的紧后工作 CD 工作，如果要去掉 A 工作与 D 工作的联系，那么就增加虚箭线，增加节点，如图 3-22b 所示。

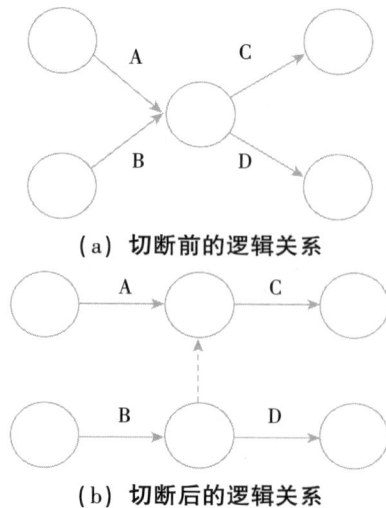

（a）切断前的逻辑关系

（b）切断后的逻辑关系

图 3-22

用虚箭线连接逻辑关系：B 工作的紧前工作是 A 工作，D 工作的紧前工作是 C 工作。若 D 工作的紧前工作不仅有 C 工作而且还有 A 工 作，那么连接 A 与 D 的关系就要使用虚箭线。双代号网络图中应力求减少不必要的虚箭线。

知识点2　双代号网络计划时间参数的计算

3.3.2　网络计划图的绘制及参数计算2

1. 计算时间参数的步骤。

（1）按节点计算法计算时间参数。

①计算节点最早开始时间。

起点节点：网络图中一般规定起点节点的最早时间为0，把0标注在起点节点的左上方位置上，如图 3-23 中的 D 节点。

中间节点和终点节点：网络图中间节点和终点节点的最早时间可采用"沿线累加、逢圈取大"的计算方法，也就是从网络图的第一个节点起，沿着每条线路将各工作的作业时间累加起来，在每一个圆圈（即节点）处取到达该圆圈的各条线路累计时间的最大值，就是该节点的最早时间。将计算结果直接标注在相应的节点左上方，如图 3-23 所示。

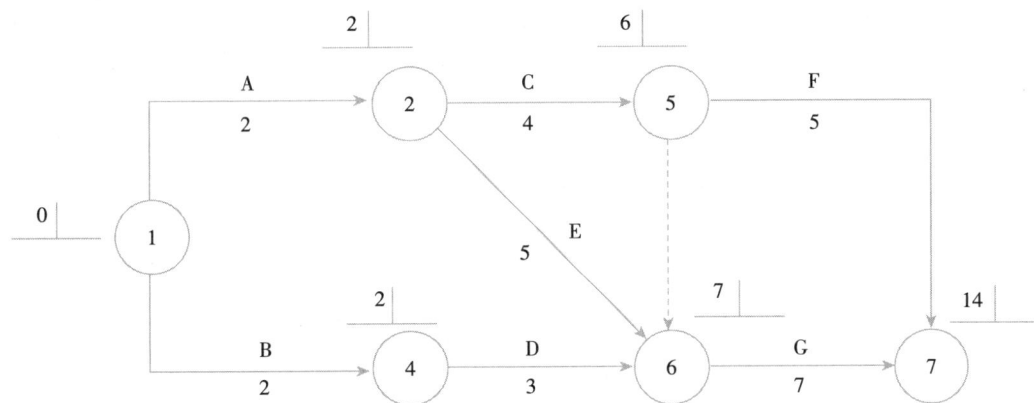

图 3-23　图上计算节点最早时间

②计算节点最迟开始。最迟开始时间的计算，是以网络图的终点节点逆箭头方向，从右到左逐个节点进行计算，并将计算的结果标注在相应节点右上方。

终点节点：当网络计划有规定工期时（计划工期），终点节点的最迟时间就等于规定工期。当没有规定工期时，终点节点的最迟时间等于终点节点最早时间。

中间节点和起点节点：网络图中间节点和起点节点的最迟时间可采用"逆线累减、逢圈取小"的计算方法，也就是以网络图的终点节点逆着每条线路将计划总工期依次减去各工作的持续工作时间，在每一圆圈上取其后续线路累减时间的最小值，就是该节点的最迟时间。将计算结果标注在相应节点的右上方。

③工作总时差可以分为本工作与紧前工作的总时差。本工作的总时差与紧前工作总时差等于左节点最迟时间减去左节点最早时间；与紧后工作总时差等于右节点最迟时间减去右节点最早时间，将这个计算结果分别标注在左、右节点上方及节点最早、最迟时间的下方，如图 3-24 所示。

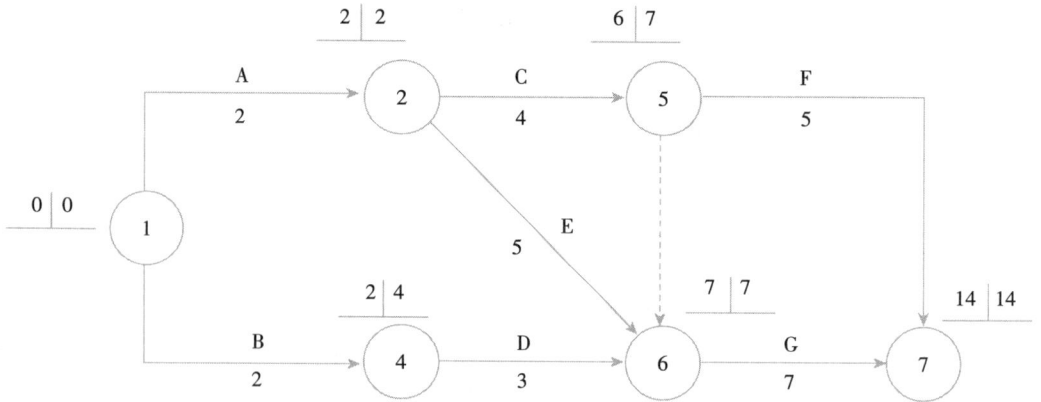

图 3-24　图上计算工作公共时差

④计算工作独立时差，独立时差等于本道工作的右节点最早时间减去左节点最迟开始时间再减去本道工作作业时间，将计算结果标注在箭线上方第二行第一格内，如图 3-25 所示。

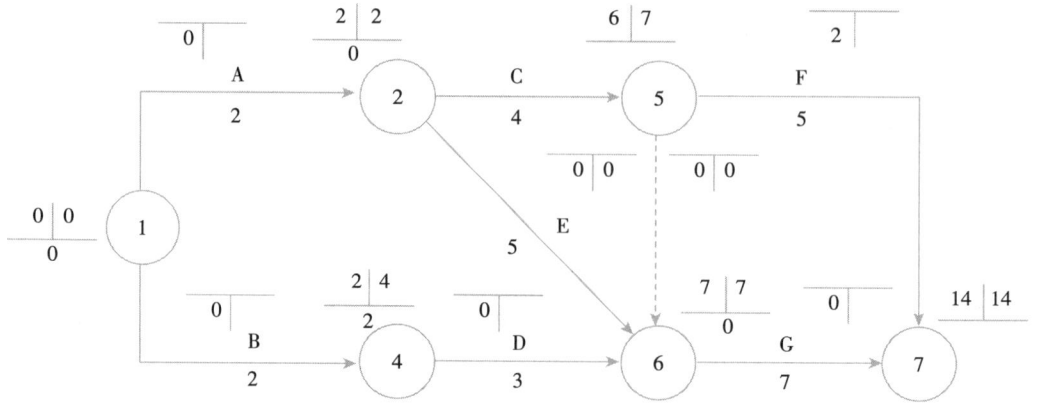

图 3-25　图上计算工作独立时差

⑤自由时差在节点计算法中等于本道工作右节点最早时间和左节点最早时间再减

去本道工作作业时间，将结果标注在箭线上方第二行第二格内，如图 3-26 所示。

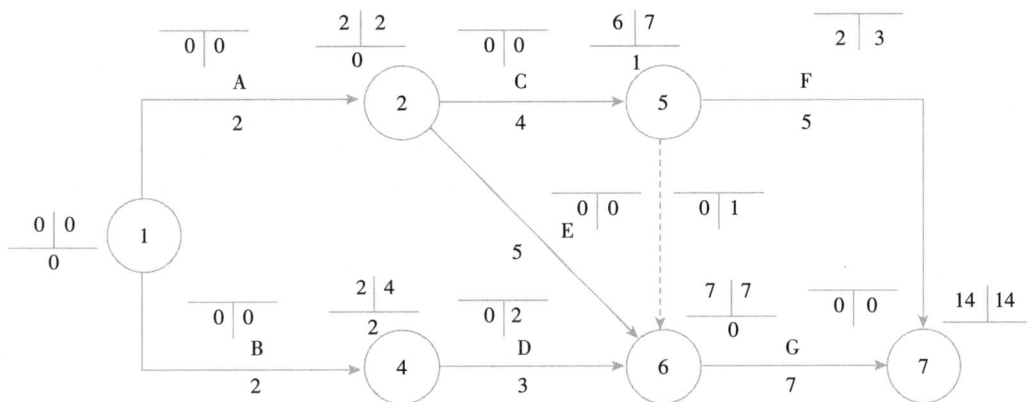

图 3-26　图上计算工作自由时差

⑥计算本工作总时差。在节点计算法中总时差等于该工作的右节点最迟时间减去节点最早时间再减本进工作作业时间。将其计算结果标注在箭线上第一行内，如图 3-27 所示。

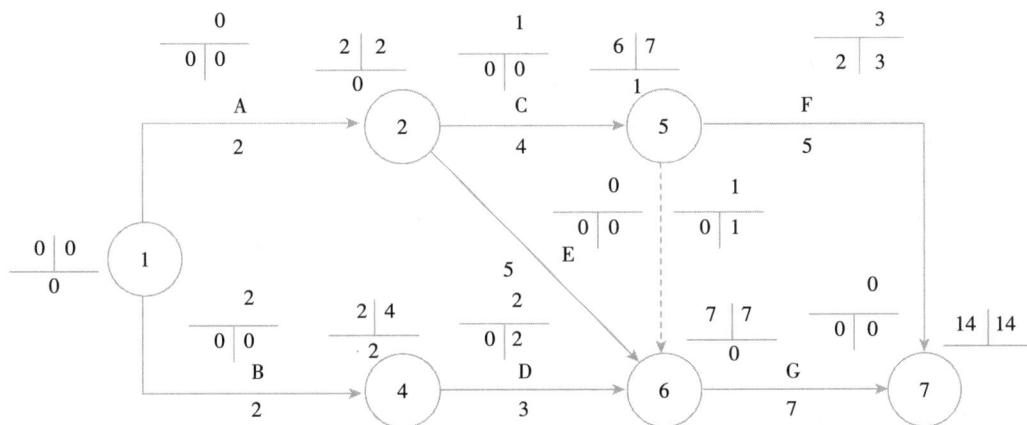

图 3-27　图上计算工作独立时差

（2）按工作计算法计算时间参数。

最早开始时间（ES）：各紧前工作全部完成后，本工作有可能开始的最早时刻。

最早完成时间（EF）：各紧前工作全部完成后，本工作有可能完成的最早时刻。

最迟开始时间（LS）：在不影响整个任务按期完成的前提下，本工作必须开始的时刻。

最迟完成时间（LF）：在不影响整个任务按期完成的前提下，本工作必须完成的时刻。

总时差（TF）：在不影响总工期的前提下，工作可以利用的机动时间。

自由时差（FF）：在不影响其紧后工作最早开始的前提下，本工作可以利用的机动时间。

总时差＝最迟开始时间－最早开始时间或总时差＝最迟完成时间－最早完成时间

自由时差＝本工作的所有紧后工作的最早开始时间中最早的减去本工作的最早完成时间

①计算工作最早开始时间。第一项工作的最早开始时间为 0，其余工作的最早开始时间等于紧前工作最早开始时间加上紧前工作的作业时间，若紧前工作有两项以上，则应取其中最大者作为本工作最早开始时间，并将其标注在本箭线上方的第一行第一格内，如图 3-28 所示。

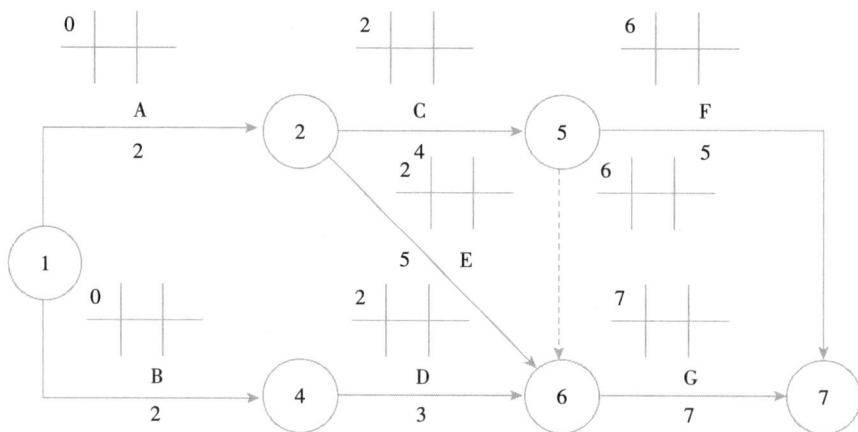

图 3-28　计算最早开始时间

②计算工作最早完成时间。最早完成时间等于该工作最早开始时间与本工作作业时间之和，计算结果标注在箭线上方第二行第一格内，如图 3-29 所示。

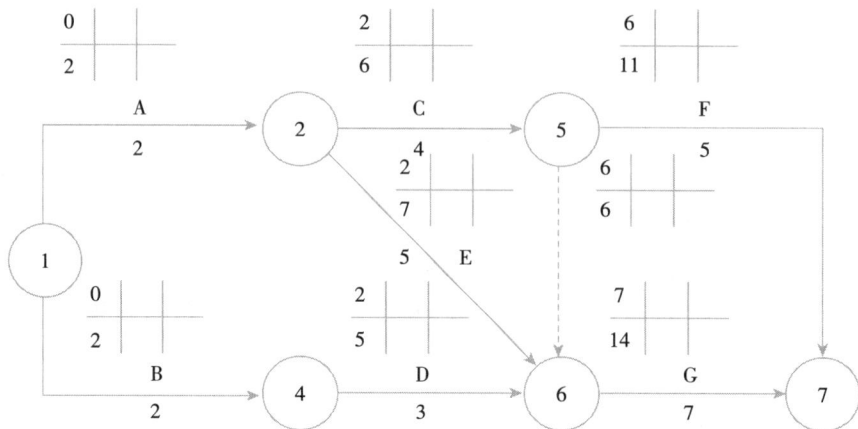

图 3-29　计算最早完成时间

③计算工作最迟完成时间。当计划工期等于实际工期时，最后一项工作的最迟完成时间等于计算工期，其余工作的最迟完成时间等于紧后工作最迟完成时间减去紧后工作作业时间，若紧后工作有两项以上，应取其最小值者作为本工作最迟完成时间，并将其标注在箭线上方第二行第二格内，如图 3-30 所示。

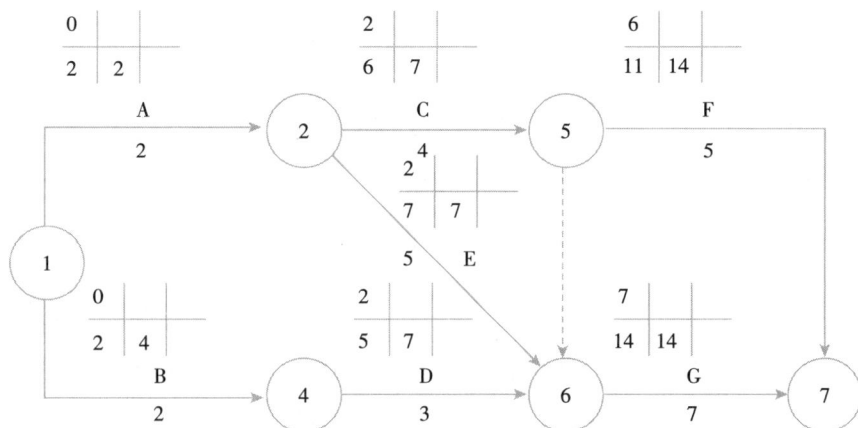

图 3-30　计算最迟完成时间

④计算工作最迟开始时间。最迟开始时间等于该工作最迟结束时间减去本工作作业时间，计算结果标注在箭线上方第二行第二格内，如图 3-31 所示。

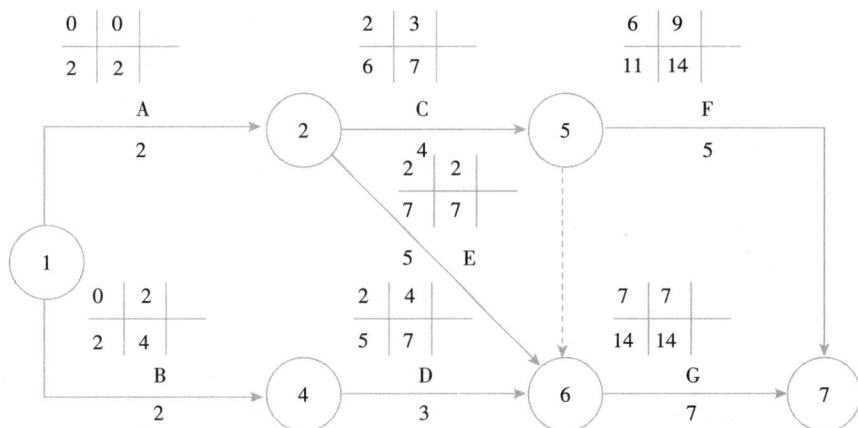

图 3-31　计算最迟开始时间

⑤计算工作自由时差。自由时差等于紧后工作的最早开始时间减去本工作的最早完成时间，将其计算结果标注在箭线上方第二行第三格内，如图 3-32 所示。

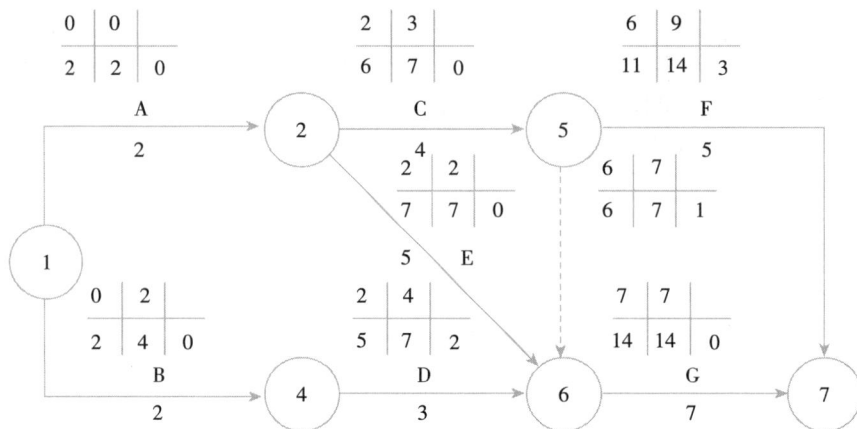

图 3-32　计算自由时差

⑥计算工作总时差。总时差等于本工作最迟开始时间减去本工作最早开始时间；或等于本工作最迟完成时间减去本工作最早完成时间。将其结果标在第一行第三格内。如图 3-33 所示。

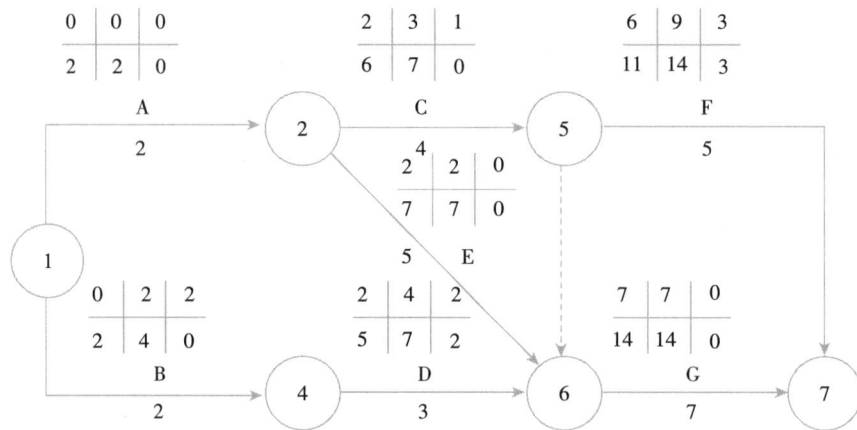

图 3-33　计算工作总时差

⑦关键线路。总时差最小是零，因此该图中总时差为零的工作即为关键工作，用双线表示由此而连成的线路为关键线路。

在网络计划中总时差最小的工作称为关键工作。在网络图上一般用双线或粗线将关键工作连成自始至终的线路，就是关键线路。它是进行工程进度管理的重点。关键线路的特点：

第一，若合同工期等于计划工期时，关键线路上的工作总时差等于 0；

第二，关键线路是从网络计划起点节点到结束节点之间持续时间最长的线路，应把关键工作作为重点来抓，保证各项工作如期完成，同时挖掘非关键工作的潜力，合理安排资源，节省工程费用。

第三，关键线路在网络计划中不一定只有一条，有时存在两条以上。

关键线路以外的工作称非关键工作。

知识点 3　单代号网络计划的绘制

单代号网络计划是网络计划的一种表示方法，也称工作节点网络计划。它是用一个圆圈或方框代表一项工作，将工作代号、工作名称和完成工作所需要的时间写在圆圈或方框里面，箭线仅用来表示工作之间的顺序关系。用这种表示方法把一项计划中所有工作按先后顺序确定相互之间的逻辑关系，从左至右绘制而成的图形，就叫单代号网络，用这种网络图表示的计划叫做单代号网络计划。

图 3-34 为一张单代号网络图的示例，图 3-35 是常见的两种单代号表示法。

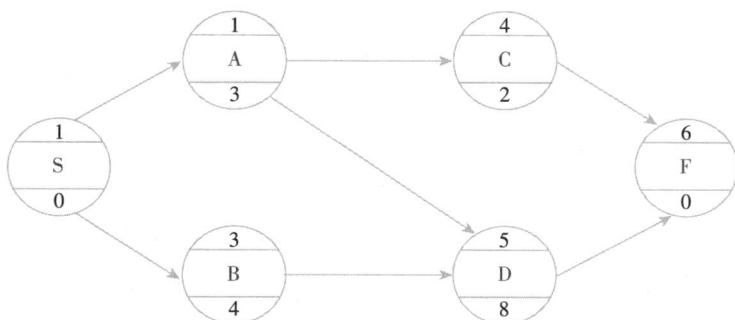

图 3-34　单代号网络图

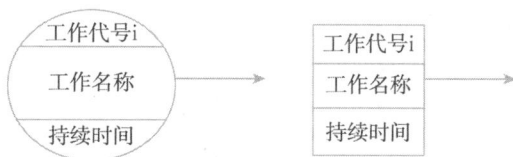

图 3-35　单代号网络图表示方法

1. 单代号网络图的基本要素：单代号网络图是由箭线、节点、线路三个基本要素组成。

（1）节点单代号网络图中每一个节点表示一项工作，宜用圆圈或矩形表示。节点所表示的工作名称、持续时间和工作代号均标注在节点内。如图 3-35 所示。

（2）箭线单代号网络图中，箭线表示紧邻工作之间的逻辑关系，如图 3-34 所示，箭线可画成水平直线、折线或斜线。箭线水平投影的方向自左向右，表示工作的进行方向。

（3）单代号网络图的线路同双代号网络图的线路的含义是相同的，即从网络计划起点节点到结束节点之间持续时间最长的线路叫关键线路。

2. 单代号网络图的绘制方法。正确表示各种逻辑关系，根据工程计划中各工作工艺、组织等逻辑关系来确定其紧前紧后工作的关系，见表 3-5 所示。

表 3-5

序号	工作间的逻辑关系	单代号表示方法
1	A、B 两项工作，依次进行施工。	
2	A、B、C 三项工作，同时开始施工。	
3	A、B、C 三项工作，同时结束施工。	
4	A、B、C 三项工作，A 完成之后，B、C 才能开始。	
5	A、B、C 三项工作，C 工作只能在 A、B 完成之后开始。	

续表

序号	工作间的逻辑关系	单代号表示方法
6	A、B、C、D 四项工作，当 A、B 完成之后 C、D 才能开始。	

3. 单代号网络图的绘制原则。

（1）必须正确表述已定的逻辑关系。

（2）严禁出现循环回路。

（3）严禁出现双向箭头或无箭头的连线。

（4）严禁出现没有箭尾节点的箭线和没有箭头节点的箭线。

（5）绘制网络图时，箭线尽量不要交叉，当交叉不可避免时，可采用过桥法绘制。

（6）单代号网络图中只能有一个起点节点和一个终点节点，当网络图中有多项起点节点或多项终点节点时，应在网络图的两端分别设置一项虚工作，作为该网络图的起点节点和终点节点。

（7）单代号网络图中的节点必须编号，编号标注在节点内，其号码可以跳号，但严禁重复。箭线的箭尾节点编号应小于箭头节点编号。

🔍 技能实践

技能点：网络计划图绘制

某安防工程项目由 9 项工作组成，各项工作之间网络逻辑关系如下表所示。

工作名称	紧前工作	紧后工作	持续时间（天）
A	——	D、F	4
B	——	E、F、G	5
C	——	G、H	5
D	A	——	12
E	B	I	6
F	A、B	I	8
G	B、C	I	4
H	C	——	14
I	E、F、G	——	6

（1）试绘制成双代号网络图。

（2）计算 6 个时间参数。

（3）求出关键线路与计算工期。

解析：（1）

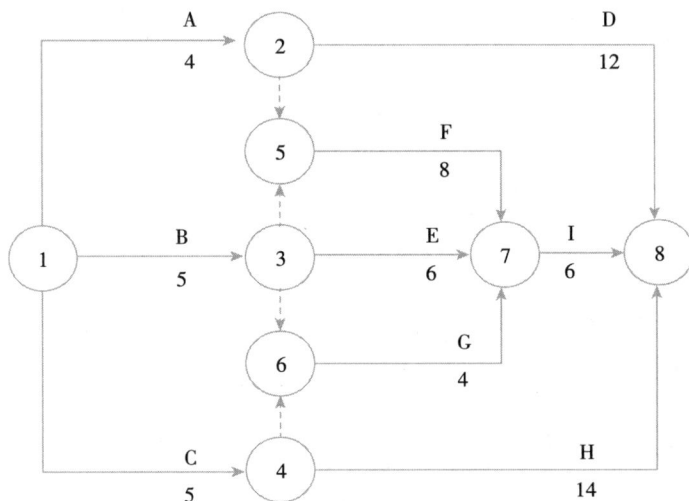

（2）

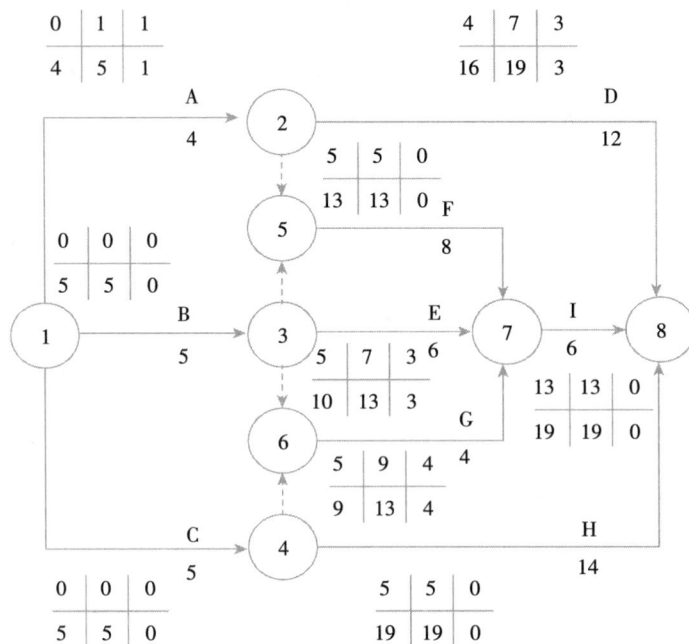

（3）关键线路：①→③→⑤→⑦→⑧，总工期＝5+8+6＝19；

①→④→⑧，总工期＝5+14＝19。

🔍 **课后拓展**

选择题

1. 双代号时标网络计划能够在图上清楚地表明计划的时间进程及各项工作的（　　）。

A. 开始和完成时间　　　　　　　B. 超前或拖后时间

C. 速度和效率　　　　　　　　　D. 实际进度偏差

2. 在工程网络计划中，关键线路是指（　　）的线路。

A. 双代号网络计划中总持续时间最长

B. 单代号网络计划中相邻工作时间间隔均为 0

C. 双代号网络计划中由关键节点组成

D. 绘画双代号时标网络计划中没有波形线

E. 单代号网络计划中由关键工作组成

3. 在工程网络计划中，关键工作是指（　　）的工作。

A. 双代号网络计划中持续时间最长

B. 单代号网络计划中与紧后工作之间的时间间隔为 0

C. 最迟完成时间与最早完成时间的差值最小

D. 最迟开始时间与最早开始时间的差值最小

E. 绘画双代号时标网络计划中无波形线

4. 在工程网络计划执行过程中，如果某项非关键工作实际进度拖延的时间超过其总时差，则（　　）。

A. 网络计划的计算工期不会改变

B. 该工作的总时差不变

C. 该工作的自由时差不变

D. 网络计划中关键线路改变

答案：1. A；2. ABD；3. CD；4. D

工作领域 4

安全防范系统施工质量管理

建设工程质量事关人民群众生命财产安全，直接影响到工程的适用性、可靠性、耐久性和建设项目的投资效益。切实加强建设工程施工质量管理，完善质量保障体系，保证工程质量达到预期目标，不断提升建设工程品质，是建设工程施工管理的主要任务之一。

《建设工程质量管理条例》规定，参与工程建设各方依法对建设工程质量负责，施工单位对建设工程的施工质量负责。

工作任务 1　施工质量管理基础

🔑 **教学目标**

知识目标：识记施工质量管理定义，区分施工质量最基本要求。

技能目标：会分析影响施工质量的主要因素。

素质目标：提高系统解决实际工程问题的能力，培养主人翁意识、社会责任感和职业担当。

🔑 **知识学习**

4.1　施工质量管理基础

知识点 1　施工质量管理相关概念

一、质量

《质量管理体系基础和术语》（GB/T19000—2016）关于质量的定义是：客体的一组固有特性满足要求的程度。该定义可理解为：质量不仅指产品的质量，也包括产品生产活动或过程的工作质量，还包括质量管理体系运行的质量；产品质量由一组固有的特性来表征（所谓"固有的"特性是指本来就有的、永久的特性），这些固有特性是指满足顾客和其他相关方要求的特性；而质量要求是指明示的、隐含的或必须履行的需要和期望，这些要求又是动态的、发展的和相对的。也就是说，产品质量的优劣，以其固有特性满足质量要求的程度来衡量。

二、施工质量

施工质量是指建设工程施工活动及其产品的质量，即通过施工使工程的固有特性满足建设单位（业主或顾客）需要并符合国家法律、行政法规和技术标准、规范的要求，包括在安全、使用功能、耐久性、环境保护等方面满足所有明示、隐含的需要和期望的能力的特性总和。其质量特性主要体现在由施工形成的建设工程的适用性、安全性、耐久性、可靠性、经济性及与环境的协调性六个方面。

三、质量管理

质量管理就是关于质量的管理，是在质量方面指挥和控制组织的协调活动，包括建立和确定质量方针和质量目标，并在质量管理体系中通过质量策划、质量保证、质量控制和质量改进等手段来实施全部质量管理职能，从而实现质量目标的所有活动。

四、施工质量管理

施工质量管理是指在工程项目施工安装和竣工验收阶段，指挥和控制施工组织关于质量的相互协调的活动，是工程项目施工围绕着使施工产品质量满足质量要求，而开展的策划、组织、计划、实施、检查、监督和审核等所有管理活动的总和。它是工程项目施工各级管理职能部门的共同职责，而直接领导工程项目施工的施工项目经理应负全责。施工项目经理必须调动与施工质量有关的所有人员的积极性，共同做好本职工作，才能完成施工质量管理的任务。

知识点 2　施工质量最基本要求

施工质量要达到的最基本要求是：施工建成的工程实体按照国家标准《建筑工程施工质量验收统一标准》（GB50300—2013）[1] 及相关专业验收规范检查验收合格。

建筑工程施工质量验收合格应符合下列规定：

1. 符合工程勘察、设计文件的要求；
2. 符合上述标准和相关专业验收规范的规定。

上述规定 1 是要符合勘察、设计对施工提出的要求。工程勘察、设计单位针对本工程的水文地质条件，根据建设单位的要求，从技术和经济结合的角度，为满足工程的使用功能和安全性、经济性、与环境的协调性等要求，以图纸、文件的形式对施工提出要求，是针对每个工程项目的个性化要求。这个要求可以归结为"按图施工"。规定 2 是要符合国家法律法规的要求。国家建设主管部门为了加强建筑工程质量管理，

---

〔1〕　该标准相关强制性条文第 5.0.8、6.0.6 条已废止。

规范建筑工程施工质量的验收，保证工程质量，制定相应的标准和规范。这些标准、规范主要是从技术的角度，为保证房屋建筑及各专业工程的安全性、可靠性、耐久性而提出一般性要求。这个要求可以归结为"依法施工"。

施工质量在合格的前提下，还应符合施工承包合同约定的要求。施工承包合同的约定具体体现了建设单位的要求和施工单位的承诺，全面反映了对施工形成的工程实体在适用性、安全性、耐久性、可靠性、经济性和与环境的协调性等六个方面的质量要求。这个要求可以归结为"践约施工"。

安全防范系统施工质量还应满足《安全防范工程技术标准》（GB50348-2018）和《安全防范工程通用规范》（GB55029-2022）的要求。为了达到前述要求，施工单位必须建立完善的质量管理体系，并努力提高该体系的运行质量，对影响施工质量的各项因素实行有效地控制，以保证施工过程的工作质量，进而来保证施工形成的工程实体的质量。

"合格"是对施工质量的最基本要求，施工单位（特别是国有施工企业）应对标世界一流标准，不断地提升管理水平，进一步提升建设工程品质。有的专业主管部门设置了"优良"的施工质量评定等级。国家和地方（部门）的建设主管部门或行业协会设立了"中国建设工程鲁班奖（国家优质工程）"以及"金钢奖""白玉兰奖"和以"安防工程优质奖"命名的各种优质工程奖等，都是为了鼓励包括施工单位在内的项目建设单位创造更优的施工质量和工程质量。

🔍 技能实践

技能点：影响施工质量的主要因素

影响施工质量的主要因素有人（Man）、材料（Material）、机械（Machine）、方法（Method）和环境（Environment），简称 4M1E 因素。

（一）人的因素

这里讲的"人"，包括直接参与施工的决策者、管理者和作业者。人的因素影响主要是指上述人员个人的质量意识及质量活动能力对施工质量造成的影响。国家实行的执业资格注册和作业人员持证上岗等制度，以及近年推行的加快培育新时代建筑产业工人队伍的政策措施，从本质上说，就是对从事施工活动的人的素质和能力进行必要的控制。在施工质量管理中，人的因素起决定性的作用。所以，施工质量控制应以控制人的因素为基本出发点。作为控制对象，人的工作应避免失误；作为控制动力，应充分调动人的积极性，发挥人的主导作用。必须有效控制参与施工的人员素质，不断提高人的质量活动能力，才能保证施工质量。

（二）材料的因素

材料包括工程材料和施工用料，又包括原材料、半成品、成品、构配件和周转材料等。各类材料是工程施工的物质条件，材料质量是工程质量的基础，材料质量不符合要求，工程质量就不可能达到标准。所以加强对材料的质量控制，是保证工程质量的重要基础。

（三）机械的因素

机械包括工程设备和施工机械设备。工程设备是指组成工程实体的工艺设备和各类机具，如各类生产设备、装置和辅助配套的电梯、泵机，以及通风空调、消防、环保设备等，它们是工程项目的重要组成部分，其质量的优劣，直接影响工程使用功能的发挥。施工机械设备是指施工过程中使用的各类机具，包括运输设备、吊装设备、操作工具、测量仪器、计量器具以及施工安全设施等。施工机械设备是所有施工方案和工法得以实施的重要物质基础，合理选择和正确使用施工机械设备是保证施工质量的重要前提。

（四）方法的因素

施工方法包括施工技术方案、施工工艺、工法和施工技术措施等。从某种程度上说，技术工艺水平的高低，决定了施工质量的优劣。采用先进合理的工艺、技术，依据规范的工法和作业指导书进行施工，必将对组成质量因素的产品精度、强度、平整度、清洁度、耐久性等物理、化学等方面的特性起到良性的推进作用。比如建设主管部门在建筑业中推广应用的多项新技术，包括地基基础和地下空间工程技术，钢筋与混凝土技术，模板及脚手架技术，装配式混凝土结构技术，钢结构技术，机电安装工程技术，绿色施工技术，防水技术与维护结构节能技术，抗震、加固与监测技术，信息化技术等，对消除质量通病、提升建设工程品质，均起到了良好的促进作用。

（五）环境的因素

环境的因素主要包括施工现场自然环境因素、施工质量管理环境因素和施工作业环境因素。环境因素对工程质量的影响，具有复杂多变性和不确定性的特点。

1. 施工现场自然环境因素：主要指工程地质、水文、气象条件和周边建筑、地下障碍物以及其他不可抗力等对施工质量的影响因素。例如，在地下水位高的地区，若在雨季进行基坑开挖，遇到连续降雨或排水困难，就会引起基坑塌方或地基受水浸泡影响承载力等。在寒冷地区冬期施工措施不当，工程质量会因受到冻融而被影响。在基层未干燥或大风天进行卷材屋面防水层的施工，就会导致粘贴不牢及空鼓等质量问题。

2. 施工质量管理环境因素：主要指施工单位质量管理体系、质量管理制度和各参建施工单位之间的协调等因素。根据发承包的合同结构，理顺管理关系，建立统一的现场施工组织系统和质量管理的综合运行机制，确保工程项目质量保证体系处于良好的状态，创造良好的质量管理环境和氛围，是施工顺利进行、提高施工质量的保证。

3. 施工作业环境因素：主要指施工现场平面环境条件和空间环境条件，包括各种能源介质供应，施工照明、通风、安全防护设施，施工场地给水排水以及交通运输和道路条件等因素。这些条件是否良好，直接影响到施工能否顺利进行以及施工质量能否得到保证。

对影响施工质量的上述因素进行控制，是施工质量控制的主要内容。

🔍 **巩固练习**

选择题

1. 质量管理就是确定和建立质量方针、质量目标及职责，并在质量管理体系中通过（　　）等手段来实施和实现全部质量管理职能的所有活动。

A. 质量规划、质量控制、质量检查和质量改进

B. 质量策划、质量保证、质量控制和质量改进

C. 质量策划、控制实施、质量监督和质量审核

D. 质量规划、质量检查、质量审核和质量改进

2. 下列建筑工程施工质量要求中，能够体现个性化的是（　　）。

A. 国家法律法规的要求　　　　　　　B. 质量管理体系标准的要求

C. 施工质量验收标准的要求　　　　　D. 工程勘察、设计文件的要求

3. 我国实行建筑企业资质管理制度、建造师执业资格注册制度、管理人员持证上岗制度，都是对建筑工程项目质量影响因素中（　　）的控制。

A. 人的因素　　　　　　　　　　　　B. 管理因素

C. 环境因素　　　　　　　　　　　　D. 技术因素

4. 影响施工质量的环境因素中，施工作业环境因素包括（　　）。

A. 地下障碍物的影响　　　　　　　　B. 施工现场交通运输条件

C. 质量管理制度　　　　　　　　　　D. 施工工艺与工法

5. 施工质量影响因素主要有"4M1E"，其中，"4M"是指（　　）。

A. 人　　　　　B. 机械　　　　　C. 方法　　　　　D. 环境　　　　　E. 材料

答案：1. B；2. D；3. A；4. B；5. ABCE

工作任务 2　施工质量管理体系

子工作任务 1　施工质量保证体系的建设

🔍 **教学目标**

知识目标：理解质量保证体系的内涵，识记施工质量保证体系的内容。

技能目标：能参与施工质量保证体系的运行。

素质目标：提高系统解决实际工程问题的能力，培养主人翁意识、社会责任感和职业担当。

🔑 知识学习

4.2.1　施工质量保证体系的建设 1

知识点 1　质量保证体系的内涵

一、质量保证体系的定义

所谓"体系"，是指相互关联或相互影响的一组要素。质量保证体系是为了保证某项产品或某项服务能满足给定的质量要求的体系，包括质量方针和目标，以及为实现目标所建立的组织结构系统、管理制度办法、实施计划方案和必要的物质条件等各要素组成的整体。质量保证体系的运行包括该体系全部有目标、有计划地系统活动。

二、质量保持体系的作用

在工程项目施工中，完善的质量保证体系是满足用户质量要求的保证。施工质量保证体系对那些影响施工质量的要素进行连续评价，对建筑、安装、检验等工作进行检查，并提供证据。质量保证体系是企业内部的一种系统的技术和管理手段。在合同环境中，施工质量保证体系可以向建设单位（业主）证明施工单位具有足够的管理和技术上的能力，保证全部施工是在严格的质量管理中完成的，从而取得建设单位（业主）的信任。

知识点 2　施工质量保证体系的内容

工程项目的施工质量保证体系以控制和保证施工产品质量为目标，从施工准备、施工生产到竣工投产的全过程，运用系统的概念和方法，在全体人员的参与下，建立一套严密、协调、高效的全方位的管理体系，从而实现工程项目施工质量管理的制度化、标准化。其内容主要包括以下几个方面：

1. 项目施工质量目标。项目施工质量保证体系须有明确的质量目标，并符合项目质量总目标的要求。要以工程承包合同为基本依据，逐级分解目标以形成在合同环境下的各级质量目标。项目施工质量目标的分解主要从两个角度展开，即从时间角度展开，实施全过程的控制；从空间角度展开，实现全方位和全员的质量目标管理。

2. 项目施工质量计划。项目施工质量计划以特定项目为对象，是将施工质量验收统一标准、企业质量手册和程序文件的通用要求与特定项目联系起来的文件，应根据企业的质量手册和本项目质量目标来编制。施工质量计划可以按内容分为施工质量工作计划和施工质量成本计划。

施工质量工作计划主要内容包括：项目质量目标的具体描述；对整个项目施工质

量形成的各工作环节的责任和权限的定量描述；采用的特定程序、方法和工作指导书；重要工序的试验、检验、验证和审核大纲；质量计划修订和完善的程序；为达到质量目标所采取的其他措施。

施工质量成本计划是规定最佳质量成本水平的费用计划，是开展质量成本管理的基准。质量成本可分为运行质量成本和外部质量保证成本。运行质量成本是指为运行质量体系达到和保持规定的质量水平所支付的费用；外部质量保证成本是指依据合同要求向顾客提供所需要的客观证据所支付的费用，包括采用特殊的和附加的质量保证措施、程序以及检测试验和评定的费用。

3. 思想保证体系。思想保证体系是项目施工质量保证体系的基础。该体系就是运用全面质量管理的思想、观点和方法，使全体人员树立"质量第一"的观念，增强质量意识，在施工的全过程中全面贯彻"一切为用户服务"的思想，以达到提高施工质量的目的。

4. 组织保证体系。工程施工质量是各项管理工作成果的综合反映，也是管理水平的具体体现。项目施工质量保证体系必须建立健全各级质量管理组织，分工负责，形成一个有明确任务、职责、权限，互相协调和互相促进的有机整体。组织保证体系主要由健全各种规章制度，明确规定各职能部门主管人员和参与施工人员在保证和提高工程质量中所承担的任务、职责和拥有的权限，落实建筑工人实名制管理，建立质量信息系统等内容构成。

5. 工作保证体系。工作保证体系主要是明确工作任务和建立工作制度，落实在以下三个阶段：

（1）施工准备阶段。施工准备是为整个项目施工创造条件。准备工作的好坏，不仅直接关系到工程建设能否高速、优质地完成，而且也决定了能否对工程质量事故起到一定的预防、预控作用。在这个阶段要完成各项技术准备工作，进行技术交底和技术培训，制订相应的技术管理制度；按照质量控制和检查验收的需要，对工程项目进行划分并分级编号；建立工程测量控制网和测量控制制度；进行施工平面设计，建立施工场地管理制度；建立健全材料、机械管理制度等。

（2）施工阶段。施工过程是建筑产品形成的过程，这个阶段的质量控制是确保施工质量的关键。必须加强工序管理，严格按照规范进行施工；建立质量检查制度，实行自检、互检和专检；应用建筑信息模型技术，强化过程控制，以确保施工阶段的工作质量。

（3）竣工验收阶段。工程竣工验收，是指单位工程或单项工程竣工，经检查验收，移交给下道工序或移交给建设单位。这一阶段主要应做好成品保护；严格按规范标准进行检查验收和必要的处置，不让不合格工程进入下一道工序或进入市场；做好相关资料的收集整理和移交，建立回访制度等。

🔍 技能实践

技能点：施工质量保证体系的运行

施工质量保证体系的运行，应以质量计划为主线，以过程管理为重心，应用 PDCA

循环的原理，按照计划、实施、检查和处理的步骤展开。质量保证体系运行状态和结果的信息应及时反馈，随时进行质量保证体系的能力评价和调节。

1. 计划（Plan）。计划是质量管理的首要环节，通过计划，确定质量管理的方针、目标，以及实现方针、目标的措施和行动方案。计划包括质量管理目标和质量保证工作安排。质量管理目标的确定，就是根据项目自身特点，针对可能发生的质量问题、质量通病，以及与国家规范规定的质量标准的差距，或者用户提出的更新、更高的质量要求，确定项目施工应达到的质量标准。质量保证工作安排，就是为实现上述质量管理目标所采取的具体措施和实施步骤。质量保证工作安排应做到材料、技术、组织三落实。

2. 实施（Do）。实施包含两个环节，即计划行动方案的交底和按计划规定的方法及要求展开的施工作业技术活动。首先，要做好计划的交底和落实。落实包括组织落实、技术落实和物资材料的落实。其次，在按计划进行的施工作业技术活动中，依靠质量保证工作体系，保证质量计划的执行。具体地说，就是要依靠思想工作体系，做好思想教育工作；依靠组织体系，完善组织机构，落实责任制、规章制度等；依靠产品形成过程的质量控制体系，做好施工过程的质量控制工作等。

3. 检查（Check）。检查就是对照计划，检查执行的情况和效果，及时发现计划执行过程中的偏差和问题。检查一般包括两个方面：一是检查是否严格执行了计划的行动方案，检查实际条件是否发生了变化，总结成功执行的经验，查明没按计划执行的原因；二是检查计划执行的结果，即施工质量是否达到标准的要求，并对此进行评价和确认。

4. 处理（Action）。处理是在检查的基础上，把成功的经验加以肯定，形成标准，以利于在今后的工作中以此作为处理的依据，巩固成果。同时采取措施，纠正计划执行中的偏差，克服缺点，改正错误，对于暂时未能解决的问题，可记录在案，留到下一次循环加以解决。

质量保证体系的运行就是按照 PDCA 循环周而复始地运转，每运转一次，施工质量就提高一步。PDCA 循环具有大环套小环、互相衔接、互相促进、螺旋式上升、完整的循环和不断推进等特点。

🔎 巩固练习

选择题

1. 工程项目施工质量保证体系的主要内容有（　　）。

A. 项目施工质量目标

B. 项目施工质量计划

C. 项目施工质量实施

D. 项目施工质量记录

E. 思想、组织、工作保证体系

2. 项目施工质量保证体系中，确定质量目标的基本依据是（　　）。

A. 质量方针　　　　　　　　　　　B. 质量计划

C. 工程承包合同　　　　　　　　　　D. 设计文件

3. 下列施工质量保证体系的内容中，属于工作保证体系的是（　　）。

A. 建立质量检查制度　　　　　　　　B. 明确施工质量目标

C. 树立"质量第一"的观念　　　　　　D. 建立质量管理组织

4. 下列施工质量保证体系的内容中，属于施工阶段工作保证体系的有（　　）。

A. 建立质量检验制度

B. 建立施工现场管理制度

C. 做好成品保护

D. 建立质量信息系统

E. 应用建筑信息模型技术

5. 施工质量保证体系的运行，应以（　　）为重心。

A. 过程管理　　　　　　　　　　　　B. 计划管理

C. 结果管理　　　　　　　　　　　　D. 成品保护

6. 下列施工质量控制工作中，属于 PDCA 循环"处理"环节的是（　　）。

A. 确定项目施工应达到的质量标准

B. 纠正计划执行中的质量偏差

C. 按质量计划开展施工技术活动

D. 检查施工质量是否达到标准

答案：1. ABE；2. C；3. A；4. AE；5. A；6. B

子工作任务 2　施工企业质量管理体系的建设

🔍 **教学目标**

知识目标：识记施工企业质量管理体系的内涵，理解企业质量管理体系的认证与监督。

技能目标：会运行施工企业质量管理体系。

素质目标：提高系统解决实际工程问题的能力，培养主人翁意识、社会责任感和职业担当。

🔍 **知识学习**

4.2.2　施工企业质量管理体系的建设 2

知识点 1 施工企业质量管理体系的内涵

一、管理体系的定义

所谓"管理体系",是制定管理方针和目标并实现这些目标的体系。施工企业质量管理体系是在质量方面指挥和控制企业的管理体系,即施工企业为实施质量管理而建立的管理体系。施工企业质量管理体系应按照国家 GB/T19000 质量管理体系族标准建立和认证,提升经营能力,为提升企业管理水平和建筑工程品质奠定基础。

二、质量管理原则

质量管理原则是 GB/T19000 质量管理体系族标准的编制基础,这些原则的贯彻执行能促进企业管理水平提高,提高顾客对其产品或服务的满意程度,帮助企业达到持续成功的目的。

《质量管理体系基础和术语》(GB/T19000—2016)提出了质量管理的七项原则,内容如下:

1. 以顾客为关注焦点。质量管理的首要关注点是满足顾客要求并且努力超越顾客期望。

2. 领导作用。各级领导建立统一的宗旨和方向,并创造全员积极参与、实现组织的质量目标的条件。

3. 全员积极参与。整个组织内各级胜任、经授权并积极参与的人员,是提高组织创造能力和提供价值能力的必要条件。

4. 过程方法。将活动作为相互关联、功能连贯的过程组成的体系来理解和管理时,可以更加有效和高效地得到一致的、可预知的结果。

5. 改进。成功地组织,持续关注改进。

6. 循证决策。基于数据和信息的分析和评价的决策,更有可能产生期望的结果。

7. 关系管理。为了持续成功,组织需要管理与相关方(如供方)的关系。

三、企业质量管理体系文件的构成

质量管理体系标准明确要求,企业应有完整的和科学的质量体系文件,这是企业开展质量管理的基础,也是企业为达到所要求的产品质量,实施质量体系审核、认证,进行质量改进的重要依据。质量管理体系的文件主要由质量手册、程序文件、质量计划和质量记录等构成。

1. 质量手册。质量手册是质量管理体系的规范,是阐明一个企业的质量策略、质量体系和质量实践的文件,是实施和保持质量体系过程中长期遵循的纲领性文件。质量手册的主要内容包括:企业的质量方针、质量目标;组织机构及其质量职责;各项质量活动的基本控制程序或体系要素;质量评审、修改和控制管理办法。

2. 程序文件。程序文件是质量手册的支持性文件,是企业落实质量管理工作而建立的各项管理标准、规章制度,是企业各职能部门为贯彻落实质量手册要求而规定的实施细则。程序文件一般至少应包括文件控制程序、质量记录管理程序、不合格品控制程序、内部审核程序、预防措施控制程序、纠正措施控制程序等。

3. 质量计划。质量计划是为了确保过程的有效运行和控制，在程序文件的指导下，针对特定的项目、产品、过程或合同，规定由谁及何时应使用哪些程序和相关资源，采取何种质量措施的文件，通常可引用质量手册的部分内容或程序文件中适用于特定情况的部分。施工企业质量管理体系中的质量计划，由各个施工项目的施工质量计划组成。

4. 质量记录。质量记录是产品质量水平和质量体系中各项质量活动进行及结果的客观反映，是证明各阶段产品质量达到要求和质量体系运行有效的证据。

知识点2　企业质量管理体系的认证与监督

《中华人民共和国建筑法》规定，国家对从事建筑活动的单位推行质量体系认证制度。

1. 质量管理体系的认证。质量管理体系由公正的第三方认证机构，依据质量管理体系的要求标准，审核企业质量管理体系要求的符合性和实施的有效性，进行独立、客观、科学、公正的评价，得出结论。认证应按申请、审核、审批与注册发证等程序进行。

2. 获准认证后的监督管理。企业获准认证的有效期为3年。企业获准认证后，应进行经常性的内部审核，保持质量管理体系的有效性，并每年1次接受认证机构对企业质量管理体系实施的监督管理。获准认证后监督管理工作的主要内容有企业通报、监督检查、认证注销、认证暂停、认证撤销、复评及重新换证等。

🔍 技能实践

技能点：施工企业质量管理体系的运行

建立完善的质量管理体系并使之有效运行，是企业质量管理的核心，也是贯彻质量管理和质量保证标准的关键。施工企业质量管理体系的建立一般可分为三个阶段，即质量管理体系的建立、质量管理体系文件的编制和质量管理体系的运行。

1. 质量管理体系的建立。质量管理体系的建立是企业根据质量管理七项原则，在确定市场及顾客需求的前提下，制定企业的质量方针、质量目标，并编制质量手册、程序文件和质量记录等体系文件，并将质量目标分解落实到相关层次、相关岗位的职能和职责中，形成企业质量管理体系执行系统的一系列工作。

2. 质量管理体系文件的编制。质量管理体系文件是质量管理体系的重要组成部分，也是企业进行质量管理和质量保证的基础。编制质量体系文件是建立和保持体系有效运行的重要基础工作。质量管理体系文件包括质量手册、质量计划、质量体系程序、详细作业文件和质量记录等。

3. 质量管理体系的运行。质量管理体系的运行即在生产及服务的全过程，按质量管理文件体系规定的程序、标准、工作要求及岗位职责操作运行，在运行过程中监测其有效性，做好质量记录，并实现持续改进。

🔍 巩固练习

选择题

1. 根据《质量管理体系基础和术语》,施工企业质量管理应遵循的原则有( )。

A. 过程方法

B. 循证决策

C. 以内控体系为关注焦点

D. 全员积极参与

E. 领导作用

2. 工程项目质量管理中,应当在数据和信息分析的基础上作出决策,这是质量管理原则中( )的要求。

A. 持续改进　　　　　　　　　　B. 过程方法

C. 循证决策　　　　　　　　　　D. 管理的系统方法

3. 企业质量管理体系文件应由( )等构成。

A. 质量目标、质量手册、质量计划和质量记录

B. 质量手册、程序文件、质量计划和质量记录

C. 质量方针、质量手册、程序文件和质量记录

D. 质量手册、质量计划、质量记录和质量评审

4. 关于质量管理体系认证与监督的说法,正确的是( )。

A. 企业质量管理体系由国家认证认可监督委员会认证

B. 企业获准认证的有效期为 6 年

C. 企业获准认证后第 3 年接受认证机构的监督管理

D. 企业获准认证后应经常性地进行内部审核

答案:1. ABDE;2. C;3. A;4. B

工作任务 3　施工质量控制

🔑 **教学目标**

知识目标:区分质量控制与施工质量控制的定义,理解施工质量控制的特点,熟知施工质量控制责任的相关法规,识记施工质量控制的依据,区分施工质量控制的基本环节。

技能目标:会运用施工质量控制的一般方法,能参与建筑智能化工程质量控制的基本环节。

素质目标:提高系统解决实际工程问题的能力,培养主人翁意识、社会责任感和职业担当。

🔑 知识目标

4.3.1　施工质量控制1

知识点 1　质量控制与施工质量控制的定义

根据《质量管理体系基础和术语》（GB/T19000—2016）的定义，质量控制是质量管理的一部分，致力于满足质量要求。

施工质量控制是在明确的质量方针指导下，通过对施工方案和资源配置的计划、实施、检查和处置，为了实现施工质量目标而进行的事前控制、事中控制和事后控制的系统过程。

知识点 2　施工质量控制的特点

施工质量控制的特点是由建设项目的工程特点和施工生产的特点决定的，施工质量控制必须考虑和适应这些特点，进行有针对性的管理。

1. 需要控制的因素多。工程项目的施工质量受到多种因素的影响。这些因素包括地质、水文、气象和周边环境等自然条件因素，勘察、设计、材料、机械、施工工艺、操作方法、技术措施，以及管理制度等人为的技术管理因素。要保证工程项目的施工质量，必须对所有这些影响因素进行有效控制。

2. 控制的难度大。由于建筑产品的单件性和施工生产的流动性，不具有一般工业产品生产常有的固定的生产流水线、规范化的生产工艺、完善的检测技术、成套的生产设备和稳定的生产环境等条件，不能进行标准化施工，施工质量容易出现波动。而且施工作业面大、人员多、工序多、关系复杂、作业环境差，都加大了质量控制的难度。

3. 过程控制要求高。工程项目的施工过程，工序衔接多、中间交接多、隐蔽工程多，施工质量具有一定的过程性和隐蔽性。上道工序的质量往往会影响下道工序的质量，下道工序的施工往往又掩盖了上道工序的质量。因此，在施工质量控制工作中，必须强调过程控制，加强对施工过程的质量检查，及时发现和整改存在的质量问题，并及时做好检查、签证记录，为证明施工质量提供必要的证据。

4. 终检局限大。由于前述原因，工程项目建成以后不能像一般工业产品那样，可以依靠终检来判断和控制产品的质量；也不可能像工业产品那样将其拆卸或解体检查内在质量、更换不合格的零部件。工程项目的终检（竣工验收）只能从表面进行检查，难以发现在施工过程中产生、又被隐蔽了的质量隐患，存在较大的局限性。如果在终检时才发现严重质量问题，要整改也很难，如果不得不推倒重建，必然导致重大损失。

知识点3　施工质量控制责任的相关法规

国家的相关法规规定了施工单位及其他参建单位的施工质量控制责任。

1.《建设工程质量管理条例》的相关规定：

（1）施工单位对建设工程的施工质量负责。施工单位应当建立质量责任制，确定工程项目的项目经理、技术负责人和施工管理负责人。建设工程实行总承包的，总承包单位应当对全部建设工程质量负责；建设工程勘察、设计、施工、设备采购的一项或者多项实行总承包的，总承包单位应当对其承包的建设工程或者采购的设备的质量负责。

（2）总承包单位依法将建设工程分包给其他单位的，分包单位应当按照分包合同的约定对其分包工程的质量向总承包单位负责，总承包单位与分包单位对分包工程的质量承担连带责任。

（3）施工单位必须按照工程设计图纸和施工技术标准施工，不得擅自修改工程设计，不得偷工减料。施工单位在施工过程中发现设计文件和图纸有差错的，应当及时提出意见和建议。

（4）施工单位必须按照工程设计要求、施工技术标准和合同约定，对建筑材料、建筑构配件、设备和商品混凝土进行检验，检验应当有书面记录和专人签字；未经检验或者检验不合格的，不得使用。

（5）施工单位必须建立、健全施工质量的检验制度，严格工序管理，作好隐蔽工程的质量检查和记录。隐蔽工程在隐蔽前，施工单位应当通知建设单位和建设工程质量监督机构。

（6）施工人员对涉及结构安全的试块、试件以及有关材料，应当在建设单位或者工程监理单位监督下现场取样，并送具有相应资质等级的质量检测单位进行检测。

（7）施工单位对施工中出现质量问题的建设工程或者竣工验收不合格的建设工程，应当负责返修。

（8）施工单位应当建立、健全教育培训制度，加强对职工的教育培训；未经教育培训或者考核不合格的人员，不得上岗作业。

2.《建筑施工项目经理质量安全责任十项规定（试行）》的相关规定：

（1）项目经理必须对工程项目施工质量安全负全责，负责建立质量安全管理体系，负责配备专职质量、安全等施工现场管理人员，负责落实质量安全责任制、质量安全管理规章制度和操作规程。

（2）项目经理必须按照工程设计图纸和技术标准组织施工，不得偷工减料；负责组织编制施工组织设计，负责组织制定质量安全技术措施，负责组织编制、论证和实施危险性较大分部分项工程专项施工方案；负责组织质量安全技术交底。

（3）项目经理必须组织对进入现场的建筑材料、构配件、设备、预拌混凝土等进行检验，未经检验或检验不合格，不得使用；必须组织对涉及结构安全的试块、试件以及有关材料进行取样检测，送检试样不得弄虚作假，不得篡改或者伪造检测报告，不得明示或暗示检测机构出具虚假检测报告。

（4）项目经理必须组织做好隐蔽工程的验收工作，参加地基基础、主体结构等分部工程的验收，参加单位工程和工程竣工验收；必须在验收文件上签字，不得签署虚假文件。

3.《建筑工程五方责任主体项目负责人质量终身责任追究暂行办法》的相关规定：

（1）建筑工程五方责任主体项目负责人是指承担建筑工程项目建设的建设单位项目负责人、勘察单位项目负责人、设计单位项目负责人、施工单位项目经理、监理单位总监理工程师。

（2）建筑工程五方责任主体项目负责人质量终身责任，是指参与新建、扩建、改建的建筑工程项目负责人按照国家法律法规和有关规定，在工程设计使用年限内对工程质量承担相应责任。

（3）建设单位项目负责人对工程质量承担全面责任，不得违法发包、肢解发包，不得以任何理由要求勘察、设计、施工、监理单位违反法律法规和工程建设标准，降低工程质量，其违法违规或不当行为造成工程质量事故或质量问题应当承担责任。勘察、设计单位项目负责人应当保证勘察设计文件符合法律法规和工程建设强制性标准的要求，对因勘察、设计导致的工程质量事故或质量问题承担责任。施工单位项目经理应当按照经审查合格的施工图设计文件和施工技术标准进行施工，对因施工导致的工程质量事故或质量问题承担责任。监理单位总监理工程师应当按照法律法规、有关技术标准、设计文件和工程承包合同进行监理，对施工质量承担监理责任。

（4）符合下列情形之一的，县级以上地方人民政府住房城乡建设主管部门应当依法追究项目负责人的质量终身责任：①发生工程质量事故；②发生投诉、举报、群体性事件、媒体报道并造成恶劣社会影响的严重工程质量问题；③由于勘察、设计或施工原因造成尚在设计使用年限内的建筑工程不能正常使用；④存在其他需追究责任的违法违规行为。

4.《国务院办公厅转发住房城乡建设部关于完善质量保障体系提升建筑工程品质指导意见的通知》提出：要强化各方责任。其中，要落实施工单位主体责任。施工单位应完善质量管理体系，建立岗位责任制度，设置质量管理机构，配备专职质量负责人，加强全面质量管理。推行工程质量安全手册制度，推进工程质量管理标准化，将质量管理要求落实到每个项目和员工。建立质量责任标识制度，对关键工序、关键部位隐蔽工程实施举牌验收，加强施工记录和验收资料管理，实现质量责任可追溯。施工单位对建筑工程的施工质量负责，不得转包、违法分包工程。

知识点4　施工质量控制的依据

1.共同性依据，指适用于施工阶段，且与质量管理有关的、通用的和必须遵守的法规性文件。如《中华人民共和国建筑法》《建设工程质量管理条例》和《建筑工程施工质量验收统一标准》（GB50300—2013）等。

2. 专业技术性依据，指针对不同的行业、不同质量控制对象制定的专业技术法规文件，包括规范、规程、标准、规定等。如工程建设项目质量检验评定标准；有关建筑材料、半成品和构配件的质量方面的专门技术法规性文件；有关材料验收、包装和标志等方面的技术标准和规定；施工工艺质量等方面的技术法规性文件；有关新工艺、新技术、新材料、新设备的质量规定和鉴定意见等。

3. 项目专用性依据，指本项目的工程建设合同、勘察设计文件、设计交底及图纸会审记录、设计修改和技术变更通知，以及相关会议记录和工程联系单等。

🔍 技能实践

4.3.2　施工质量控制 2

技能点 1：施工质量控制的一般方法

1. 质量文件审核。审核有关技术文件、报告或报表，是对工程质量进行全面管理的重要手段。这些文件包括：

（1）施工单位的企业资质证明文件和质量保证体系文件；

（2）施工组织设计和施工方案及技术措施；

（3）有关材料和半成品及构配件的质量检验报告；

（4）有关应用新技术、新工艺、新材料的现场试验报告和鉴定报告；

（5）反映工序质量动态的统计资料或控制图表；

（6）设计图纸及其变更和修改文件；

（7）有关工程质量事故的处理方案；

（8）相关方面在现场签署的有关技术签证和文件等。

2. 现场质量检查。现场质量检查的内容包括：

（1）开工前的检查：主要检查是否具备开工条件，开工后是否能够保持连续正常施工，能否保证工程质量。

（2）工序交接检查：对于重要的工序或对工程质量有重大影响的工序，应严格执行"三检"制度，即自检、互检、专检。未经监理工程师（或建设单位项目技术负责人）检查认可，不得进行下道工序施工。

（3）隐蔽工程的检查：施工中凡是隐蔽工程必须检查认证后方可进行隐蔽掩盖。

（4）停工后复工的检查：因客观因素停工或处理质量事故等原因停工，在复工前必须经检查认证后方可复工。

（5）分项、分部工程完工后的检查：分项、分部工程完工后应经检查认可，并签署验收记录后，才能进行下一工程项目的施工。

（6）成品保护的检查：检查成品有无保护措施以及保护措施是否有效可靠。

技能点 2：智能建筑工程质量控制

1. 检测内容。根据住房城乡建设部发布的行业标准《智能建筑工程质量检测标准》（JGJ/T454-2019）的规定，智能建筑工程质量控制遵循下列规定：

智能建筑工程应经过质量检测合格后进行验收。智能建筑工程质量检测范围应符合表 4-1 的规定，具体工程检测内容应根据工程设计文件涉及的智能化系统确定。

表 4-1　智能建筑工程质量检测范围

序号	系统名称	主要内容
1	智能化集成系统	系统性能
		系统功能
2	信息接入系统	安装场地和环境
3	用户电话交换系统	安装场地和环境
4	信息网络系统	计算机网络系统
		网络安全
5	综合布线系统	电缆布线系统电气性能
		光纤布线系统性能
		布线管理系统功能
6	移动通信室内信号覆盖系统	安装场地和环境
7	卫星通信系统	安装场地和环境
8	有线电视及卫星电视接收系统	数字信息有线电视系统
		模拟信号有线电视系统
		卫星电视接收系统
9	公共广播系统	系统功能
		电声性能
10	会议系统	会议灯光系统
		会议电视系统
		其他系统
		会议扩声系统
		会议视频显示系统

序号	系统名称	主要内容
11	信息导引及发布系统	信息播控设备
		信息发布系统软件
		信息显示屏
		终端设备
12	时钟系统	标准时间源
		石英谐振器母钟和子钟
		时钟监控系统
13	信息化应用系统	硬件设备
		应用软件
14	建筑设备管理系统	暖通空调监控系统
		供配电监测系统
		公共照明监控系统
		给水排水监控系统
		电梯和自动扶梯监测系统
		能效监管系统
		中央管理工作站
		系统实时性、可靠性、可维护性及评测项目
15	安全技术防范系统	入侵报警系统
		视频安防监控系统
		出入口控制系统
		电子巡查系统
		停车库（场）管理系统
		安全防范综合管理系统
16	应急响应系统	系统功能
		系统性能

序号	系统名称	主要内容
17	机房工程	供配电系统
		空气调节系统
		给水排水系统
		监控与安全防范系统
		机房室内环境
18	防雷与接地系统	接地装置
		接地线
		等电位联结
		屏蔽设施
		电涌保护器
		各系统的防雷与接地

智能建筑工程质量检测应按照先设备、后系统、再系统集成的顺序进行。

智能建筑工程检测应提供检测数据和检测结论。检测结论分为合格和不合格两种。检测结论的判定依据应符合委托检测合同文件约定、工程设计文件要求和国家现行相关标准规定。

火灾自动报警系统的性能、功能检测及检测方法应符合现行国家标准《火灾自动报警系统施工及验收规范》的有关规定。

智能建筑工程质量检测报告应存入工程技术档案，作为工程验收的重要依据。

2. 检测活动。智能建筑工程各系统检测，应以系统技术性能检测和系统运行功能检测为主，指标参数应量化，系统功能应验证。

智能建筑工程综合运行功效检测应依据设计要求进行，应以智能化系统管理与建筑设备运行和建筑环境需求相融合的功能集成为主，宜综合评价建筑物（群）内部智能化系统信息共享、协同动作的功能与效果。

检测应按照本标准规定的方法和程序进行，用《智能建筑工程质量检测标准》规定之外的方法和程序取得的检测数据，采用时应经过建设单位组织的技术论证，并附技术认定过程文件。

各系统检测记录应按《智能建筑工程质量检测标准》附录A~附录P的格式填写。对于系统规模大、检测数据多的工程，可按子系统或检测部位不同分别记录，也可以另附更详细的记录表格。

检测现场条件应符合下列规定：

（1）系统安装、调试应完成，试运行应结束，并应自检合格；

（2）系统应正常带载运行；

（3）现场环境应符合检测设备要求；

（4）应有保证检测人员和检测设备安全工作的条件和措施。

智能建筑工程质量的现场检测人员不应少于 2 人。

智能建筑工程检测活动可依据检测合同，接受委托方和被检测方现场监督和见证。

3. 检测报告。智能建筑工程质量检测报告的形式和内容应按《智能建筑工程质量检测标准》附录 Q 的格式填写。

智能建筑工程质量检测报告中的数据应准确可靠。所有检测数据应有足够的现场检测记录支持。

智能建筑工程质量检测报告应明确给出各系统检测结论。检测报告宜对建筑整体智能化系统综合运行功效进行评价。

各系统检测结论应依据该系统检测项目和参数的检测结果判定。当其所有检测项目和参数全部合格时，该系统质量应为合格。

建筑整体智能化系统综合运行功效评价应依据设计要求进行。评价宜从智能化系统的集成情况、信息共享程度、对建筑设备与环境的控制功能和系统整体的综合运行效果等方面进行。

智能建筑工程质量不合格的项目和参数应整改直至重新检测合格。重新检测的抽样数量应加倍，当加倍抽样检测仍不合格时，整改后应全数检测。

🔎 巩固练习

选择题

1. 根据建设工程的工程特点和施工生产特点，施工质量控制的特点有（　　）。

A. 终检局限性大

B. 控制的难度大

C. 控制的成本高

D. 需要控制的因素多

E. 过程控制要求高

2. 关于施工质量控制特点的说法，正确的是（　　）。

A. 需要控制的因素少，只有 4M1E 五大方面

B. 生产受业主监督，因此过程控制要求低

C. 施工生产的流动性导致控制的难度大

D. 工程竣工验收是对施工质量的全面检查

3. 关于施工质量控制责任的说法，正确的有（　　）。

A. 项目经理可以不参加地基基础、主体结构等分部工程的验收

B. 项目经理负责组织编制、论证和实施危险性较大的分部分项工程专项施工方案

C. 质量终身责任是指参与工程建设的项目负责人在工程施工期限内对工程质量承担相应责任

D. 项目经理必须组织对进入现场的建筑材料、构配件、设备、预拌混凝土等进行检验

E. 发生工程质量事故，县级以上地方人民政府住房城乡建设主管部门应追究项目负责人的质量终身责任

4. 下列施工质量控制依据中，属于专用性依据的是（　　）。

A. 工程建设项目质量检验评定标准　　　　B. 设计交底及图纸会审记录

C. 建设工程质量管理条例　　　　D. 材料验收的技术标准

5. 施工质量检查中工序交接检查的"三检"制度是指（　　）。

A. 自检、互检、专检

B. 质量员检查、技术负责人检查、项目经理检查

C. 施工单位检查、监理单位检查、建设单位检查

D. 施工单位内部检查、监理单位检查、质量监督机构检查

答案：1. ABDE；2. C；3. BDE；4. B；5. A

工作任务 4　施工全过程质量控制

🔍 教学目标

知识目标：识记施工质量控制的基本环节，识记施工准备的质量控制、材料的质量控制、施工机械设备的质量控制的要点。

技能目标：会进行施工前的质量控制，会区分建筑智能化工程质量控制的基本环节，会进行施工过程的工程质量验收，会进行施工项目竣工质量验收。

素质目标：提高系统解决实际工程问题的能力，培养主人翁意识、社会责任感和职业担当。

🔍 知识目标

4.4.1　施工全过程质量控制 1

知识点 1　施工质量控制的基本环节

一、施工质量控制的基本环节

施工质量控制应贯彻全面、全过程质量管理的思想，运用动态控制原理，进行质量的事前控制、事中控制和事后控制。

1. 事前质量控制，即在正式施工前进行的事前主动质量控制，通过编制施工质量计划，明确质量目标，制定施工方案，设置质量管理点，落实质量责任，分析可能导

致质量目标偏离的各种影响因素，针对这些影响因素制定有效的预防措施，防患于未然。

2. 事中质量控制，即在施工质量形成过程中，对影响施工质量的各种因素进行全面的动态控制。事中控制首先是对质量活动的行为约束，其次是对质量活动过程和结果的监督控制。事中控制的关键是坚持质量标准，控制的重点是对工序质量、工作质量和质量控制点的控制。

3. 事后质量控制，也称为事后质量把关，以使不合格的工序或最终产品（包括单位工程或整个工程项目）不流入下道工序、不进入市场。事后控制包括对质量活动结果的评价、认定和对质量偏差的纠正。控制的重点是发现施工质量方面的缺陷，并通过分析提出施工质量改进的措施，保持质量处于受控状态。

以上三大环节不是互相孤立和截然分开的，而是共同构成有机的系统过程，实质上也就是质量管理 PDCA 循环的具体化，在每一次循环中不断提高，实现质量管理和质量控制的持续改进。

知识点2　施工准备的质量控制

一、施工质量控制的准备工作

1. 工程项目划分与编号。一个建设工程从施工准备开始到竣工交付使用，要经过若干工序、工种的配合施工。施工质量的优劣，取决于各个施工工序、工种的管理水平和操作质量。因此，为了便于控制、检查、评定和监督每个工序和工种的工作质量，就要把整个工程逐级划分为单位工程、分部工程、分项工程和检验批，并分级进行编号，据此来进行质量控制和检查验收，这是进行施工质量控制的一项重要基础工作。

建筑工程施工质量验收的项目划分，应按《建筑工程施工质量验收统一标准》的规定进行：

（1）建筑工程施工质量验收应划分为单位工程、分部工程、分项工程和检验批。

（2）单位工程的划分应按下列原则确定：①具备独立施工条件并能形成独立使用功能的建筑物或构筑物为一个单位工程。②对于规模较大的单位工程，可将其能形成独立使用功能的部分划分为若干个子单位工程。

（3）分部工程的划分应按下列原则确定：①可按专业性质、工程部位确定。②当分部工程较大或较复杂时，可按材料种类、施工特点、施工程序、专业系统及类别等划分为若干子分部工程。

（4）分项工程可按主要工种、材料、施工工艺、设备类别等进行划分。

（5）检验批可根据施工质量控制和专业验收需要，按工程量、楼层、施工段、变形缝等进行划分。

（6）建筑工程的分部、分项工程宜按《建筑工程施工质量验收统一标准》附录 B 进行划分。

（7）室外工程可根据专业类别和工程规模按《建筑工程施工质量验收统一标准》附录 C 的规定划分单位工程、分部工程。

2.技术准备的质量控制。技术准备是指在正式开展施工作业活动前进行的技术准备工作。这类工作内容繁多，主要在室内进行，例如，熟悉施工图纸，进行详细的设计交底和图纸审查，细化施工技术方案和施工人员、机具的配置方案，编制施工作业技术指导书，绘制各种施工详图（如测量放线图、大样图及配筋、配板、配线图表等），进行必要的技术交底和技术培训。

技术准备的质量控制，包括对上述技术准备工作成果的复核审查，检查这些成果有无错漏，是否符合相关技术规范、规程的要求和对施工质量的保证程度，制定施工质量控制计划，设置质量控制点，明确关键部位的质量管理点等。

二、现场施工准备的质量控制

1.工程定位和标高基准的控制。工程测量放线是建设工程产品由设计转化为实物的第一步。施工测量质量的好坏，直接决定工程的定位和标高是否正确，并且制约施工过程有关工序的质量。因此，施工单位必须对建设单位提供的原始坐标点、基准线和水准点等测量控制点线进行复核，并将复测结果上报监理工程师审核，批准后施工单位才能据此建立施工测量控制网，进行工程定位和标高基准的控制。

2.施工平面布置的控制。建设单位应按照合同约定并充分考虑施工的实际需要，事先划定并提供施工用地和现场临时设施用地的范围，协调平衡和审查批准各施工单位的施工平面设计。施工单位要严格按照批准的施工平面布置图，科学合理地使用施工场地，正确安装设置施工机械设备和其他临时设施，维护现场施工道路畅通无阻和通信设施完好，合理控制材料的进场与堆放，保持良好的防洪排水能力，保证充分的给水和供电。建设（监理）单位应会同施工单位制定严格的施工场地管理制度、施工纪律和相应的奖惩措施，严禁乱占场地和擅自断水、断电、断路，及时制止和处理各种违纪行为，并做好施工现场平面管理的检查记录。

知识点3 材料的质量控制

为了保证工程质量，施工单位应从以下几个方面把好原材料的质量控制关：

1.采购订货关。施工单位应制定合理的材料采购供应计划，在广泛掌握市场信息的基础上，建立严格的合格供应方资格审查制度，优选材料、产品供货商，选用已经备案的、达到建设工程设计文件要求的建材产品。建材供应商应当对产品质量进行严格把关，不得向建设工程提供未经检验或者检验不合格的建材产品和假冒伪劣产品。在销售建材产品的同时，应当向买受人提供产品使用说明书、有效的建材备案证及产品质量保证书。

2.进场检验关。施工单位应当按照现行的《建筑工程检测试验技术管理规范》（JGJ190—2010）和工程项目的设计要求，建立建材进场验证制度，严格核验相关的建材备案证、产品质量保证书、有效期内的产品检测报告等供现场备查的证明文件和资料，做好建材采购、验收、检验和使用综合台账，并按规定对进场建材进行复验把关。重要建材的使用，必须经过监理工程师签字和项目经理签批。必要时，监理工程师应对进场建材进行平行检验。

3. 存储和使用关。施工单位必须加强材料进场后的存储和使用管理，避免材料变质（如腐蚀、锈蚀等）和使用规格、性能不符合要求的材料造成工程质量事故。因此，施工单位既要做好对材料的合理调度，避免现场材料的大量积压，又要做好对材料的合理堆放，并正确使用材料，在使用材料时进行及时的检查和监督，要强化生产、运输、使用环节的质量管理。

知识点4 施工机械设备的质量控制

施工机械设备的质量控制，就是要使施工机械设备的类型、性能、参数等与施工现场的实际条件、施工工艺、技术要求等因素相匹配，满足施工生产的实际要求。其质量控制主要从机械设备的选型、主要性能参数指标的确定和使用操作要求等方面进行。

1. 机械设备的选型。机械设备的选择，应按照技术上先进、生产上适用、经济上合理、使用上安全、操作上方便的原则进行。选配的施工机械应具有工程的适用性，具有保证工程质量的可靠性，具有使用操作的方便性和安全性。

2. 主要性能参数指标的确定。主要性能参数是选择机械设备的依据，其参数指标的确定必须满足施工的需要和保证质量的要求。只有正确确定主要的性能参数，才能保证正常的施工，不致引起安全质量事故。

3. 使用操作要求。合理使用机械设备，正确地进行操作，是保证项目施工质量的重要环节。应贯彻"持证上岗"和"人机固定"原则，实行定机、定人、定岗位职责的使用管理制度，在使用中严格遵守操作规程和机械设备的技术规定，做好机械设备的例行保养，使机械设备保持良好的技术状态，防止出现安全质量事故，确保工程施工质量。

🔑 技能实践

4.4.2 施工全过程质量控制2

技能点1：施工的质量控制

一、施工前的质量控制

（一）技术交底

做好技术交底是保证施工质量的重要措施之一。项目开工前应由项目技术负责人向承担施工的负责人或分包人进行书面技术交底，技术交底资料应办理签字手续并归档保存。每一分部工程开工前均应进行作业技术交底。技术交底书应由施工项目技术人员编制，并经项目技术负责人批准实施。

技术交底的内容主要包括任务范围、施工方法、质量标准和验收标准，施工中应注意的问题，可能出现意外的预防措施及应急方案，文明施工和安全防护措施以及成品保护要求等。技术交底应围绕施工材料、机具、工艺、工法、施工环境和具体的管理措施等方面进行，应明确具体的步骤、方法、要求和完成的时间等。技术交底的形式有书面、口头、会议、挂牌、样板、示范操作等。

（二）测量控制

项目开工前应编制测量控制方案，经项目技术负责人批准后实施。对相关部门提供的测量控制点应在施工准备阶段进行复核，经审批后进行施工测量放线，并保存测量记录。在施工过程中应对设置的测量控制点、线妥善保护，不准擅自移动。施工过程中必须认真进行施工测量复核工作，这是施工单位应履行的技术工作职责，其复核结果应报送监理工程师复验确认后，方能进行后续相关工序的施工。建筑智能化工程常见的施工测量复核有：

1. 高层建筑测量复核，包括建筑场地控制测量、基础以上的平面与高程控制、建筑物中垂准检测和施工过程中沉降变形观测等。

2. 管线工程测量复核，包括管网或输配电线路定位测量、地下管线施工检测、架空管线施工检测、多管线交汇点高程检测等。

（三）计量控制

计量控制是工程项目质量保证的重要内容，是施工项目质量管理的一项基础工作。施工过程中的计量工作，包括施工生产时的投料计量、施工测量、监测计量以及对项目、产品或过程的测试、检验、分析计量等。其主要任务是统一计量单位制度，组织量值传递，保证量值统一。计量控制的工作重点是建立计量管理部门和配置计量人员，建立健全计量管理的规章制度，严格按规定有效控制计量器具的使用、保管、维修和检验，监督计量过程的实施，保证计量的准确。

二、施工中的质量控制

（一）工序施工质量控制

施工过程由一系列相互联系与制约的工序构成，工序是人、材料、机械设备、施工方法和环境因素对工程质量综合起作用的过程，所以对施工过程的质量控制，必须以工序质量控制为基础和核心。因此，工序的质量控制是施工阶段质量控制的重点。只有严格控制工序质量，才能确保施工项目的实体质量。工序施工质量控制主要包括工序施工条件质量控制和工序施工效果质量控制。

1. 工序施工条件控制。工序施工条件是指从事工序活动的各生产要素条件及生产环境条件。工序施工条件控制就是控制工序活动的各种投入要素质量和环境条件质量。控制的手段主要有检查、测试、试验、跟踪监督等。控制的依据主要有设计质量标准、材料质量标准、机械设备技术性能标准、施工工艺标准以及操作规程等。

2. 工序施工效果控制。工序施工效果是工序产品的质量特征和特性指标的反映。对工序施工效果的控制就是控制工序产品的质量特征和特性指标达到设计质量标准以及施工质量验收标准的要求。工序施工质量控制属于事后质量控制，其控制的主要途径是实测获取数据、统计分析所获取的数据、判断认定质量等级和纠正质量偏差。

施工过程质量检测试验的内容应依据国家现行相关标准、设计文件、合同要求和施工质量控制的需要确定。

（二）特殊过程的质量控制

特殊过程是指该施工过程或工序的施工质量不易或不能通过其后的检验和试验而得到充分的验证，或者万一发生质量事故则难以挽救的施工过程。特殊过程的质量控制是施工阶段质量控制的重中之重。对项目质量计划中界定的特殊过程，应设置工序质量控制点，抓住影响工序施工质量的主要因素进行强化控制。

1. 质量控制点的设置。质量控制点可包括下列内容：

（1）对施工质量有重要影响的关键质量特性、关键部位或重要影响因素；

（2）工艺上有严格要求，对下道工序的活动有重要影响的关键质量特性、部位；

（3）严重影响项目质量的材料质量和性能；

（4）影响下道工序质量的技术间歇时间；

（5）与施工质量密切相关的技术参数；

（6）容易出现质量通病的部位；

（7）紧缺工程材料、构配件和工程设备或可能对生产安排有严重影响的关键项目；

（8）隐蔽工程验收。

2. 质量控制点的重点控制对象。质量控制点的设置要正确、有效，要根据对重要质量特性进行重点控制的要求，选择施工过程的重点部位、重点工序和重点质量因素作为重点控制的对象，进行重点预控和过程控制，从而有效地控制和保证施工质量。质量控制点中重点控制的对象主要包括以下几个方面：

（1）人的行为。某些操作或工序，应以人为重点控制对象，比如高空、高温、水下、易燃易爆、重型构件吊装作业以及操作要求高的工序和技术难度大的工序等，都应从人的生理、心理、技术能力等方面进行控制。

（2）材料的质量与性能。这是直接影响工程质量的重要因素，在某些工程中应作为控制的重点。

（3）施工方法与关键操作。某些直接影响工程质量的关键操作应作为控制的重点，如预应力钢筋的张拉工艺操作过程及张拉力的控制，是可靠地建立预应力值和保证预应力构件质量的关键过程。同时，那些易对工程质量产生重大影响的施工方法，也应列为控制的重点。

（4）施工技术参数。

（5）技术间歇。有些工序之间必须留有必要的技术间歇时间。

（6）施工顺序。对于某些工序之间必须严格控制施工的先后顺序。

（7）易发生或常见的质量通病。

（8）新技术、新材料及新工艺的应用。由于缺乏经验，施工时应将其作为重点进行控制。

（9）产品质量不稳定和不合格率较高的工序应列为重点，认真分析、严格控制。

3. 特殊过程质量控制的管理。特殊过程的质量控制除按一般过程质量控制的规定执行外，还应由专业技术人员编制作业指导书，经项目技术负责人审批后执行。作业前施工员、技术员做好交底和记录，使操作人员在明确工艺标准、质量要求的基础上进行作业。为保证质量控制点的目标实现，应严格按照三级检查制度进行检查控制。在施工中发现质量控制点有异常时，应立即停止施工，召开分析会，查找原因，采取对策予以解决。

三、施工后的质量控制

施工后的质量控制主要指成品保护的控制。所谓成品保护一般是指在项目施工过程中，某些部位已经完成，而其他部位还在施工，在这种情况下，施工单位必须负责对已完成部分采取妥善的措施予以保护，以免因成品缺乏保护或保护不善而造成损伤或污染，影响工程的实体质量。加强成品保护，首先要加强教育，增强全体员工的成品保护意识，同时要合理安排施工顺序，采取有效的保护措施。

成品保护的措施一般有：①防护，即提前保护，针对被保护对象的特点采取各种保护的措施，防止对成品的污染及损坏；②包裹，即将被保护物包裹起来，以防损伤或污染；③覆盖，即用表面覆盖的方法，防止堵塞或损伤；④封闭，即采取局部封闭的办法进行保护，等等。

技能点 2：建筑智能化工程质量控制的基本环节

一、施工前质量控制措施

开展建筑施工总体规划，提前规划具体施工方案和各环节的施工细节，并在实际施工中严格执行，以确保施工质量。

1. 做好施工图纸的交底工作。施工图是由设计人员根据施工要求和施工现场的实际情况设计的，因此设计人员对具体的施工材料、施工工艺和各个环节需要注意的问题更为了解。为了保证实际施工符合设计要求，应该做好设计师和施工技术人员之间的图纸交底工作。工作人员可以讨论图纸设计中的关键问题和细节，以确保施工符合设计要求。交底内容包括设计依据、设计意图、施工流程、施工工艺、工程参数、安全注意事项等。

施工技术人员发现图纸设计不具有可操作性，应及时反馈，设计人员需调整设计，双方应以书面形式记录交底工作并签字确认。

2. 做好设备进场验收工作。进场的设备质量直接关系到智能建筑工程的质量。

（1）仓库材料人员应严格验收进入现场的各种材料和设备，确保符合施工要求和相关标准，不符合标准的产品应严格禁止进入现场。

（2）建立以项目经理为首的现场质量检查保证体系，参与工程的全过程。专职质检员每天必须在工地巡视，现场抽样检测工程质量是否达到设计和规范要求，发现质量隐患应及时纠正，并向项目经理汇报备案。

（3）施工方、监理和供应商应积极参与验收工作，工作人员应严格按照工作规范进行验收，并做好相关记录。

（4）物资准备，包括设备材料订购和加工准备，施工工具准备，施工办公用品的准备等。

（5）组织准备，包括建立项目组织机构，集结施工队伍，对施工队伍进行入场教育等。

（6）施工现场准备，包括生产、生活临时设施的准备，制定施工现场管理制度，组织机具材料进场，准备好各种施工记录表格等。

二、施工过程中的质量控制措施

安全防范系统施工过程中的质量控制策略是全面控制施工过程，重点控制工序质量。

（一）基础设施建设

1. 管道铺设过程中，首先要保证管道材料符合施工设计要求，保证水、煤气管道厚度符合相关标准，禁止使用不合格产品。

2. 防雷接地施工时，钢管应接地，若不分析管径，所有与 CP6 地线交叉的钢管不得使用。

3. 为了保证建筑物的外观符合施工质量的要求，有些项目需要采取隐蔽施工的策略，因此应提前隐蔽。施工时应注意埋壁、灰层厚度和埋深的要求，避免管道外露，保证施工质量。

4. 为保证预埋工作符合建筑要求，刷墙时应固定管道，以免后期穿线过程中损坏墙面。

（二）设备安装工作

严格把好材料质量关。优选供货厂家，确保供货质量；对于工程中的主要设备材料，进场时必须具备正式的出厂合格证或材质化验单；新材料的应用，必须通过试验和鉴定。设备安装关系到设备的正常运行，决定着智能建筑工程的质量。

1. 安装前，安装人员需要充分了解设备的具体情况、安装过程和细节，确保设备安装能够有序进行。

2. 搬运设备时应小心，避免因过度振动而导致螺丝松动，尤其是精密设备。

3. 如果安装失败，及时分析原因，避免安装粗糙，以免受力不均，损坏设备。

4. 认真、严格地做好各项施工记录。定期请质检站人员到工地监督工程质量，并按照质检站人员意见进行调整、安装；不定期请甲方工地专业代表到工地检查工程质量，发现问题及时处理、纠正。

5. 隐蔽工程检查。凡隐蔽工程均应检查认证后方可掩盖。

6. 安装完毕后，应做好成品保护，特别是室外安装完成前，应做好设备的防水防雨工作。

（三）调整和操作工作

智能系统安装后，需要进行调整和试运行，以确保安装的设备能够满足相应的要求，能够正常运行。调整工作应由综合素质和技能较高的人员操作，一旦发现系统问题，应及时调整设备，解决相应的问题。

（四）工序交接检查

对于重要的工序或对工程质量有重大影响的工序，在自检、互检的基础上，还要组织专职人员进行工序交接检查。综合而言，应做到工序交接有检查；质量预控有对策；施工项目有方案；技术措施有交底；图纸会审有记录；材料进场有合格证；隐蔽工程有验收；设计变更有手续；质量处理有复查；成品保护有措施；质量文件有档案；施工记录有签字；行使质检有否决。

（五）安全管理工作

智能建筑工程与一般建筑工程在施工过程中存在一些差异，两者之间也存在不同的安全隐患，因此，在智能建筑施工中，应根据实际情况编制一些有针对性的施工操作规范，以确保施工安全。此外，在施工项目中，需要在现场配备安全人员，以检查和预防所有可能的安全问题，减少安全隐患，确保施工人员和施工建筑物的安全。

三、施工后质量控制措施

施工后的质量控制是指在完成后，对产品的质量控制，其具体工作内容有：组织联调试运行；准备竣工验收资料，组织自检和初步验收；按规定的质量评定标准和办法，对完成的分项、分部工程，单位工程进行质量评定；组织竣工验收。需注意的问题有：

1. 施工质量进行整体检测验收，验收完成后提交质量报告。

2. 提交的竣工图应仔细审查，以确保与实际建筑一致。

3. 施工过程中综合整理相关资料，及时指出问题，限期整改。

技能点 3：施工过程的工程质量验收

建设工程项目施工质量验收要按照现行的《建筑工程施工质量验收统一标准》和各专业施工质量验收规范进行。施工质量验收包括施工过程的工程质量验收和施工项目竣工质量验收。

施工过程的工程质量验收，是在施工过程中、在施工单位自行质量检查评定的基础上，参与建设活动的有关单位共同对检验批、分项、分部、单位工程的质量进行抽样复验，根据相关标准以书面形式对工程质量达到合格与否作出确认。

1. 检验批质量验收合格应符合下列规定：

（1）主控项目的质量经抽样检验均应合格；

（2）一般项目的质量经抽样检验合格；

（3）具有完整的施工操作依据、质量检查记录。

检验批是施工过程中条件相同并有一定数量的材料、构配件或安装项目，由于其质量基本均匀一致，因此可以作为检验的基础单位，并按批验收。检验批是工程验收的最小单位，是分项工程乃至整个建筑工程质量验收的基础。

施工操作依据和质量检查记录等质量控制资料包括检验批从原材料到最终验收的各施工工序的操作依据、质量检查情况记录以及保证质量所必需的管理制度等。对其完整性的检查，实际是对过程控制的确认，这是检验批合格的前提。

检验批的合格质量主要取决于对主控项目和一般项目的检验结果。主控项目是对检验批的基本质量起决定性影响的检验项目，因此，必须全部符合有关专业工程验收规范的规定。这意味着主控项目不允许有不符合要求的检验结果，这种项目的检查对检验批是否通过验收具有"否决权"，必须从严要求。

2. 分项工程质量验收合格应符合下列规定：

（1）所含检验批的质量均应验收合格；

（2）所含检验批的质量验收记录应完整。

分项工程的质量验收在检验批验收的基础上进行。一般情况下，两者具有相同或相近的性质，只是批量的大小不同而已。将有关的检验批验收汇集起来就构成分项工程验收。分项工程质量验收合格的条件比较简单，只要构成分项工程的各检验批的验收资料文件完整，并且均已验收合格，则分项工程验收合格。

3. 分部工程质量验收合格应符合下列规定：

（1）所含分项工程的质量均应验收合格；

（2）质量控制资料应完整；

（3）有关安全、节能、环境保护和主要使用功能的检验结果应符合相应规定；

（4）观感质量应符合要求。

分部工程的验收在其所含各分项工程验收的基础上进行。分部工程验收合格的条件是：分部工程所含的各分项工程已验收合格且相应的质量控制资料文件必须完整，这是验收的基本条件。此外，由于各分项工程的性质不尽相同，因此分部工程不能简单地将各分项工程组合进行验收，尚需增加以下两类检查项目：

（1）涉及安全和使用功能的地基基础、主体结构及有关安全和重要使用功能的安装分部工程，应进行有关见证、取样、送样、试验或抽样检测。

（2）观感质量验收。这类检查往往难以定量，只能以观察、触摸或简单测量的方式进行，并由个人的主观印象判断，检查结果并不给出"合格"或"不合格"的结论，而是综合给出质量评价。对于评价为"差"的检查点应通过返修处理等补救。

4. 单位工程质量验收合格应符合下列规定：

（1）所含分部工程的质量均应验收合格；

（2）质量控制资料应完整；

（3）所含分部工程有关安全、节能、环境保护和主要使用功能的检验资料应完整；

（4）主要使用功能的抽查结果应符合相关专业质量验收规范的规定；

（5）观感质量应符合要求。

单位工程质量验收也称质量竣工验收。委托监理的工程项目单位工程完工后，施工单位应组织有关人员进行自检。总监理工程师应组织各专业监理工程师对工程质量进行评估。存在施工质量问题时，应由施工单位整改。整改完毕后，由施工单位向建设单位提交工程竣工报告，申请工程竣工验收。

5. 在施工过程的工程质量验收中发现质量不符合要求的处理办法：一般情况下，不合格现象在最基层的验收单位——检验批验收时就应发现并及时处理，否则将影响后续批和相关的分项工程、分部工程的验收。所有质量隐患必须尽快消灭在萌芽状态，这是以强化验收促进过程控制原则的体现。

通过返修或加固处理仍不能满足安全使用要求的分部工程、单位（子单位）工程，严禁验收。

技能点 4：施工项目竣工质量验收

施工项目竣工质量验收是施工质量控制的最后一个环节，是对施工过程质量控制成果的全面检验，是从终端把关方面进行质量控制。未经验收或验收不合格的工程，不得交付使用。

1. 施工项目竣工质量验收的依据主要包括：

（1）上级主管部门的有关工程竣工验收的文件和规定；

（2）国家和有关部门颁发的施工、验收规范和质量标准；

（3）批准的设计文件、施工图纸及说明书；

（4）双方签订的施工合同；

（5）设备技术说明书；

（6）设计变更通知书；

（7）有关的协作配合协议书等。

2. 施工项目符合下列条件方可进行竣工验收：

（1）完成工程设计和合同约定的各项内容；

（2）有完整的技术档案和施工管理资料；

（3）有工程使用的主要建筑材料、建筑构配件和设备的进场试验报告；

（4）有勘察、设计、施工、工程监理等单位分别签署的质量合格文件；

（5）有施工单位签署的工程保修书。

3. 竣工质量验收应当按以下程序进行：

（1）工程完工并对存在的质量问题整改完毕后，施工单位向建设单位提交工程竣工报告，申请工程竣工验收。实行监理的工程，工程竣工报告须经总监理工程师签署意见。

（2）建设单位收到工程竣工报告后，对符合竣工验收要求的工程，组织勘察、设计、施工、监理等单位组成验收组，制定验收方案。对于重大工程和技术复杂工程，根据需要可邀请有关专家参加验收组。

（3）建设单位应当在工程竣工验收 7 个工作日前将验收的时间、地点及验收组名单书面通知负责监督该工程的工程质量监督机构。

（4）建设单位组织工程竣工验收包含以下内容：①建设、勘察、设计、施工、监理单位分别汇报工程合同履约情况和在工程建设各个环节执行法律法规、工程建设强制性标准的情况；②审阅建设、勘察、设计、施工、监理单位的工程档案资料；③实地查验工程质量；④对工程勘察、设计、施工、设备安装质量和各管理环节等方面作出全面评价，形成经验收组人员签署的工程竣工验收意见。参与工程竣工验收的建设、勘察、设计、施工、监理等各方不能形成一致意见时，应当协商提出解决的方法，待意见一致后，重新组织工程竣工验收。

4. 竣工验收报告的内容。工程竣工验收合格后，建设单位应当及时提出工程竣工验收报告。工程竣工验收报告主要包括工程概况，建设单位执行基本建设程序情况，对工程勘察、设计、施工、监理等方面的评价，工程竣工验收时间、程序、内容和组织形式，工程竣工验收意见等内容。

工程竣工验收报告还应附有下列文件：

（1）施工许可证；

（2）施工图设计文件审查意见；

（3）勘察、设计、施工、工程监理等单位分别签署的质量合格文件；

（4）验收组人员签署的工程竣工验收意见；

（5）法律、规章规定的其他有关文件。

巩固练习

选择题

1. 根据《建筑工程施工质量验收统一标准》，分项工程的划分依据有（　　）。

A. 工程部位

B. 工种

C. 材料

D. 施工工艺

E. 设备类别

2. 下列质量控制工作中，属于施工技术准备工作的是（　　）。

A. 明确质量控制的重点对象

B. 建立施工测量控制网

C. 建立施工现场计量管理的规章制度

D. 正确安装设置施工机械设备

3. 根据施工技术交底有关规定，项目开工前向承担施工的负责人或分包人进行书面交底的人应该是（　　）。

A. 项目经理　　　　　　　　　　B. 项目质检员

C. 项目专职安全员　　　　　　　D. 项目技术负责人

4. 项目开工前的技术交底书应由施工项目技术人员编制，经（　　）批准实施。

A. 项目经理　　　　　　　　　　B. 总监理工程师

C. 项目技术负责人　　　　　　　D. 专业监理工程师

5. 施工过程中，工程质量验收的最小单位是（　　）。

A. 分项工程　　　　B. 单位工程　　　　C. 分部工程　　　　D. 检验批

6. 根据《建筑工程施工质量验收统一标准》分部工程质量验收合格的规定有（　　）。

A. 所含分项工程的质量均应验收合格

B. 质量控制资料应完整

C. 有关安全、节能、环境保护和主要使用功能的检验结果应符合相应规定

D. 观感质量验收应符合规定

E. 主要使用功能项目抽查结果应符合相关专业质量验收规范的规定

7. 根据《建筑工程施工质量验收统一标准》对施工单位采取相应措施消除一般项目缺陷后的检验批验收应采取的做法是（　　）。

A. 经原设计单位复核后予以验收

B. 经检测单位签订后予以验收

C. 按验收程序重新组织验收

D. 按技术处理方案和协商文件进行验收

8. 若工程质量不符合要求经过加固处理后外形尺寸改变，但能满足安全使用要求，其处理方法是（　　）。

A. 按技术处理方案和协商文件进行验收　　　B. 没有质量缺陷应予以验收

C. 仍按验收不合格处理　　　D. 先返工处理重新进行验收

9. 施工项目符合（　　），建设单位方可进行竣工验收。

A. 完成设计和合同约定的各项内容

B. 有完整的技术档案和施工管理资料

C. 有施工单位签署的工程保修书

D. 有关工程质量监督机构的审核意见

E. 有施工单位出具的《住宅工程质量分户验收表》

10. 下列施工质量控制措施中，属于事前控制的是（　　）。

A. 设计交底　　　B. 重要结构实体检测

C. 隐蔽工程验收　　　D. 施工质量检查验收

11. 下列质量控制工作中，事中质量控制的重点是（　　）。

A. 工序质量的控制　　　B. 质量管理点的设置

C. 施工质量计划的编制　　　D. 工序质量偏差的纠正

答案：1. BCDE；2. A；3. D；4. C；5. D；6. ABCD；7. C；8. A；9. ABC；10. A；11. A

工作任务 5　施工质量事故的处理

🔑 **教学目标**

知识目标：明晰工程质量问题的划分；理解施工质量事故处理的依据和基本要求；识记施工质量事故的处理程序；认记安全防范系统施工质量处理的基本方法。

技能目标：会进行工程质量事故的分类；会采取施工质量事故预防的具体措施。

素质目标：提高系统解决实际工程问题的能力，培养主人翁意识、社会责任感和职业担当。

🔑 **知识目标**

4.5.1　施工质量事故的处理1

知识点 1　工程质量问题的划分

1. 质量不合格。根据国家《质量管理体系基础和术语》（GB/T19000—2016）的术语解释，凡工程产品未满足质量要求，就称之为质量不合格。与预期或规定用途有关的不合格，称为质量缺陷。

2. 质量问题。凡是工程质量不合格，必须进行返修、加固或报废处理，由此造成直接经济损失低于规定限额的称为质量问题。

3. 质量事故。由于建设、勘察、设计、施工、监理等单位违反工程质量有关法律法规和工程建设标准，使工程产生结构安全、重要使用功能等方面的质量缺陷，造成人身伤亡或者重大经济损失的称为质量事故。

知识点 2　施工质量事故处理的依据和基本要求

一、施工质量事故处理的依据

1. 质量事故的实况资料，包括质量事故发生的时间、地点；质量事故状况的描述；质量事故发展变化的情况；有关质量事故的观测记录、事故现场状态的照片或录像；事故调查组调查研究所获得的第一手资料。

2. 有关的合同文件，包括工程承包合同、设计委托合同、设备与器材购销合同、监理合同及分包合同等。

3. 有关的技术文件和档案，主要是有关的设计文件（如施工图纸和技术说明）；与施工有关的技术文件；档案和资料，如施工方案、施工计划、施工记录、施工日志、有关建筑材料的质量证明资料、现场制备材料的质量证明资料、质量事故发生后对事故状况的观测记录、试验记录或试验报告等。

4. 相关的建设法规，主要包括《中华人民共和国建筑法》《建设工程质量管理条例》和《房屋市政工程生产安全事故报告和查处工作规程》等与工程质量及质量事故处理有关的法规，勘察、设计、施工、监理等单位资质管理方面的法规，从业者资格管理方面的法规，建筑市场方面的法规，建筑施工方面的法规，以及标准化管理方面的法规等。

二、施工质量事故处理的基本要求

1. 质量事故的处理应达到安全可靠、不留隐患、满足生产和使用要求、施工方便、经济合理的目的。

2. 重视消除造成事故的原因，注意综合治理。

3. 正确确定处理的范围和正确选择处理的时间和方法。

4. 加强事故处理的检查验收工作，认真复查事故处理的实际情况。

5. 确保事故处理期间的安全。

知识点 3　施工质量事故的处理程序

施工质量事故发生后，有关单位应当在 24 小时内向当地建设行政主管部门和其他有关部门报告。对重大质量事故，事故发生地的建设行政主管部门和其他有关部门应当按照事故类别和等级向当地人民政府、上级建设行政主管部门和其他有关部门报告。如果同时发生安全事故，施工单位应当立即启动生产安全事故应急救援预案，组织抢救遇险人员，采取必要措施，防止事故危害扩大和次生、衍生灾害发生。

情况紧急时，事故现场有关人员可直接向事故发生地县级以上政府主管部门报告。房屋市政工程生产安全和质量较大及以上事故的查处督办，按照住房和城乡建设部《房屋市政工程生产安全和质量事故查处督办暂行办法》规定的程序办理。施工质量事故处理的一般程序如图 4-1 所示。

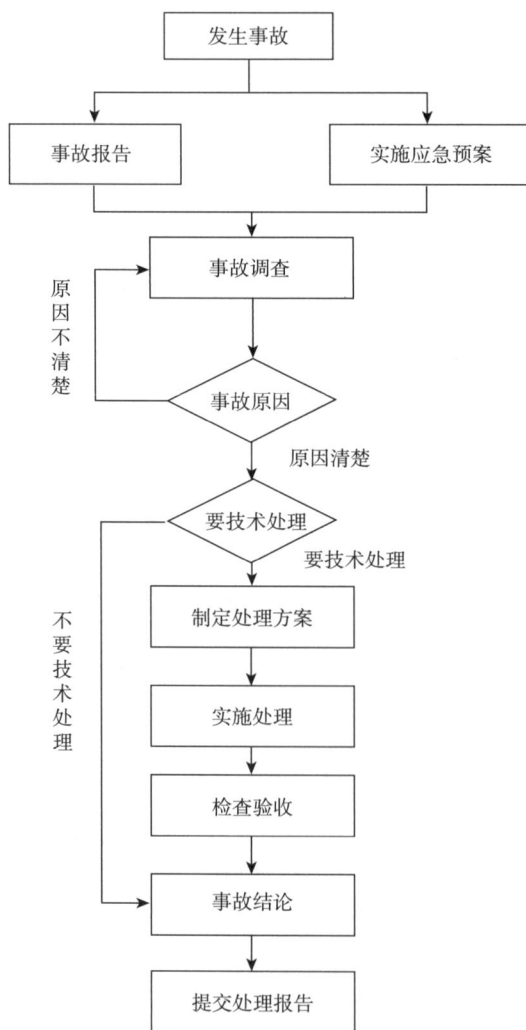

图 4-1　施工质量事故处理的一般程序

1. 事故调查。事故调查应力求及时、客观、全面，以便为事故的分析与处理提供正确的依据。调查结果要整理撰写成事故调查报告，其主要内容包括：工程项目和参建单位概况；事故基本情况；事故发生后所采取的应急防护措施；事故调查中的有关数据、资料；对事故原因和事故性质的初步判断，对事故处理的建议；事故涉及人员与主要责任者的情况等。

2. 事故的原因分析。事故原因分析要建立在事故调查的基础上，避免情况不明就主观推断事故的原因。特别是对涉及勘察、设计、施工、材料和管理等方面的质量事故，事故的原因往往错综复杂，因此，必须对调查所得到的数据、资料进行仔细地分析，去伪存真，找出造成事故的主要原因。

3. 制定事故处理的技术方案。事故的处理要建立在原因分析的基础上，并广泛地听取专家及有关方面的意见，经科学论证，决定事故是否进行处理、怎样处理。在制定事故处理方案时，应做到安全可靠，技术可行，不留隐患，经济合理，具有可操作性，满足结构安全和使用功能要求。

4. 事故处理。根据制定的质量事故处理方案，对质量事故进行认真处理。处理的内容主要包括：事故的技术处理，以解决施工质量不合格和质量缺陷问题；事故的责任处罚，根据事故的性质、损失大小、情节轻重对事故的责任单位和责任人作出相应的行政处分，直至追究刑事责任。

5. 事故处理的鉴定验收。质量事故的处理是否达到预期的目的，是否依然存在隐患，应当通过检查鉴定和验收作出确认。事故处理的质量检查鉴定，应严格按施工验收规范和相关质量标准的规定进行，必要时还应通过实际量测、试验和仪器检测等方法获取必要的数据，以便准确地对事故处理的结果作出鉴定，最终形成结论。

6. 提交处理报告。事故处理结束后，必须尽快向主管部门和相关单位提交完整的事故处理报告，其内容包括：事故调查的原始资料、测试数据；事故原因分析、论证；事故处理的依据；事故处理的方案及技术措施；实施质量处理中有关的数据、记录、资料；检查验收记录；事故处理的结论等。

知识点 4　安全防范系统施工质量处理的基本方法

1. 返修处理。当工程的某些部分的质量虽未达到规范、标准或设计规定的要求，存在一定的缺陷，但经过返修后可以达到要求的质量标准，又不影响使用功能或外观的要求时，可采取返修处理的方法。

2. 加固处理。主要是针对危及承载力的质量缺陷的处理。通过对缺陷的加固处理，使建筑结构恢复或提高承载力，重新满足结构安全性及可靠性的要求，使结构能继续使用或改作其他用途。例如，对设备支架的处理等。

3. 返工处理。当工程质量缺陷经过返修处理后仍不能满足规定的质量标准要求，或不具备补救可能性，则必须实行返工处理。

4. 限制使用。当工程质量缺陷按返修方法处理后无法保证达到规定的使用要求和安全要求，而又无法返工处理的情况下，不得已时可做出诸如结构卸荷或减荷以及限制使用的决定。

5. 不作处理。某些工程质量问题虽然达不到规定的要求或标准，但其情况不严重，对工程或结构的使用及安全影响很小，经过分析、论证、法定检测单位鉴定和设计单位等认可后可不专门做处理。

6. 报废处理。出现质量事故的工程，通过分析或实验，采取上述处理方法后仍不能满足规定的质量要求或标准，则必须予以报废处理。

🔍 技能实践

4.5.2　施工质量事故的处理 2

技能点 1：工程质量事故的分类

由于工程质量事故具有复杂性、严重性、可变性和多发性的特点，所以建设工程质量事故的分类有多种方法，一般可按以下条件进行分类：

1. 按事故造成损失的程度分级。按照《房屋市政工程生产安全事故报告和查处工作规程》，根据工程质量事故造成的人员伤亡或者直接经济损失，工程质量事故分为 4个等级：

（1）特别重大事故，是指造成 30 人以上死亡，或者 100 人以上重伤，或者 1 亿元以上直接经济损失的事故。

（2）重大事故，是指造成 10 人以上 30 人以下死亡，或者 50 人以上 100 人以下重伤，或者 5000 万元以上 1 亿元以下直接经济损失的事故。

（3）较大事故，是指造成 3 人以上 10 人以下死亡，或者 10 人以上 50 人以下重伤，或者 1000 万元以上 5000 万元以下直接经济损失的事故。

（4）一般事故，是指造成 3 人以下死亡，或者 10 人以下重伤，或者 100 万元以上1000 万元以下直接经济损失的事故。

该等级划分所称的"以上"包括本数，所称的"以下"不包括本数。

上述质量事故等级划分标准与《生产安全事故报告和调查处理条例》规定的生产安全事故等级划分标准相同。工程质量事故和安全事故往往会互为因果地连带发生。

2. 按事故责任分类。

（1）指导责任事故：指由于工程指导或领导失误而造成的质量事故。例如，由于工程负责人不按规范指导施工，强令他人违章作业，或片面追求施工进度，放松或不按质量标准进行控制和检验，降低施工质量标准等而造成的质量事故。

（2）操作责任事故：指在施工过程中，由于操作者不按规程和标准实施操作，而造成的质量事故。例如，浇筑混凝土时随意加水，或振捣疏漏造成混凝土质量事故等。

（3）自然灾害事故：指由于突发的严重自然灾害等不可抗力造成的质量事故。例如，地震、台风、暴雨、雷电及洪水等造成工程破坏甚至倒塌。这类事故虽然不是人为责任直接造成，但事故造成的损害程度也往往与事前是否采取了预防措施有关，相关责任人也可能负有一定的责任。

3. 按质量事故产生的原因分类。

（1）技术原因引发的质量事故：指在工程项目实施中由于设计、施工在技术上的失误而造成的质量事故。例如，结构设计计算错误，对地质情况估计错误，采用了不适宜的施工方法或施工工艺等引发质量事故。

（2）管理原因引发的质量事故：指管理上的不完善或失误引发的质量事故。例如，施工单位或监理单位的质量管理体系不完善，检验制度不严密，质量控制不严格，质量管理措施落实不力，检测仪器设备管理不善而失准，材料检验不严等原因引起的质量事故。

（3）社会、经济原因引发的质量事故：是指由于经济因素及社会上存在的弊端和不正之风导致建设中的错误行为，而发生质量事故。例如，某些施工企业盲目追求利润而不顾工程质量，在投标报价中恶意压低标价，中标后则采用随意修改方案或偷工减料等违法手段而导致的质量事故。

（4）其他原因引发的质量事故：指由于其他人为事故（如设备事故、安全事故等）或严重的自然灾害等不可抗力的原因，导致连带发生的质量事故。

技能点 2：常见的施工质量通病与事故发生的原因

建立健全施工质量管理体系，加强施工质量控制，都是为了预防施工质量问题和质量事故，要在保证工程质量合格的基础上，不断提高工程质量。所以，所有施工质量控制的措施和方法，都是预防施工质量问题和质量事故的手段。具体来说，施工质量事故的预防，可以从分析常见的质量通病入手，深入挖掘和研究可能导致质量事故发生的原因，抓住影响施工质量的各种因素和施工质量形成过程的各个环节，采取针对性的有效预防措施。

1. 常见的质量通病。以建筑智能化工程为例，常见的质量通病有：

（1）强弱电同槽；

（2）线管弯曲半径偏小，弯曲处有严重扁凹、开裂现象；

（3）管口锯口不齐有毛刺，丝套连接不牢，管卡安装不合规范；

（4）金属线管无接地或接地保护电气导通性不合格；

（5）明装线管没有做防腐处理；

（6）线路敷设不符合设计图纸要求；

（7）线间和线对地间的绝缘电阻不符合设计要求；

（8）接线盒内连接方式混乱；

（9）执行机构和传感器的安装不符合要求；

（10）中央机房质量不符合要求；

（11）电缆工程未按分类要求使用材料；

（12）电子产品定制不符合要求；

（13）结构吊装就位偏差过大；

（14）系统的设备安装、调试及其功能不符合合同和设计要求。

2. 施工质量事故发生的原因。施工质量事故发生的原因大致有：

（1）非法承包、转包，偷工减料。由于社会腐败现象对施工领域的侵袭，非法承包、转包，偷工减料成为近年重大施工质量事故的首要原因。

（2）违背基本建设程序。《建设工程质量管理条例》规定，从事建设工程活动，必须严格执行基本建设程序，坚持先勘察、后设计、再施工的原则。但是现实情况是，违反基本建设程序的现象屡禁不止，无立项、无报建、无开工许可、无招标投标、无资质、无监理、无验收的"七无"工程，边勘察、边设计、边施工的"三边"工程屡见不鲜，几乎所有的重大施工质量事故都能从这些方面找到原因。

（3）设计的失误。技术设计不符合规范和现场环境等要求，这些设计的失误在施工中显现出来，导致系统调试失败，无法使用。

（4）施工的失误。施工管理人员及实际操作人员的思想、技术素质差，是造成施工质量事故的普遍原因。缺乏基本业务知识，不具备上岗的技术资质，不懂装懂瞎指挥，胡乱施工盲目干；施工管理混乱，责任缺失，施工组织、施工工艺技术措施不当；不按图施工，不遵守相关规范，违章作业；使用不合格的工程材料、半成品、构配件；忽视安全施工，发生安全事故等。所有这一切都可能引发施工质量事故。

（5）自然条件的影响。建筑施工露天作业多，恶劣的天气或其他不可抗力都可能引发施工质量事故。

技能点 3：施工质量事故预防的具体措施

1. 严格依法进行施工组织管理。认真学习、严格遵守国家相关政策和建筑施工强制性法律条文，依法进行施工组织管理，是从源头上预防施工质量事故的根本措施。

2. 严格按照基本建设程序办事。建设项目立项首先要做好可行性论证，未经深入调查分析和严格论证的项目不能盲目拍板定案；要彻底搞清楚工程地质水文条件方可开工；杜绝无证设计、无图施工；禁止任意修改设计和不按图纸施工；工程竣工不进行试车运转、不经验收不得交付使用。

3. 进行必要的设计审查复核。邀请具有合格专业资质的审图机构对施工图进行审查复核，防止因设计考虑不周、结构构造不合理、设计计算错误、沉降缝及伸缩缝设置不当、悬挑结构未通过抗倾覆验算等原因，导致质量事故的发生。

4. 严格把好建筑材料及制品的质量关。要从采购订货、进场验收、质量复验、存储和使用等几个环节，严格控制建筑材料及制品的质量，防止不合格或变质、损坏的材料和制品用到工程上。

5. 强化从业人员管理。加强施工企业自有建筑工人队伍建设，建立相对稳定的核心技术工人队伍，同时加强从业人员职业教育，推行终身职业技能培训制度，开展建筑工人岗前培训和技能提升培训，使施工人员掌握基本的建筑结构和建筑材料知识，理解并认同遵守施工验收规范对保证工程质量的重要性，提高在施工中合规操作的能力，不蛮干，不违章操作，不偷工减料。

6. 加强施工过程的管理。施工人员首先要熟悉图纸，对工程的难点和关键工序、关键部位应编制专项施工方案并严格执行；施工中必须按照图纸和施工验收规范、操作规程进行；技术组织措施要正确，施工顺序不可搞错，脚手架和楼面不可超载堆放构件和材料；要严格按照制度进行质量检查和验收，按规定严格进行质量责任追究。

7. 做好应对不利施工条件和各种灾害的预案。要对当地气象进行分析和预测，事先针对可能出现的风、雨、高温、严寒、雷电等不利施工条件，制定相应的施工技术措施；还要对不可预见的人为事故和严重自然灾害做好应急预案，并有相应的人力、物力储备。

8. 加强施工安全与环境管理。许多施工安全和环境事故都会连带发生质量事故，加强施工安全与环境管理，也是预防施工质量事故的重要措施。

🔍 巩固练习

选择题

1. 某设备安装工程中发生脚手架倒塌，造成 11 名施工人员当场死亡，此次工程质量事故等级应认定为（　　）。

A. 一般事故　　　　　　　　　　　　B. 较大事故

C. 重大事故　　　　　　　　　　　　D. 特别重大事故

2. 下列施工质量事故中，属于指导责任事故的有（　　）。

A. 防雷接地疏漏造成的质量事故

B. 工人不按操作规程施工导致大屏倒塌

C. 负责人放松质量标准造成的质量事故

D. 设备安装工人随意定位开孔造成的质量事故

3. 下列引发工程质量事故的原因中，属于管理原因的有（　　）。

A. 施工方法选用不当

B. 盲目追求利润不顾质量

C. 质量控制不严格

D. 特大暴雨导致质量不合格

E. 检验制度不严密

4. 工程施工质量事故的处理包括：①事故调查；②事故原因分析；③事故处理；④事故处理的鉴定验收；⑤制定事故处理方案。其正确的程序为（　　）。

A.①②③④⑤　　　　　　　　　　　B.②①③④⑤

C.②①⑤③④　　　　　　　　　　　D.①②⑤③④

5. 建设工程施工质量事故调查报告的主要内容应当包括（　　）。

A. 工程概况、事故概况

B. 质量事故的处理依据

C. 事故调查中的有关数据、资料

D. 事故处理的建议方案

E. 事故处理的初步结论

6. 当工程质量缺陷经加固返工处理后仍无法保证达到规定的安全要求，但没有完全丧失使用功能时，适宜采用的处理方法是（　　）。

A. 不作处理　　　　　　　　　　　　B. 报废处理

C. 返修处理　　　　　　　　　　　　D. 限制使用

7. 某监控摄像机安装时，监理工程师发现由于施工放线错误，导致安装位置偏离10cm，正确的处理方法是（　　）。

A. 加固处理　　　　　　　　　　　　B. 修补处理

C. 返工处理　　　　　　　　　　　　D. 不做处理

答案：1. C；2. C；3. CE；4. D；5. AC；6. D；7. D

工作领域 5

安全防范系统施工安全管理

我国对于风险管理的研究开始于 20 世纪 80 年代，随着我国国民经济的高速增长和现代化建设的日益加快，工程项目的数量越来越多，规模越来越大。同时，瞬息万变的社会环境又给工程项目带来了更多的不确定因素，由此产生的项目风险与日俱增，风险损失也越来越严重。因此，对工程项目的风险管理问题进行深入研究，努力探索规避和化解项目风险、降低风险损失的有效途径非常具有现实指导意义。

工作任务 1　施工风险管理

🔑 **教学目标**

知识目标：识记风险管理一般规定，识记风险管理计划，区分风险和风险量。

技能目标：会区分施工风险的类型，能完成风险管理的任务，会运用风险管理方法。

素质目标：提高系统解决实际工程问题的能力，培养学生建设更高水平的平安中国的意识。

🔑 **知识学习**

5.1　施工风险管理

知识点 1　风险管理基础

一、风险管理的一般规定

《建设工程项目管理规范》（GB/T50326—2017）对风险管理作出一般规定：

1. 组织应建立风险管理制度，明确各层次管理人员的风险管理责任，管理各种不确定因素对项目的影响。

2. 项目风险管理应包括下列程序：

（1）风险识别；

（2）风险评估；

（3）风险应对；

（4）风险监控。

二、风险管理计划

《建设工程项目管理规范》（GB/T50326—2017）对风险管理计划有以下规定：

1. 项目管理机构应在项目管理策划时确定项目风险管理计划。

2. 项目管理风险管理计划编制依据应包括下列内容：

（1）项目范围说明；

（2）招投标文件与工程合同；

（3）项目工作分解结构；

（4）项目管理策划的结果；

（5）组织的风险管理制度；

（6）其他相关信息和历史资料。

3. 风险管理计划应包括下列内容：

（1）风险管理目标；

（2）风险管理范围；

（3）可使用的风险管理方法、措施、工具和数据；

（4）风险跟踪的要求；

（5）风险管理的责任和权限；

（6）必需的资源和费用预算。

4. 风险管理计划应根据风险变化进行调整，并经过授权人批准后实施。

三、风险管理

为加强城市建设风险管理，提高对大型工程技术风险的管理水平，推动建立大型工程技术风险控制机制，住房和城乡建设部工程质量安全监管司组织国内建筑行业专家编制了《大型工程技术风险控制要点》，于2018年2月发布。该文件对风险管理范围、风险管理目标、风险管理阶段作出了规定。

1. 风险管理范围。本控制要点涉及大型工程建设的风险管理范围，包括超高层建筑、大型公共建筑和轨道交通工程。其中超高层建筑是指建筑高度超过300米的建筑物，大型公共建筑是指单体建筑面积大于10万平方米或群体建筑面积大于30万平方米用于教育科研、商业服务、医疗福利、文化娱乐、旅游服务、体育、通信、客运、办公、会展等工程。

2. 风险管理目标。各类风险事件发生前，应尽可能选择较经济、合理、有效的方法来减少或避免风险事件的发生，将风险事件发生的可能性和后果降至可能的最低程度。各类风险事件发生后，应共同努力、通力协作，立即采取针对性的风险应急预案和措施，尽可能减少人员伤亡、经济损失和周边环境影响等，排除风险隐患。

3. 风险管理阶段。风险管理阶段涉及工程建设全过程，本控制要点主要包括工程的勘察设计阶段和工程建设实施阶段。

知识点 2　风险和风险量

一、风险和风险量的内涵

《城市轨道交通地下工程建设风险管理规范》（GB50652—2011）对风险做了如下的定义：不利事件或事故发生的概率（频率）及其损失的组合。其中事故指的是工程建设中，可造成人员伤亡、环境影响、经济损失、工期延误和社会影响等损失的不利事件和灾害的统称。

条文对人员伤亡和环境影响事故的说明如下：

1. 人员伤亡包括：工程建设直接参与人员及场地周边第三方人员发生的伤害、死亡及职业健康危害。

2. 环境影响事故包括：①施工对邻近既有建（构）筑物、道路、管线或其他设施等的破坏。②工程建设活动对周边区域的土地与水资源的破坏、对动（植）物的伤害。③施工发生的空气污染、光电磁辐射、光干扰、噪声及振动等。④周边环境改变或第三方活动对本工程造成的破坏。

风险量指的是不确定的损失程度和损失发生的概率。若某个可能发生的事件其可能的损失程度和发生的概率都很大，则其风险量就很大，如图 5-1 所示的风险区 A。

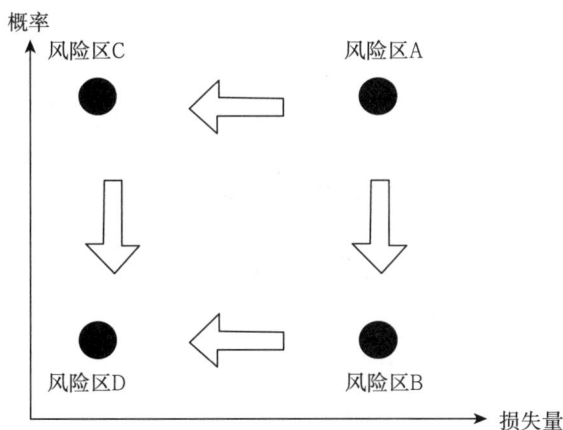

图 5-1　事件风险量的区域

若某事件经过风险评估，它处于风险区 A，则应采取措施，降低其概率，以使它移位至风险区 B。或采取措施降低其损失量，以使它移位至风险区 C。风险区 B 和 C 的事件则应采取措施，使其移位至风险区 D。

风险损失等级包括直接经济损失等级、周边环境影响损失等级以及人员伤亡等级，当三者同时存在时，以较高的等级作为该风险事件的损失等级。

风险事件的风险等级由风险发生概率等级和风险损失等级间的关系矩阵确定。

🔍 技能实践

技能点 1：区分施工风险的类型

建设工程项目的风险包括项目决策的风险和项目实施的风险，项目实施的风险主要包括设计的风险、施工的风险以及材料、设备和其他建设物资的风险等，如图 5-2 所示。

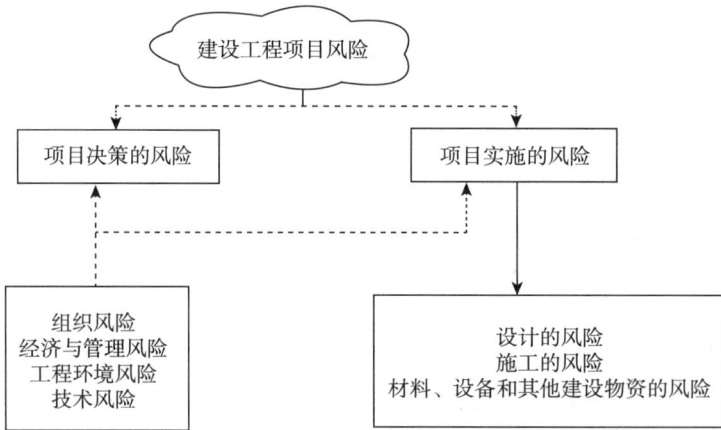

图 5-2　建设工程项目的风险

建设工程施工的风险类型有多种分类方法，以下就构成风险的因素进行分类。

1. 组织风险，如：

（1）承包商管理人员和一般技工的知识、经验和能力；

（2）施工机械操作人员的知识、经验和能力；

（3）损失控制和安全管理人员的知识、经验和能力等。

2. 经济与管理风险，如：

（1）工程资金供应条件；

（2）合同风险；

（3）现场与公用防火设施的可用性及其数量；

（4）事故防范措施和计划；

（5）人身安全控制计划；

（6）信息安全控制计划等。

3. 工程环境风险，如：

（1）自然灾害；

（2）岩土地质条件和水文地质条件；

（3）气象条件；

（4）引起火灾和爆炸的因素等。

4. 技术风险，如：

（1）工程设计文件；

（2）工程施工方案；

（3）工程物资；

（4）工程机械等。

技能点 2：施工风险管理的任务和方法

施工风险管理过程包括施工全过程的风险识别、风险评估、风险应对和风险监控。

1. 风险识别。风险识别的任务是识别施工全过程存在哪些风险，其工作程序包括：

（1）收集与施工风险有关的信息；

（2）确定风险因素；

（3）编制施工风险识别报告。

2. 风险评估。风险评估包括以下工作：

（1）利用已有数据资料（主要是类似项目有关风险的历史资料）和相关专业方法分析各种风险因素发生的概率；

（2）分析各种风险的损失量，包括可能发生的工期损失、费用损失，以及对工程的质量、功能和使用效果等方面的影响；

（3）根据各种风险发生的概率和损失量，确定各种风险的风险量和风险等级。

3. 风险应对。风险应对指的是针对项目风险而采取的相应对策。常用的风险对策包括风险规避、减轻、自留、转移及其组合等策略。对难以控制的风险向保险公司投保是风险转移的一种措施。

4. 风险监控。在施工进展过程中应收集和分析与风险相关的各种信息，预测可能发生的风险，对其进行监控并提出预警。

《城市轨道交通地下工程建设风险管理规范》第 9 部分"施工风险管理"的"一般规定"可供其他建设工程参考。

（1）城市轨道交通地下工程施工风险管理应完成以下工作：①建设各方施工风险分析及职责划分；②制定现场工程建设风险管理实施制度；③编制关键节点建设风险管理专项文件；④编制突发事件或事故应急预案。

（2）城市轨道交通地下工程施工风险管理应编制风险控制预案、建立重大风险事故呈报制度。

（3）城市轨道交通地下工程施工风险管理实施的主要阶段宜包括：施工准备期、施工期、车辆及机电系统安装和调试、试运行和竣工验收。

巩固练习

选择题

1. 关于风险区和风险量的说法，正确的有（　　　）。

A. 风险量指的是不确定的损失程度和风险因素的多少

B. 风险量指的是不确定的损失程度和损失发生的概率大小

C. 若某个可能发生的事件其可能的损失程度和发生概率都很大，则属于风险区 D

D. 某风险位于风险区 A，降低其发生概率后，可转移至风险区 C

2. 下列建设工程施工风险的因素中，属于技术风险因素的有（   ）。

A. 承包商管理人员的能力

B. 工程设计文件

C. 工程施工方案

D. 合同风险

E. 工程机械

3. 下列建设工程项目风险中属于经济与管理风险的有（   ）。

A. 事故防范措施和计划

B. 工程施工方案

C. 现场与公用防火设施的可用性

D. 承包方管理人员的能力

E. 引起火灾和爆炸的因素

4. 建设工程施工风险管理的工作程序中，风险应对的下一步工作是（   ）。

A. 风险监控　　　　　　　　　　B. 风险评估

C. 风险识别　　　　　　　　　　D. 风险预测

5. 下列风险管理工作内容中，属于项目风险评估工作的有（   ）。

A. 分析各种风险因素发生的概率

B. 分析各种风险发生的损失量

C. 确定风险等级

D. 确定风险量

E. 确定风险管理范围

答案：1. B；2. BCE；3. AC；4. A；5. ABCD

工作任务 2　建设工程危险源及施工安全隐患

🔍 **教学目标**

知识目标：识记危险源的分类及控制方法。

技能目标：会处理施工安全隐患。

素质目标：提高系统地解决实际工程问题的能力，培养学生建设更高水平的平安中国的意识。

🔍 知识学习

5.2   建设工程的危险源及施工安全隐患

风险有可能造成损失，也可能导致收益。危险只有不良结果（伤害或损害）。风险是造成伤害或损害的可能性，危险是造成伤害或损害的来源。

知识点 1   建设工程危险源的分类及控制方法

危险源是事故发生的根源，是项目现场具有潜在危险能量和物质的区域、场所、岗位、装置及设施，这些部位在一定的触发因素作用下可导致事故发生。也就是说，危险源是危险能量、物质集中的核心，是能量传出或爆发的地方。

危险源是安全管理的主要对象，根据危险源在事故发生发展中的作用，把危险源分为两大类，即第一类危险源和第二类危险源。

1. 第一类危险源。能量和危险物质的存在是危害产生的根本原因，通常把可能发生意外释放的能量（能源或能量载体）或危险物质称作第一类危险源。

第一类危险源是事故发生的物理本质，危险性主要表现为导致事故而造成后果的严重程度方面。第一类危险源危险性的大小主要取决于以下几个方面：

（1）能量或危险物质的量；

（2）能量或危险物质意外释放的强度；

（3）意外释放的能量或危险物质的影响范围。

2. 第二类危险源。造成约束、限制能量和危险物质措施失控的各种不安全因素称作第二类危险源。第二类危险源主要体现在设备故障或缺陷（物的不安全状态）、人为失误（人的不安全行为）和管理缺陷等几个方面。

3. 危险源与事故。事故的发生是两类危险源共同作用的结果，如表 5-1 所示。第一类危险源是事故发生的前提，第二类危险源是第一类危险源导致事故的必要条件。在事故的发生和发展过程中，两类危险源相互依存，相互作用。第一类危险源是事故的主体，决定事故的严重程度，第二类危险源出现的难易，决定事故发生可能性的大小。

表 5-1 两类危险源共同作用的结果

项目	第一类危险源		第二类危险源
性质	事故的前提		必要条件
	主体，决定事故严重程度		决定发生事故可能性的大小
	可能发生意外释放的能量或危险物质		人的不安全行为/物的不安全状态/管理缺陷
举例	（1）产生、供给能量的装置、设备，如工作中发电机、变压器、油罐等。 （2）能量载体，如带电的导体、行驶中的车辆等。 （3）一旦失控可能产生巨大能量的装置、设备、场所，如强烈放热反应的化工装置等。 （4）一旦失控可能发生能量蓄积或突然释放的装置、设备、场所，如各种压力容器等。 （5）危险物质，如各种有毒、有害、可燃易爆物质等。 （6）生产、加工、贮存危险物质的装置、设备、场所。 （7）人体一旦与之接触将导致能量意外释放的物体，如带电体、高温物体等。		绝缘层损坏、超压报警器失灵、钢丝绳破损。
危害表现	后果严重程度（量、强度、影响范围）		设备故障、人为失误、管理缺陷

4. 风险控制方法。

（1）第一类危险源控制方法。可以采取消除危险源、限制能量和隔离危险物质、个体防护、应急救援等方法。建设工程可能遇到不可预测的各种自然灾害引发的风险，只能采取预测、预防、应急计划和应急救援等措施，以尽量消除或减少人员伤亡和财产损失。

（2）第二类危险源控制方法。提高各类设施的可靠性以消除或减少故障、增加安全系数、设置安全监控系统、改善作业环境等。最重要的是加强员工的安全意识培训和教育，改正不良的操作习惯，严格按章办事，并在生产过程中保持良好的生理状态和心理状态。

🔑 技能实践

技能点：施工安全隐患的处理

施工安全隐患是指在建筑施工过程中，给生产施工人员的生命安全带来威胁的不利因素，一般包括人的不安全行为、物的不安全状态以及管理不当等。

在工程建设过程中，安全隐患是难以避免的，但要尽可能预防和消除安全隐患。

1. 施工安全隐患处理原则。

（1）冗余安全度处理原则。为确保安全，在处理安全隐患时应考虑设置多道防线，即使有一两道防线无效，还有冗余的防线可以排查事故隐患。例如，施工道路上有一个坑，既要设防护栏及警示牌，又要设照明及夜间警示红灯。

（2）单项隐患综合处理原则。人员、机具、材料、方法、环境五者任一环节产生安全隐患，都要从五者安全匹配的角度考虑，调整匹配的方法，提高匹配的可靠性。一件单项隐患问题的整改需综合（多角度）处理。人的隐患，既要治人也要治机具及生产环境等各环节。例如，某工地发生触电事故，一方面要进行人的安全用电操作教育，同时现场也要设置漏电开关，对配电箱、用电电路进行防护改造，也要严禁非专业电工乱接乱拉电线。

（3）直接隐患与间接隐患并治原则。对人机环境系统进行安全治理，同时还需制定安全管理措施。

（4）预防与减灾并重处理原则。防控安全事故隐患时，需尽可能减少引发事故的可能性，如果不能控制事故的发生，也要设法将事故等级降低。但是不论预防措施如何完善，都不能保证事故绝对不会发生，还必须对事故减灾做充分准备，研究应急技术操作规范。

（5）重点处理原则。按对隐患的分析评价结果实行危险点分级治理，也可以用安全检查表打分对隐患危险程度分级。

（6）动态处理原则。动态治理就是对生产过程进行动态随机安全化治理，生产过程中发现问题及时治理，既可以及时消除隐患，又可以避免小的隐患发展成大的隐患。

2. 施工安全隐患防范的一般方法。安全隐患主要包括人、物、管理三个方面。人的不安全因素，主要是指个人在心理、生理和能力等方面的不安全因素，以及人在施工现场的不安全行为。物的不安全状态，主要是指设备设施、现场场地环境等方面的缺陷。管理上的不安全因素，主要是指对物、人、工作的管理不当。根据安全隐患的内容而采用的安全隐患防范的一般方法包括：

（1）对施工人员进行安全意识的培训。

（2）对施工机具进行有序监管，投入必要的资源进行保养维护。

（3）建立施工现场的安全监督检查机制。

3. 施工安全隐患的处理。建设工程中，安全隐患的发现可以来自各参与方，包括建设单位、设计单位、监理单位、施工单位自身、供货商、工程监管部门等。各方对于事故安全隐患处理的义务和责任，以及相关的处理程序，在《建设工程安全生产管理条例》中已有明确的界定。这里仅从施工单位角度谈其对事故安全隐患的处理方法。

（1）当场指正，限期纠正，预防隐患发生。对于违章指挥和违章作业行为，检查人员应当场指出，并限期纠正，预防事故的发生。

（2）做好记录，及时整改，消除安全隐患。对检查中发现的各类安全事故隐患，应做好记录，分析安全隐患产生的原因，制定消除隐患的纠正措施，并报相关方审查批准后进行整改，及时消除隐患。对重大安全事故隐患排除前或者排除过程中无法保证安全的，责令从危险区域内撤出作业人员或者暂时停止施工，待隐患消除再施工。

（3）分析统计，查找原因，制定预防措施。对于反复发生的安全隐患，应进行分析统计。多个部位存在的同类型隐患，即"通病"；重复出现的隐患，即"顽症"。查找产生"通病"和"顽症"的原因，修订和完善安全管理措施，制定预防措施，从源头上消除安全事故隐患。

（4）跟踪验证。检查单位应对受检单位的纠正和预防措施的实施过程和实施效果进行跟踪验证，并保存验证记录。

🔍 巩固练习

选择题

1. 下列施工现场危险源中，属于第一类危险源的是（　　）。

A. 工人焊接操作不规范　　　　　　B. 油漆存放没有相应的防护设施

C. 现场存放大量油漆　　　　　　　D. 焊接设备缺乏维护保养

2. 下列风险控制方法中，适用于第一类风险源控制的是（　　）。

A. 提高各类设施的可靠性　　　　　B. 设置安全监控系统

C. 隔离危险物质　　　　　　　　　D. 加强员工的安全意识教育

3. 对于施工现场易塌方的基坑部位既设防护栏杆和警示牌，又设置照明和夜间警示灯，此措施体现了安全隐患处理中的（　　）原则。

A. 单项隐患综合处理　　　　　　　B. 预防与减灾并重处理

C. 直接隐患与间接隐患并治　　　　D. 冗余安全度处理

4. 施工安全隐患处理的单项隐患综合处理原则指的是（　　）。

A. 人员、机具、材料、方法、环境细节的安全隐患，都要从五者匹配的角度考虑处理

B. 在处理安全隐患时应设置多道防线

C. 既对人机环境系统进行安全治理，又需制定安全管理措施

D. 既要减少突发事故的可能性，又要对事故减灾做充分准备

答案：1. C；2. C；3. D；4. A

工作任务 3　施工生产安全事故应急预案

🔍 教学目标

知识目标：识记施工生产安全事故应急预案的概念，识记施工生产安全事故应急预案体系的构成，识记施工生产安全事故应急预案编制原则和主要内容，识记施工生产安全事故应急预案的管理。

技能目标：能够实施施工生产安全事故应急预案。

素质目标：提高系统解决实际工程问题的能力，培养学生建设更高水平的平安中国的意识。

🔍 知识学习

5.3　施工生产安全事故应急预案

知识点 1　施工生产安全事故应急预案的概念

生产安全事故应急预案指事先制定的关于生产安全事故发生时进行紧急救援的组织、程序、措施、责任及协调等方面的方案和计划，是对特定的潜在事件和紧急情况发生时所采取措施的计划安排，是应急响应的行动指南。

编制应急预案的目的是避免紧急情况发生时出现混乱，确保按照合理的响应流程采取适当的救援措施，预防和减少次生灾害，即职业健康安全损害和环境影响。

知识点 2　施工生产安全事故应急预案体系的构成

生产安全事故应急预案应形成体系，针对各级各类可能发生的事故和所有危险源制定专项应急预案和现场应急处置方案，并明确事前、事中、事后的各个过程中相关部门和有关人员的职责。生产规模小、危险因素少的施工单位，综合应急预案和专项应急预案可以合并编写。

1. 综合应急预案。综合应急预案是从总体上阐述事故的应急方针、政策，应急组织结构及相关应急职责，应急行动、措施和保障等基本要求和程序，是应对各类事故的综合性文件。

2. 专项应急预案。专项应急预案是针对具体的事故类别（如基坑开挖、脚手架拆除等发生事故）、危险源和应急保障而制定的计划或方案，是综合应急预案的组成部分，应按照综合应急预案的程序和要求组织制定，并作为综合应急预案的附件。专项应急预案应制定明确的救援程序和具体的应急救援措施。

3. 现场处置方案。现场处置方案是针对具体的装置、场所或设施、岗位所制定的应急处置措施。现场处置方案应具体、简单、针对性强。现场处置方案应根据风险评估及危险性控制措施逐一编制，做到事故相关人员应知应会，熟练掌握，并通过应急演练，做到迅速反应、正确处置。

知识点3 施工生产安全事故应急预案的编制原则和主要内容

一、生产安全事故应急预案编制原则

制定安全生产事故应急预案时，应当遵循以下原则：

1. 重点突出，针对性强。应急预案编制应结合本单位安全方面的实际情况，分析可能导致事故的原因，有针对性地制定预案。

2. 统一指挥，责任明确。预案实施的负责人以及施工单位各有关部门和人员如何分工、配合、协调，应在应急救援预案中加以明确。

3. 程序简明，步骤明确。应急预案程序要简明，步骤要明确，具有高度可操作性，保证发生事故时能及时启动、有序实施。

二、生产安全事故应急预案编制的主要内容

1. 制定应急预案的目的、依据和适用范围。

2. 组织机构及其职责。明确应急预案救援组织机构，参加部门，负责人和人员及其职责、作用和联系方式。

3. 危害辨识与风险评价。确定可能发生的事故类型、地点、影响范围及可能影响的人数。

4. 通告程序和报警系统。包括确定报警系统及程序、报警方式、通信联络方式，向公众报警的标准、方式、信号等。

5. 应急设备与设施。明确可用于应急救援的设施及其维护保养制度，明确有关部门可利用的应急设备和危险监测设备。

6. 求援程序。明确应急反应人员向外求援的方式，包括消防机构、医院、急救中心的联系方式。

7. 保护措施程序。明确保护事故现场的方式方法，明确可受权发布疏散作业人员及施工现场周边居民指令的机构及负责人，明确疏散人员的接收中心或避难场所。

8. 事故后的恢复程序。明确决定终止应急、恢复正常秩序的负责人，宣布应急取消和恢复正常状态的程序。

9. 保障措施。包括通信与信息保障、应急队伍保障、物资装备保障等。

10. 培训与演练。包括定期培训、演练计划及定期检查制度，对应急人员进行培训，并确保合格者上岗。

11. 应急预案的维护。更新和修订应急预案，根据演练、检测结果完善应急预案。

知识点4 施工生产安全事故应急预案的管理

生产安全事故应急预案的管理包括应急预案的评审、公布、备案、实施及监督管理。

我国应急管理部负责应急预案的综合协调管理工作。国务院其他负有安全生产监督管理职责的部门按照各自的职责负责本行业、本领域内应急预案的管理工作。

县级以上地方各级人民政府应急管理部门负责本行政区域内应急预案的综合协调管理工作。县级以上地方各级人民政府其他负有安全生产监督管理职责的部门按照各自的职责负责辖区内本行业、本领域应急预案的管理工作。

一、施工单位应急预案的评审或者论证

地方各级人民政府应急管理部门应当组织有关专家对施工单位编制的应急预案进行审定。必要时，可以召开听证会，听取社会有关方面的意见。涉及相关部门职能或者需要有关部门配合的，应当征得有关部门同意。

参加应急预案评审的人员应当包括应急预案涉及的政府部门工作人员和有关安全生产及应急管理方面的专家。

评审人员与所评审预案的施工单位有利害关系的，应当回避。

应急预案的评审或者论证应当注重基本要素的完整性、组织体系的合理性、应急处置程序和措施的针对性、应急保障措施的可行性、应急预案的衔接性等内容。

二、施工安全生产事故应急预案的公布

施工单位的应急预案经评审或者论证后，由本单位主要负责人签署公布，并及时发放到本单位有关部门、岗位和相关应急救援队伍。

事故风险可能影响周边其他单位人员的，生产经营单位应当将有关事故风险的性质、影响范围和应急防范措施告知周边的其他单位和人员。

三、施工生产安全事故应急预案的备案

地方各级人民政府应急管理部门的应急预案，应当报同级人民政府备案，同时抄送上一级人民政府应急管理部门，并依法向社会公布。

地方各级人民政府其他负有安全生产监督管理职责的部门的应急预案，应当抄送同级人民政府应急管理部门。

属于中央企业的，其总部（上市公司）的应急预案，报国务院主管的负有安全生产监督管理职责的部门备案，并抄送应急管理部；其所属单位的应急预案报所在地的省、自治区、直辖市或者设区的市级人民政府主管的负有安全生产监督管理职责的部门备案，并抄送同级人民政府应急管理部门。

不属于中央企业的，其中非煤矿山、金属冶炼和危险化学品生产、经营、储存、运输企业，以及使用危险化学品达到国家规定数量的化工企业，烟花爆竹生产、批发、经营企业的应急预案，按照隶属关系报所在地县级以上地方人民政府应急管理部门备案；前述单位情况紧急时，事故现场有关人员可以直接向事故发生地县级以上人民政府建设主管部门和有关部门报告。

🔎 技能实践

技能点 1：施工生产安全事故应急预案的实施

各级应急管理部门、施工单位应当采取多种形式开展应急预案的宣传教育，普及生产安全事故预防、避险、自救和互救知识，提高从业人员和社会公众的安全意识和应急处置技能。

施工单位应当组织开展本单位的应急预案、应急知识、自救互救和避险逃生技能的培训活动，使有关人员了解应急预案内容，熟悉应急职责、应急处置程序和措施。

施工单位应当制定本单位的应急预案演练计划，根据本单位的事故预防重点，每年至少组织1次综合应急预案演练或者专项应急预案演练，每半年至少组织1次现场处置方案演练。

有下列情形之一的，应急预案应当及时修订并归档：

1. 依据的法律法规、规章、标准及上位预案中的有关规定发生重大变化的；
2. 应急指挥机构及其职责发生调整的；
3. 面临的事故风险发生重大变化的；
4. 重要应急资源发生重大变化的；
5. 预案中的其他重要信息发生变化的；
6. 在应急演练和事故应急救援中发现问题需要修订的；
7. 编制单位认为应当修订的其他情况。

施工单位应急预案修订涉及组织指挥体系与职责、应急处置程序、主要处置措施、应急响应分级等内容变更的，修订工作应当参照《生产安全事故应急预案管理办法》规定的应急预案编制程序进行，并按照有关应急预案报备程序重新备案。

技能点 2：施工生产安全事故应急预案的监督管理

各级人民政府应急管理部门和煤矿安全监察机构应当将生产经营单位应急预案工作纳入年度监督检查计划，明确检查的重点内容和标准，并严格按照计划开展执法检查。

地方各级人民政府应急管理部门应当每年对应急预案的监督管理工作情况进行总结，并报上一级人民政府应急管理部门。

对于在应急预案管理工作中做出显著成绩的单位和人员，各级人民政府应急管理部门、生产经营单位可以给予表彰和奖励。

巩固练习

选择题

1. 关于生产安全事故应急预案的说法，正确的有（   ）。

A. 应急预案体系包括综合应急预案、专项应急预案和现场处置方案

B. 编制目的是杜绝职业健康安全损害和环境事故的发生

C. 综合应急预案从总体上阐述应急的基本要求和程序

D. 专项应急预案是针对具体装置、场所或设施、岗位所制定的应急措施

E. 现场处置方案是针对具体事故类别、危险源和应急保障而制定的计划或方案

2. 关于安全生产事故应急预案管理的说法，正确的是（   ）。

A. 生产经营单位每年至少组织1次现场处置方案演练

B. 非参建单位的安全生产及应急管理方面的专家，均可受邀参加应急预案评审

C. 应急预案应报同级人民政府和上一级安全生产监督管理部门备案

D. 生产经营单位应每年至少组织2次综合应急预案演练或者专项应急预案演练

答案：1. AC；2. C

工作任务 4 生产安全事故的分类和处理

🔑 **教学目标**

知识目标：区分生产安全事故的分类，识记生产安全事故报告和调查处理的原则，识记生产安全事故报告的要求，识记生产安全事故调查的内容。

技能目标：会进行生产安全事故的处理。

素质目标：提高系统解决实际工程问题的能力，培养学生建设更高水平的平安中国的意识。

🔑 **知识学习**

5.4.1 生产安全事故的分类和处理 1

知识点 1 生产安全事故的分类

一、按照安全事故伤害程度分类

根据《企业职工伤亡事故分类》（GB6441—86）规定，安全事故按伤害程度分为：

1. 轻伤，指损失 1 个工作日至 105 个工作日的失能伤害。

2. 重伤，指损失工作日等于和超过 105 个工作日的失能伤害，重伤的损失工作日最多不超过 6000 个工作日。

3. 死亡，指损失工作日超过 6000 个工作日。

二、按照安全事故类别分类

《企业职工伤亡事故分类》（GB6441—86）中，将事故类别划分为 20 类，即物体打击、车辆伤害、机械伤害、起重伤害、触电、淹溺、灼烫、火灾、高处坠落、坍塌、冒顶片帮、透水、放炮、瓦斯爆炸、火药爆炸、锅炉爆炸、容器爆炸、其他爆炸、中毒和窒息、其他伤害。

三、按照安全事故受伤性质分类

受伤性质是指人体受伤的类型，实质上是从医学的角度给予创伤的具体名称，常见的有电伤、挫伤、割伤、擦伤、刺伤、撕脱伤、扭伤、倒塌压埋伤、冲击伤等。

四、按照生产安全事故造成的人员伤亡或直接经济损失分类

根据 2007 年 4 月 9 日国务院发布的《生产安全事故报告和调查处理条例》第 3 条

规定：根据生产安全事故（以下简称事故）造成的人员伤亡或者直接经济损失，事故一般分为以下等级：

1. 特别重大事故，是指造成 30 人以上死亡，或者 100 人以上重伤（包括急性工业中毒，下同），或者 1 亿元以上直接经济损失的事故。

2. 重大事故，是指造成 10 人以上 30 人以下死亡，或者 50 人以上 100 人以下重伤，或者 5000 万元以上 1 亿元以下直接经济损失的事故。

3. 较大事故，是指造成 3 人以上 10 人以下死亡，或者 10 人以上 50 人以下重伤，或者 1000 万元以上 5000 万元以下直接经济损失的事故。

4. 一般事故，是指造成 3 人以下死亡，或者 10 人以下重伤，或者 1000 万元以下直接经济损失的事故。

本等级划分所称的"以上"包括本数，所称的"以下"不包括本数。

知识点 2　生产安全事故报告和调查处理的原则

根据国家法律法规的要求，在进行生产安全事故报告和调查处理时，要坚持实事求是、尊重科学的原则。既要及时、准确地查明事故原因，明确事故责任，使责任人受到追究，又要总结经验教训，落实整改和防范措施，防止类似事故再次发生。因此，施工项目一旦发生安全事故，必须实施"四不放过"的原则：

1. 事故原因没有查清不放过；
2. 责任人员没有受到处理不放过；
3. 整改措施没有落实不放过；
4. 有关人员没有受到教育不放过。

知识点 3　生产安全事故报告的要求

根据《生产安全事故报告和调查处理条例》等相关规定的要求，事故报告应当及时、准确、完整，任何单位和个人对事故不得迟报、漏报、谎报或者瞒报。

一、施工单位事故报告要求

生产安全事故发生后，受伤者或最先发现事故的人员应立即用最快的传递手段，将发生事故的时间、地点、伤亡人数、事故原因等情况，向施工单位负责人报告。施工单位负责人接到报告后，应当在 1 小时内向事故发生地县级以上人民政府建设主管部门和有关部门报告。实行施工总承包的，由总承包单位负责上报事故。

情况紧急时，事故现场有关人员可以直接向事故发生地县级以上人民政府建设主管部门和有关部门报告。

二、建设主管部门事故报告要求

1. 建设主管部门接到事故报告后，应当依照下列规定上报事故情况，并通知安全生产监督管理部门、公安机关、劳动保障行政主管部门、工会和人民检察院。①较大事故、重大事故及特别重大事故逐级上报至国务院建设主管部门。②一般事故逐级上报至省、自治区、直辖市人民政府建设主管部门。③建设主管部门依照规定上报事故情况时，应当同时报告本级人民政府。国务院建设主管部门接到重大事故和特别重大事故的报告后，应当立即报告国务院。④必要时，建设主管部门可以越级上报事故情况。

2. 建设主管部门按照上述规定逐级上报事故情况时，每级上报的时间不得超过 2 小时。

三、事故报告的内容

1. 事故发生的时间、地点和工程项目、有关单位名称；

2. 事故的简要经过；

3. 事故已经造成或者可能造成的伤亡人数（包括下落不明的人数）和初步估计的直接经济损失；

4. 事故的初步原因；

5. 事故发生后采取的措施及事故控制情况；

6. 事故报告单位或报告人员；

7. 其他应当报告的情况。

事故报告后出现新情况，以及事故发生之日起 30 日内伤亡人数发生变化的，应当及时补报。

<h3 style="text-align:center">知识点 4 生产安全事故调查内容</h3>

根据《生产安全事故报告和调查处理条例》等相关规定的要求，事故调查处理应当坚持实事求是、尊重科学的原则，及时、准确地查清事故经过、事故原因和事故损失，查明事故性质，认定事故责任，总结事故教训，提出整改措施，并对事故责任者依法追究责任。

事故调查报告的内容应包括：

1. 事故发生单位概况；

2. 事故发生经过和事故救援情况；

3. 事故造成的人员伤亡和直接经济损失；

4. 事故发生的原因和事故性质；

5. 事故责任的认定和对事故责任者的处理建议；

6. 事故防范和整改措施。

事故调查报告应当附具有关证据材料，事故调查组成员应当在事故调查报告上签名。

🔍 技能实践

5.4.2 生产安全事故的分类和处理 2

技能点：生产安全事故处理

1. 施工单位的事故处理。

（1）事故现场处理。事故处理是落实"四不放过"原则的核心环节。当事故发生后，事故发生单位应当严格保护事故现场，做好标识，排除险情，采取有效措施抢救伤员和财产，防止事故蔓延扩大。

事故现场是追溯判断事故原因和事故责任人责任的客观物质基础。因抢救人员、疏导交通等需要移动现场物件时，应当做出标志，绘制现场简图并做出书面记录，妥善保存现场重要痕迹、物证，有条件的可以拍照或录像。

（2）事故登记。施工现场要建立安全事故登记表，作为安全事故档案，对发生事故人员的姓名、性别、年龄、工种等级，负伤时间、伤害程度、负伤部门及情况、简要经过及原因记录归档。

（3）事故分析记录。施工现场要有安全事故分析记录，对发生轻伤、重伤、死亡、重大设备事故及未遂事故必须按"四不放过"的原则组织分析，查出主要原因，分清责任，提出防范措施，应吸取的教训要记录清楚。

（4）要坚持安全事故月报制度，若当月无事故也要报空表。

2. 建设主管部门的事故处理。

（1）建设主管部门应当依据有关人民政府对事故的批复和有关法律法规的规定，对事故相关责任者实施行政处罚。处罚权限不属本级建设主管部门的，应当在收到事故调查报告批复后 15 个工作日内，将事故调查报告（附具有关证据材料）、结案批复、本级建设主管部门对有关责任者的处理建议等转送有权限的建设主管部门。

（2）建设主管部门应当依照有关法律法规，对因降低安全生产条件导致事故发生的施工单位给予暂扣或吊销安全生产许可证的处罚。对事故负有责任的相关单位给予罚款、停业整顿、降低资质等级或吊销资质证书的处罚。

（3）建设主管部门应当依照有关法律法规，对事故发生负有责任的注册执业资格人员给予罚款、停止执业或吊销其注册执业资格证书的处罚。

3. 事故报告和调查处理中的违法行为及相应法律责任。根据《生产安全事故报告和调查处理条例》规定，对事故报告和调查处理中的违法行为，任何单位和个人有权向应急管理部门、监察机关或者其他有关部门举报，接到举报的部门应当依法及时处理。

事故报告和调查处理中的违法行为，包括事故发生单位及其有关人员的违法行为，还包括政府、有关部门及有关人员的违法行为，其种类主要有以下几种：

（1）不立即组织事故抢救；

（2）在事故调查处理期间擅离职守；

（3）迟报或者漏报事故；

（4）谎报或者瞒报事故；

（5）伪造或者故意破坏事故现场；

（6）转移、隐匿资金、财产，或者销毁有关证据、资料；

（7）拒绝接受调查或者拒绝提供有关情况和资料；

（8）在事故调查中作伪证或者指使他人作伪证；

（9）事故发生后逃匿；

（10）阻碍、干涉事故调查工作；

（11）对事故调查工作不负责任，致使事故调查工作有重大疏漏；

（12）包庇、祖护负有事故责任的人员或者借机打击报复；

（13）故意拖延或者拒绝落实经批复的对事故责任人的处理意见。

事故发生单位主要负责人有上述第（1）~（3）条违法行为之一的，处上一年年收入40%~80%的罚款。属于国家工作人员的，依法给予处分。构成犯罪的，依法追究刑事责任。

事故发生单位及其有关人员有上述第（4）~（9）条违法行为之一的，对事故发生单位处100万元以上500万元以下的罚款。对主要负责人、直接负责的主管人员和其他直接责任人员处上一年年收入60%~100%的罚款。属于国家工作人员的，依法给予处分。构成违反治安管理行为的，由公安机关依法给予治安管理处罚。构成犯罪的，依法追究刑事责任。

有关地方人民政府、应急管理部门和负有安全生产监督管理职责的有关部门有上述第（1）（3）（4）（8）（10）条违法行为之一的，对直接负责的主管人员和其他直接责任人员依法给予处分。构成犯罪的，依法追究刑事责任。

参与事故调查的人员在事故调查中有上述第（11）（12）条违法行为之一的，依法给予处分。构成犯罪的，依法追究刑事责任。

有关地方人民政府或者有关部门故意拖延或者拒绝落实经批复的对事故责任人的处理意见的，由监察机关对有关责任人员依法给予处分。

🔑 巩固练习

选择题

1. 根据《生产安全事故报告和调查处理条例》，下列安全事故中属于重大事故的是（　　）。

A. 3人死亡，10人重伤，直接经济损失2000万元

B. 12人死亡，直接经济损失960万元

C. 36人死亡，50人重伤，直接经济损失6000万元

D. 2人死亡，100人重伤，直接经济损失2亿元

2. 建设工程安全事故调查报告的主要内容包括（　　）。

A. 事故发生单位概况

B. 事故造成的直接经济损失

C. 事故发生的原因和事故性质

D. 事故报告单位或报告人员

E. 事故防范整改措施

3. 某分包工程发生安全事故，应由（　　）负责上报事故。

A. 分包单位　　　　B. 总承包单位　　　　C. 建设单位　　　　D. 监理单位

4. 关于施工生产安全事故报告的说法错误的是（　　）。

A. 施工单位负责人在接到事故报告后2小时内向上级报告事故情况

B. 情况紧急时，事故现场人员可以直接向事故发生地县级以上人民政府建设主管部门报告

C. 对于需逐级上报的事故，每级安全生产监督管理部门上报的时间不得超过2小时

D. 较大事故应逐级上报至国务院建设主管部门

5. 根据《生产安全事故报告和调查处理条例》，对事故发生单位主要负责人处上一年年收入40%~80%罚款的情形有（　　）。

A. 不立即组织事故抢救

B. 谎报或瞒报事故

C. 迟报或者漏报事故

D. 在事故调查处理期间擅离职守

E. 伪造或者故意破坏事故现场

答案：1. B；2. ABCE；3. B；4. A；5. ACD

工作领域 6

安全防范系统施工合同管理

合同管理是工程项目管理的重要内容之一。安防施工合同管理是对安防工程施工合同的签订、履行、变更和解除等进行筹划和控制的过程，其主要内容有：根据项目特点和要求确定工程施工发承包模式（也称为任务委托模式）和合同结构、选择合同文本、确定合同计价和支付方法、合同履行过程的管理与控制、合同索赔和反索赔，以及施工合同风险管理等。

工作任务 1 安全防范系统项目施工发承包模式

📍 **教学目标**

知识目标：区分施工发承包的几种模式、特点。

技能目标：会分析不同的施工发承包模式，会分析施工总承包模式和施工总承包管理的优缺点。

素质目标：提高系统解决实际工程问题的能力，培养学生的规则意识和诚实守信的契约精神。

📍 **知识学习**

6.1 安全防范系统项目施工发承包模式

知识点 1 不同施工发承包模式的含义及特点

一、施工平行发承包模式

1. 施工平行发承包的含义。施工平行发承包，又称为分别发承包，是指发包方根据建设工程项目的特点、项目进展情况和控制目标的要求等因素，将建设工程项目按照一定的原则分解，将其施工任务分别发包给不同的施工单位，各个施工单位分别与发包方签订施工承包合同。

2. 施工平行发承包的特点。

（1）对每一部分工程施工任务的发包，都以施工图设计为基础，投标人进行投标报价较有依据，工程的不确定性程度降低，对合同双方的风险也相对降低。

（2）某一部分施工图完成后，即可开始这部分工程的招标，开工日期提前，可以边设计边施工，缩短建设周期。

（3）对某些工作而言，符合质量控制上的"他人控制"原则，不同分包单位之间能够形成一定的控制和制约机制，对业主的质量控制有利。

（4）业主要负责所有施工承包合同的招标、谈判、签约，招标工作量大，对业主不利。

（5）业主直接控制所有工程的发包，可决定所有工程的承包商的选择。

3. 施工平行发承包的应用。选择施工平行发承包模式的理由或情况如下：

（1）当项目规模很大，不可能选择一个施工单位进行施工总承包或施工总承包管理，也没有一个施工单位能够进行施工总承包或施工总承包管理。

（2）由于项目建设的时间要求紧迫，业主急于开工，来不及等所有的施工图全部出齐，只有边设计、边施工。

（3）业主有足够的经验和能力应对多家施工单位。

对施工任务的平行发包，发包方可以根据建设项目的结构进行分解发包，也可以根据建设项目施工的不同专业系统进行分解发包。

二、施工总承包模式

1. 施工总承包的含义。施工总承包，是指发包人将全部施工任务发包给一个施工单位或由多个施工单位组成的施工联合体或施工合作体，施工总承包单位主要依靠自己的力量完成施工任务。当然，经发包人同意，施工总承包单位可以根据需要将施工任务的一部分分包给其他具有相应资质的分包人。

2. 施工总承包的特点。

（1）在通过招标选择施工总承包单位时，一般都以施工图设计为投标报价的基础，投标人的投标报价较有依据。

（2）一般要等施工图设计全部结束后，才能进行施工总承包的招标，开工日期较迟，建设周期势必较长，对项目总进度控制不利。

（3）项目质量的好坏很大程度上取决于施工总承包单位的选择，取决于施工总承包单位的管理水平和技术水平。业主对施工总承包单位的依赖较大。

（4）业主只需要进行一次招标，与一个施工总承包单位签约，招标及合同管理工作量大大减少，对业主有利。

（5）业主只负责对施工总承包单位的管理及组织协调，工作量大大减少，对业主比较有利。

与平行发承包模式相比，采用施工总承包模式，业主的合同管理工作量大大减少，组织和协调工作量也大大减少，协调比较容易。但建设周期可能比较长，对项目总进度控制不利。

三、施工总承包管理模式

1. 施工总承包管理的含义。施工总承包管理模式的英文名称是 Managing Contractor（简称 MC），意为"管理型承包"。它不同于施工总承包模式。采用该模式时，业主与某个具有丰富施工管理经验的单位或者由多个单位组成的联合体或合作体签订施工总承包管理协议，由其整合项目的各项施工管理任务，并负责所有分包单位的组织与协调，为业主提供全面的施工管理服务。

一般情况下，施工总承包管理单位不参与实体工程的施工，实体工程的施工需要再进行分包单位的招标与发包，把实体工程的施工任务分包给分包商来完成。但有时也存在另一种情况，即施工总承包管理单位也想承担部分实体工程的施工，这时它也可以参加这一部分工程施工的投标，通过竞争取得任务。

2. 施工总承包管理模式的特点。

（1）某一部分工程的施工图完成后，由业主单独或与施工总承包管理单位共同进行该部分工程的施工招标，分包合同的投标报价较有依据。

（2）对施工总承包管理单位的招标不依赖于完整的施工图设计，可以提前到初步设计阶段进行。而对分包单位的招标依据该部分工程的施工图，与施工总承包模式相比也可以提前，从而可以提前开工，缩短建设周期。

（3）对分包单位的质量控制主要由施工总承包管理单位进行。

（4）一般情况下，所有分包合同的招标、谈判、签约工作由业主负责，业主方的招标及合同管理工作量大，对业主不利。

（5）由施工总承包管理单位负责对所有分包单位的管理及组织协调，大大减轻了业主的工作压力。这也是施工总承包管理模式的基本出发点。

🔑 技能实践

技能点 1：分析施工发承包模式

案例 1：某办公楼弱电智能化建设项目中，业主将监控系统发包给甲施工单位，将综合布线系统发包给乙施工单位，将大屏显示系统发包给丙施工单位，将出入口门禁系统发包给丁施工单位。

案例 2：某工业园区施工中，业主将 3 栋办公楼的智能化安防系统发包给了甲单位，由于工期紧急，经业主同意后，甲单位将其中一栋办公楼的施工分包给了乙单位，最终在要求工期内按时按质完成项目。

分析案例 1 和案例 2 是属于哪种施工发承包模式。

技能点 2：分析施工总承包模式和施工总承包管理模式的优缺点

表 6-1

模式	施工总承包	施工总承包管理
费用	投标报价有依据；有利于早期控制	分包投标报价有依据；有利于降低总造价
进度	依赖全部图纸，总进度不利	部分图纸完成即可招标，有利于缩短总工期
合同	与总包签约，对业主有利	一般情况，招标由业主负责，工作量大，对业主不利
质量	取决于施工总承包单位的水平	符合"他人控制"原则，有利于质量控制
组织协调	减轻了业主组织协调的工作压力，对业主有利	

🔍 课后拓展

选择题

1. 施工总承包模式的特点有（　　）。

A. 在开工前就有较明确的合同价，有利于业主对总造价的早期控制

B. 业主对施工总承包单位的依赖较大

C. 业主要负责所有承包单位的管理及组织协调，工作量较大

D. 一般要等施工图设计全部结束后，才能进行施工总承包的招标，对进度控制不利

E. 适用于大型项目和建设周期紧迫的项目

2. 与施工总承包模式相比，施工总承包管理模式的主要优点有（　　）。

A. 业主只需要进行一次招标，招标及合同管理工作量大大减少

B. 在开工前就有较明确的合同价，有利于业主对造价的早期控制

C. 分包合同都通过招标获得有竞争力的投标报价，对业主方节约投资有利

D. 施工总承包管理单位只收取总包管理费，不赚取总包与分包之间的差价

E. 多数情况下，由业主直接与分包人签约，减少了业主方的风险

3. 在施工总承包管理模式中，与分包单位直接签订施工合同的单位一般是（　　）。

A. 业主方　　　　　　　　　　B. 监理方

C. 施工总承包方　　　　　　　D. 施工总承包管理方

4. 施工总承包管理模式与施工总承包模式相同的方面有（　　）。

A. 工作开展程序

B. 合同关系

C. 总包单位承担的责任和义务

D. 对分包单位的管理和服务

E. 合同计价方式

答案：1. ABD；2. CD；3. A；4. CD

工作任务 2   施工合同主要内容

🔎 **教学目标**

知识目标：识记施工合同中发包人的责任与义务，识记施工合同中承包人的责任与义务。

技能目标：会运用施工合同进度控制的主要条款，会明确施工合同中质量管理要求，会计算施工合同中费用控制的主要内容，会明确施工合同中竣工验收相关要求、缺陷责任与保修责任要求。

素质目标：提高系统解决实际工程问题的能力，培养学生的规则意识和诚实守信的契约精神。

🔎 **知识学习**

6.2.1 施工合同主要内容 1

为了规范施工招标资格预审文件、招标文件编制活动，提高资格预审文件、招标文件编制质量，促进招标投标活动的公开、公平和公正，国家发展和改革委员会、财政部等部门联合编制了《标准施工招标资格预审文件》和《标准施工招标文件》，自 2008 年 5 月 1 日起施行，2013 年修正。

《中华人民共和国招标投标法实施条例》中规定，编制依法必须进行招标的项目的资格预审文件和招标文件，应当使用国务院发展改革部门会同有关行政监督部门制定的标准文本。

国务院有关行业主管部门可根据《标准施工招标文件》并结合本行业施工招标特点和管理需要，编制行业标准施工招标文件。行业标准施工招标文件重点对"专用合同条款""工程量清单""图纸""技术标准和要求"作出具体规定，分别在以下知识点和技能点中讲解。

知识点 1　施工合同中发包人的责任与义务

1. 发包人责任。

（1）除专用合同条款另有约定外，发包人应根据合同工程的施工需要，负责办理取得出入施工场地的专用和临时道路的通行权，以及取得为工程建设所需修建场外设施的权利，并承担有关费用。承包人应协助发包人办理上述手续。

（2）发包人应在专用合同条款约定的期限内，通过监理人向承包人提供测量基准点、基准线和水准点及其书面资料。发包人应对其提供的测量基准点、基准线和水准点及其书面资料的真实性、准确性和完整性负责。发包人提供上述基准资料错误导致承包人测量放线工作的返工或造成工程损失的，发包人应当承担由此增加的费用和（或）工期延误，并向承包人支付合理利润。

（3）发包人的施工安全责任。发包人应按合同约定履行安全职责，授权监理人按合同约定的安全工作内容监督、检查承包人安全工作的实施，组织承包人和有关单位进行安全检查。发包人应对其现场机构雇佣的全部人员的工伤事故承担责任，但由于承包人原因造成发包人人员工伤的，应由承包人承担责任。

发包人应负责赔偿以下情况造成的第三者人身伤亡和财产损失：①工程或工程的任何部分对土地的占用所造成的第三者财产损失；②由于发包人原因在施工场地及其毗邻地带造成的第三者人身伤亡和财产损失。

（4）治安保卫的责任。除合同另有约定外，发包人应与当地公安部门协商，在现场建立治安管理机构或联防组织，统一管理施工场地的治安保卫事项，履行合同工程的治安保卫职责。发包人和承包人除应协助现场治安管理机构或联防组织维护施工场地的社会治安外，还应做好包括生活区在内的各自管辖区的治安保卫工作。

除合同另有约定外，发包人和承包人应在工程开工后，共同编制施工场地治安管理计划，并制定应对突发治安事件的紧急预案。在工程施工过程中，发生暴乱、爆炸等恐怖事件，以及群殴、械斗等群体性突发治安事件的，发包人和承包人应立即向当地政府报告。发包人和承包人应积极协助当地有关部门采取措施平息事态，防止事态扩大，尽量减少财产损失和避免人员伤亡。

（5）工程施工过程中发生事故的，承包人应立即通知监理人，监理人应立即通知发包人。发包人和承包人应立即组织人员和设备进行紧急抢救和抢修，减少人员伤亡和财产损失，防止事故扩大，并保护事故现场。需要移动现场物品时，应作出标记和书面记录，妥善保管有关证据。发包人和承包人应按国家有关规定，及时如实地向有关部门报告事故发生的情况，以及正在采取的紧急措施等。

（6）发包人应将其持有的现场地质勘探资料、水文气象资料提供给承包人，并对其准确性负责。但承包人应对其阅读上述有关资料后所作出的解释和推断负责。

2. 发包人的主要义务。

（1）发出开工通知。发包人应委托监理人按合同约定向承包人发出开工通知。

（2）提供施工场地。发包人应按专用合同条款约定向承包人提供施工场地，以及施工场地内地下管线和地下设施等有关资料，并保证资料的真实、准确、完整。

（3）协助承包人办理证件和批件。发包人应协助承包人办理法律规定的有关施工证件和批件。

（4）组织设计交底。发包人应根据合同进度计划，组织设计单位向承包人进行设计交底。

（5）支付合同价款。发包人应按合同约定向承包人及时支付合同价款。

（6）组织竣工验收。发包人应按合同约定及时组织竣工验收。

3. 发包人违约的情形。在履行合同过程中发生的下列情形，属发包人违约：

（1）发包人未能按合同约定支付预付款或合同价款，或拖延、拒绝批准付款申请和支付凭证，导致付款延误的。

（2）发包人原因造成停工的。

（3）监理人无正当理由没有在约定期限内发出复工指示，导致承包人无法复工的。

（4）发包人无法继续履行或明确表示不履行或实质上已停止履行合同的。

（5）发包人不履行合同约定的其他义务的。

知识点2　施工合同中承包人的责任与义务

1. 承包人的一般义务。

（1）完成各项承包工作。承包人应按合同约定以及监理人的指示，实施、完成全部工程，并修补工程中的任何缺陷。除专用合同条款另有约定外，承包人应提供为完成合同工作所需的劳务、材料、施工设备、工程设备和其他物品，并按合同约定负责临时设施的设计、建造、运行、维护、管理和拆除。

（2）对施工作业和施工方法的完备性负责。承包人应按合同约定的工作内容和施工进度要求，编制施工组织设计和施工措施计划，并对所有施工作业和施工方法的完备性和安全可靠性负责。

（3）保证工程施工和人员的安全。承包人应按合同约定采取施工安全措施，确保工程及其人员、材料、设备和设施的安全，防止因工程施工造成的人身伤害和财产损失。

（4）负责施工场地及其周边环境与生态的保护工作。承包人应按照合同约定负责施工场地及其周边环境与生态的保护工作。

（5）避免施工对公众与他人的利益造成损害。承包人在进行合同约定的各项工作时，不得侵害发包人与他人使用公用道路、水源、市政管网等公共设施的权利，避免对邻近的公共设施产生干扰。承包人占用或使用他人的施工场地，影响他人作业或生活的，应承担相应责任。

（6）为他人提供方便。承包人应按监理人的指示为他人在施工场地或附近实施与工程有关的其他各项工作提供可能的条件。除合同另有约定外，提供有关条件的内容和可能发生的费用，由监理人按合同规定的办法与双方商定或确定。

（7）工程的维护和照管。工程接收证书颁发前，承包人应负责照管和维护工程。

工程接收证书颁发时尚有部分未竣工工程的，承包人还应负责该未竣工工程的照管和维护工作，直至竣工后移交给发包人为止。

2. 承包人的其他责任与义务。

（1）承包人不得将工程主体、关键性工作分包给第三人。除专用合同条款另有约定外，未经发包人同意，承包人不得将工程的其他部分或工作分包给第三人。承包人应与分包人就分包工程向发包人承担连带责任。

（2）承包人应在接到开工通知后28天内，向监理人提交承包人在施工场地的管理机构以及人员安排的报告，其内容应包括管理机构的设置、各主要岗位的技术和管理人员名单及其资格，以及各工种技术工人的安排状况。承包人应向监理人提交施工场地人员变动情况的报告。

（3）承包人应对施工场地和周围环境进行查勘，并收集有关地质、水文、气象条件、交通条件、风俗习惯以及其他为完成合同工作有关的当地资料。在全部合同工作中，应视为承包人已充分估计了应承担的责任和风险。

🔍 技能实践

6.2.2　施工合同主要内容2

技能点1：施工合同中进度控制的主要条款内容

1. 进度计划。

（1）合同进度计划。承包人应按专用合同条款约定的内容和期限，编制详细的施工进度计划和施工方案说明报送监理人。监理人应在专用合同条款约定的期限内批复或提出修改意见，否则该进度计划视为已得到批准。经监理人批准的施工进度计划称合同进度计划，是控制合同工程进度的依据。承包人还应根据合同进度计划，编制更为详细的分阶段或分项进度计划，报监理人审批。

（2）合同进度计划的修订。不论何种原因造成工程的实际进度与合同进度计划不符时，承包人可以在专用合同条款约定的期限内向监理人提交修订合同进度计划的申请报告，并附有关措施和相关资料，报监理人审批。监理人也可以直接向承包人作出修订合同进度计划的指示，承包人应按该指示修订合同进度计划，报监理人审批。监理人应在专用合同条款约定的期限内批复。监理人在批复前应获得发包人同意。

2. 开工日期与工期。监理人应在开工日期7天前向承包人发出开工通知。监理人在发出开工通知前应获得发包人同意。工期自监理人发出的开工通知中载明的开工日期起计算。

3. 工期调整。

（1）发包人的工期延误。在履行合同过程中，由于发包人的下列原因造成工期延误的，承包人有权要求发包人延长工期和（或）增加费用，并支付合理利润。需要修订合同进度计划的，按照上述"合同进度计划的修订"相关规定办理。①增加合同工作内容；②改变合同中任何一项工作的质量要求或其他特性；③发包人迟延提供材料、工程设备或变更交货地点的；④因发包人原因导致的暂停施工；⑤提供图纸延误；⑥未按合同约定及时支付预付款、进度款；⑦发包人造成工期延误的其他原因。

（2）异常恶劣的气候条件。由于出现专用合同条款规定的异常恶劣气候的条件导致工期延误的，承包人有权要求发包人延长工期。

（3）承包人的工期延误。由于承包人原因，未能按合同进度计划完成工作，或监理人认为承包人施工进度不能满足合同工期要求的，承包人应采取措施加快进度，并承担加快进度所增加的费用。由于承包人原因造成工期延误，承包人应支付逾期竣工违约金。承包人支付逾期竣工违约金，不免除承包人完成工程及修补缺陷的义务。

（4）工期提前。发包人要求承包人提前竣工，或承包人提出提前竣工的建议能够给发包人带来效益的，应由监理人与承包人协商采取加快工程进度的措施和修订合同进度计划。发包人应承担承包人由此增加的费用，并向承包人支付专用合同条款约定的相应奖金。

4. 暂停施工。

（1）承包人暂停施工的责任。因下列原因暂停施工增加的费用和（或）工期延误由承包人承担：①承包人违约引起的暂停施工；②由于承包人原因为工程合理施工和安全保障所必需的暂停施工；③承包人擅自暂停施工；④承包人其他原因引起的暂停施工；⑤专用合同条款约定由承包人承担的其他暂停施工。

（2）发包人暂停施工的责任。由于发包人原因引起的暂停施工造成工期延误的，承包人有权要求发包人延长工期和（或）增加费用，并支付合理利润。

（3）监理人暂停施工指示。①监理人认为有必要时，可向承包人作出暂停施工的指示，承包人应按监理人指示暂停施工。不论由于何种原因引起的暂停施工，暂停施工期间承包人应负责妥善保护工程并提供安全保障。②由于发包人的原因发生暂停施工的紧急情况，且监理人未及时下达暂停施工指示的，承包人可先暂停施工，并及时向监理人提出暂停施工的书面请求。监理人应在接到书面请求后的 24 小时内予以答复，逾期未答复的，视为同意承包人的暂停施工请求。

（4）暂停施工后的复工。①暂停施工后，监理人应与发包人和承包人协商，采取有效措施积极消除暂停施工的影响。当工程具备复工条件时，监理人应立即向承包人发出复工通知。承包人收到复工通知后，应在监理人指定的期限内复工。②承包人无故拖延和拒绝复工的，由此增加的费用和工期延误由承包人承担。因发包人原因无法按时复工的，承包人有权要求发包人延长工期和（或）增加费用，并支付合理利润。

（5）暂停施工持续 56 天以上。①监理人发出暂停施工指示后 56 天内未向承包人发出复工通知，除了该项停工属于承包人暂停施工的责任外，承包人可向监理人提交书面通知，要求监理人在收到书面通知后 28 天内准许已暂停施工的工程或其中一部分工程继续施工。如监理人逾期不予批准，则承包人可以通知监理人，将工程受影响的部分视为变更的可取消工作。如暂停施工影响到整个工程，可视为发包人违约，应按发包人违约办理。②由于承包人责任引起的暂停施工，如承包人在收到监理人暂停施工指示后56天内不认真采取有效的复工措施，造成工期延误，可视为承包人违约，应按承包人违约办理。

技能点 2：施工合同中质量管理要求

1. 承包人的质量管理。承包人应在施工场地设置专门的质量检查机构，配备专职质量检查人员，建立完善的质量检查制度。承包人应在合同约定的期限内，提交工程质量保证措施文件，包括质量检查机构的组织和岗位责任、质检人员的组成、质量检查程序和实施细则等，报送监理人审批。

2. 承包人的质量检查。承包人应按合同约定对材料、工程设备以及工程的所有部位及其施工工艺进行全过程的质量检查和检验，并作详细记录，编制工程质量报表，报送监理人审查。

3. 监理人的质量检查。监理人有权对工程的所有部位及其施工工艺、材料和工程设备进行检查和检验。承包人应为监理人的检查和检验提供方便，包括监理人到施工场地，或制造、加工地点，或合同约定的其他地方进行查看和查阅施工原始记录。承包人还应按监理人指示，进行施工场地取样试验、工程复核测量和设备性能检测，提供试验样品、提交试验报告和测量成果以及监理人要求进行的其他工作。监理人的检查和检验，不免除承包人按合同约定应负的责任。

4. 工程隐蔽部位覆盖前的检查。

（1）通知监理人检查。经承包人自检确认的工程隐蔽部位具备覆盖条件后，承包人应通知监理人在约定的期限内检查。承包人的通知应附有自检记录和必要的检查资料。监理人应按时到场检查。经监理人检查确认质量符合隐蔽要求，并在检查记录上签字后，承包人才能进行覆盖。监理人检查确认质量不合格的，承包人应在监理人指示的时间内修整返工后，由监理人重新检查。

（2）监理人未到场检查。监理人未按约定的时间进行检查的，除监理人另有指示外，承包人可自行完成覆盖工作，并作相应记录报送监理人，监理人应签字确认。监理人事后对检查记录有疑问的，可按约定重新检查。

（3）监理人重新检查。承包人按上述的第（1）（2）条覆盖工程隐蔽部位后，监理人对质量有疑问的，可要求承包人对已覆盖的部位进行钻孔探测或揭开重新检验，承包人应遵照执行，并在检验后重新覆盖恢复原状。经检验证明工程质量符合合同要求的，由发包人承担由此增加的费用和（或）工期延误，并支付承包人合理利润。经检验证明工程质量不符合合同要求的，由此增加的费用和（或）工期延误由承包人承担。

（4）承包人私自覆盖。承包人未通知监理人到场检查，私自将工程隐蔽部位覆盖的，监理人有权指示承包人钻孔探测或揭开检查，由此增加的费用和（或）工期延误由承包人承担。

5. 清除不合格工程。

（1）承包人使用不合格材料、工程设备，或采用不适当的施工工艺，或施工不当，造成工程不合格的，监理人可以随时发出指示，要求承包人立即采取措施进行补救，直至达到合同要求的质量标准，由此增加的费用和（或）工期延误由承包人承担。

（2）由于发包人提供的材料或工程设备不合格造成的工程不合格，需要承包人采取措施补救的，发包人应承担由此增加的费用和（或）工期延误，并支付承包人合理利润。

6. 试验和检验。

（1）材料、工程设备和工程的试验和检验。①承包人应按合同约定进行材料、工程设备和工程的试验和检验，并为监理人对上述材料、工程设备和工程的质量检查提供必要的试验资料和原始记录。按合同约定应由监理人与承包人共同进行试验和检验的，由承包人负责提供必要的试验资料和原始记录。②监理人未按合同约定派员参加试验和检验的，除监理人另有指示外，承包人可自行试验和检验，并应立即将试验和检验结果报送监理人，监理人应签字确认。③监理人对承包人的试验和检验结果有疑问的，或为查清承包人试验和检验成果的可靠性要求承包人重新试验和检验的，可按合同约定由监理人与承包人共同进行。重新试验和检验的结果证明该项材料、工程设备或工程的质量不符合合同要求的，由此增加的费用和（或）工期延误由承包人承担。重新试验和检验结果证明该项材料、工程设备和工程符合合同要求，由发包人承担由此增加的费用和（或）工期延误，并支付承包人合理利润。

（2）现场材料试验。①承包人根据合同约定或监理人指示进行的现场材料试验，应由承包人提供试验场所、试验人员、试验设备器材以及其他必要的试验条件。②监理人在必要时可以使用承包人的试验场所、试验设备器材以及其他试验条件，进行以工程质量检查为目的的复核性材料试验，承包人应予以协助。

（3）现场工艺试验。承包人应按合同约定或监理人指示进行现场工艺试验。对大型的现场工艺试验，监理人认为必要时，应由承包人根据监理人提出的工艺试验要求，编制工艺试验措施计划，报送监理人审批。

技能点 3：施工合同中费用控制的主要条款内容

1. 预付款。预付款用于承包人为合同工程施工购置材料、工程设备、施工设备，修建临时设施以及组织施工队伍进场等。预付款的额度和预付办法在专用合同条款中约定。预付款必须专用于合同工程。

除专用合同条款另有约定外，承包人应在收到预付款的同时向发包人提交预付款保函，预付款保函的担保金额应与预付款金额相同。保函的担保金额可根据预付款扣回的金额相应递减。

2. 工程进度付款。

（1）付款周期。付款周期同计量周期。

（2）进度付款申请单。承包人应在每个付款周期末，按监理人批准的格式和专用合同条款约定的份数，向监理人提交进度付款申请单，并附相应的支持性证明文件。

（3）进度付款证书和支付时间。①监理人在收到承包人进度付款申请单以及相应的支持性证明文件后的 14 天内完成核查，提出发包人到期应支付给承包人的金额以及相应的支持性材料，经发包人审查同意后，由监理人向承包人出具经发包人签认的进度付款证书。监理人有权扣发承包人未能按照合同要求履行任何工作或义务的相应金额。②发包人应在监理人收到进度付款申请单后的 28 天内，将进度应付款支付给承包人。发包人不按期支付的，按专用合同条款的约定支付逾期付款违约金。③监理人出具进度付款证书，不应视为监理人已同意、批准或接受了承包人完成的该部分工作。④进度付款涉及政府投资资金的，按照国库集中支付等国家相关规定和专用合同条款的约定办理。

（4）工程进度付款的修正。在对以往历次已签发的进度付款证书进行汇总和复核中发现错、漏或重复的，监理人有权予以修正，承包人也有权提出修正申请。经双方复核同意的修正，应在本次进度付款中支付或扣除。

3. 质量保证金。监理人应从第一个付款周期开始，在发包人的进度付款中，按专用合同条款的约定扣留质量保证金，直至扣留的质量保证金总额达到专用合同条款约定的金额或比例为止。质量保证金的计算额度不包括预付款的支付、扣回以及价格调整的金额。

在合同约定的缺陷责任期满时，承包人向发包人申请到期应返还承包人剩余的质量保证金金额，发包人应在 14 天内会同承包人按照合同约定的内容核实承包人是否完成缺陷责任。如无异议，发包人应当在核实后将剩余保证金返还承包人。在合同约定的缺陷责任期满时，承包人没有完成缺陷责任的，发包人有权扣留与未履行责任剩余工作所需金额相应的质量保证金余额，并有权要求延长缺陷责任期，直至完成剩余工作为止。

4. 竣工结算。

（1）竣工付款申请单。①工程接收证书颁发后，承包人应按专用合同条款约定的份数和期限向监理人提交竣工付款申请单，并提供相关证明材料。②监理人对竣工付款申请单有异议的，有权要求承包人进行修正和提供补充资料。经监理人和承包人协商后，由承包人向监理人提交修正后的竣工付款申请单。

（2）竣工付款证书及支付时间。①监理人在收到承包人提交的竣工付款申请单后的 14 天内完成核查，提出发包人到期应支付给承包人的价款送发包人审核并抄送承包人。发包人应在收到后 14 天内审核完毕，由监理人向承包人出具经发包人签认的竣工付款证书。监理人未在约定时间内核查，又未提出具体意见的，视为承包人提交的竣工付款申请单已经监理人核查同意。发包人未在约定时间内审核又未提出具体意见的，监理人提出发包人到期应支付给承包人的价款视为已经发包人同意。②发包人应在监理人出具竣工付款证书后的 14 天内，将应支付款支付给承包人。发包人不按期支付的，按合同约定，将逾期付款违约金支付给承包人。③承包人对发包人签认的竣工付款证书有异议的，发包人可出具竣工付款申请单中承包人已同意部分的临时付款证书。存在争议的部分，按争议解决的约定办理。

5. 最终结清。

（1）最终结清申请单。①缺陷责任期终止证书签发后，承包人可按专用合同条款约定的份数和期限向监理人提交最终结清申请单，并提供相关证明材料。②发包人对最终结清申请单内容有异议的，有权要求承包人进行修正和提供补充资料，由承包人向监理人提交修正后的最终结清申请单。

（2）最终结清证书和支付时间。①监理人收到承包人提交的最终结清申请单后的14天内，提出发包人应支付给承包人的价款送发包人审核并抄送承包人。发包人应在收到后14天内审核完毕，由监理人向承包人出具经发包人签认的最终结清证书。监理人未在约定时间内核查，又未提出具体意见的，视为承包人提交的最终结清申请已经监理人核查同意。发包人未在约定时间内审核又未提出具体意见的，监理人提出应支付给承包人的价款视为已经发包人同意。②发包人应在监理人出具最终结清证书后的14天内，将应支付款支付给承包人。发包人不按期支付的，按合同约定，将逾期付款违约金支付给承包人。③承包人对发包人签认的最终结清证书有异议的，按争议解决的约定办理。

技能点 4：施工合同中竣工验收相关要求

1. 竣工验收的含义。竣工验收指承包人完成了全部合同工作后，发包人按合同要求进行的验收。

国家验收是政府有关部门根据法律、规范、规程和政策要求，针对发包人全面组织实施的整个工程正式交付投运前的验收。

需要进行国家验收的，竣工验收是国家验收的一部分。竣工验收所采用的各项验收和评定标准应符合国家验收标准。发包人和承包人为竣工验收提供的各项竣工验收资料应符合国家验收的要求。

2. 竣工验收申请报告。当工程具备以下条件时，承包人即可向监理人报送竣工验收申请报告：

（1）除监理人同意列入缺陷责任期内完成的尾工（甩项）工程和缺陷修补工作外，合同范围内的全部单位工程以及有关工作，包括合同要求的试验、试运行以及检验和验收均已完成，并符合合同要求。

（2）已按合同约定的内容和份数备齐了符合要求的竣工资料。

（3）已按监理人的要求编制了在缺陷责任期内完成的尾工（甩项）工程和缺陷修补工作清单以及相应施工计划。

（4）监理人要求在竣工验收前应完成的其他工作。

（5）监理人要求提交的竣工验收资料清单。

3. 验收。监理人收到承包人按要求提交的竣工验收申请报告后，应审查申请报告的各项内容，并按以下不同情况进行处理。

（1）监理人审查后认为尚不具备竣工验收条件的，应在收到竣工验收申请报告后的28天内通知承包人，指出在颁发接收证书前承包人还需进行的工作内容。承包人完成监理人通知的全部工作内容后，应再次提交竣工验收申请报告，直至监理人同意为止。

（2）监理人审查后认为已具备竣工验收条件的，应在收到竣工验收申请报告后的28天内提请发包人进行工程验收。

（3）发包人经过验收后同意接收工程的，应在监理人收到竣工验收申请报告后的56天内，由监理人向承包人出具经发包人签认的工程接收证书。发包人验收后同意接收工程但提出整修和完善要求的，限期修好，并缓发工程接收证书。整修和完善工作完成后，监理人复查达到要求的，经发包人同意后，再向承包人出具工程接收证书。

（4）发包人验收后不同意接收工程的，监理人应按照发包人的验收意见发出指示，要求承包人对不合格工程认真返工重做或进行补救处理，并承担由此产生的费用。承包人在完成不合格工程的返工重做或补救工作后，应重新提交竣工验收申请报告。

（5）除专用合同条款另有约定外，经验收合格工程的实际竣工日期，以提交竣工验收申请报告的日期为准，并在工程接收证书中写明。

（6）发包人在收到承包人竣工验收申请报告56天后未进行验收的，视为验收合格，实际竣工日期以提交竣工验收申请报告的日期为准，但发包人由于不可抗力不能进行验收的除外。

4. 单位工程验收。发包人根据合同进度计划安排，在全部工程竣工前需要使用已经竣工的单位工程时，或承包人提出经发包人同意时，可进行单位工程验收。验收合格后，由监理人向承包人出具经发包人签认的单位工程验收证书。已签发单位工程接收证书的单位工程由发包人负责照管。单位工程的验收成果和结论作为全部工程竣工验收申请报告的附件。

发包人在全部工程竣工前，使用已接收的单位工程导致承包人费用增加的，发包人应承担由此增加的费用和（或）工期延误，并支付承包人合理利润。

5. 施工期运行。施工期运行是指合同工程尚未全部竣工，其中某项或某几项单位工程或工程设备安装已竣工，根据专用合同条款约定，需要投入施工期运行的，经发包人约定验收合格，证明能确保安全后，才能在施工期投入运行。

在施工进行中发现工程或工程设备损坏或存在缺陷的，由承包人按合同规定进行修复。

6. 试运行。除专用合同条款另有约定外，承包人应按专用合同条款约定进行工程及工程设备试运行，负责提供试运行所需的人员、器材和必要的条件，并承担全部试运行费用。

由于承包人的原因导致试运行失败的，承包人应采取措施保证试运行合格，并承担相应费用。由于发包人的原因导致试运行失败的，承包人应当采取措施保证试运行合格，发包人应承担由此产生的费用，并支付承包人合理利润。

7. 竣工清场。除合同另有约定外，工程接收证书颁发后，承包人应按以下要求对施工场地进行清理，直至监理人检验合格为止。竣工清场费用由承包人承担。

（1）施工场地内残留的垃圾已全部清除出场。

（2）临时工程已拆除，场地已按合同要求进行清理、平整或复原。

（3）按合同约定应撤离的承包人设备和剩余的材料，包括废弃的施工设备和材料，已按计划撤离施工场地。

（4）工程建筑物周边及其附近道路、河道的施工堆积物，已按监理人指示全部清理。

（5）监理人指示的其他场地清理工作已全部完成。

承包人未按监理人的要求恢复临时占地，或者场地清理未达到合同约定的，发包人有权委托其他人恢复或清理，所发生的金额从拟支付给承包人的款项中扣除。

8. 施工队伍的撤离。工程接收证书颁发后的 56 天内，除了经监理人同意需在缺陷责任期内继续工作和使用的人员、施工设备和临时工程外，其余的人员、施工设备和临时工程均应撤离施工场地或拆除。除合同另有约定外，缺陷责任期满时，承包人的人员和施工设备应全部撤离施工场地。

技能点 5：施工合同中缺陷责任与保修责任要求

1. 缺陷责任期的起算时间。缺陷责任期自实际竣工日期起计算。在全部工程竣工验收前，已经发包人提前验收的单位工程，其缺陷责任期的起算日期相应提前。

2. 缺陷责任。

（1）承包人应在缺陷责任期内对已交付使用的工程承担缺陷责任。

（2）缺陷责任期内，发包人对已接收使用的工程负责日常维护工作。发包人在使用过程中，发现已接收的工程存在新的缺陷或已修复的缺陷部位或部件又遭损坏的，承包人应负责修复，直至检验合格为止。

（3）监理人和承包人应共同查清缺陷和（或）损坏的原因。经查明属承包人原因造成的，应由承包人承担修复和查验的费用。经查验属发包人原因造成的，发包人应承担修复和查验的费用，并支付承包人合理利润。

（4）承包人不能在合理时间内修复缺陷的，发包人可自行修复或委托其他人修复，所需费用和利润的承担，根据缺陷和（或）损坏原因处理。

3. 缺陷责任期的延长。由于承包人原因造成某项缺陷或损坏使某项工程或工程设备不能按原定目标使用而需要再次检查、检验和修复的，发包人有权要求承包人相应延长缺陷责任期，但缺陷责任期最长不超过 2 年。

4. 进一步试验和试运行。任何一项缺陷或损坏修复后，经检查证明其影响了工程或工程设备的使用性能，承包人应重新进行合同约定的试验和试运行，试验和试运行的全部费用应由责任方承担。

5. 缺陷责任期终止证书。在缺陷责任期，包括根据合同规定延长的期限终止后 14 天内，由监理人向承包人出具经发包人签认的缺陷责任期终止证书，并退还剩余的质量保证金。

6. 保修责任。合同当事人根据有关法律规定，在专用合同条款中约定工程质量保修范围、期限和责任。保修期自实际竣工日期起计算。在全部工程竣工验收前，已经发包人提前验收的单位工程，其保修期的起算日期相应提前。

课后拓展

选择题

1. 关于施工承包合同中缺陷责任与保修的说法，正确的是（   ）。

A. 缺陷责任期自实际竣工日期起计算，最长不超过 12 个月

B. 缺陷责任期满，承包人仍应按合同约定的各部位保修年限承担保修义务

C. 因发包人原因导致工程无法按合同约定期限进行竣工验收的，缺陷责任期自竣工验收合格之日开始计算

D. 发包人未经竣工验收擅自使用工程的，缺陷责任期自承包人提交竣工验收申请报告之日开始计算

2. 根据《建设工程施工专业分包合同》（GF-2018-0213），下列说法正确的是（   ）。

A. 发包人向分包人提供具备施工条件的施工场地

B. 分包人可直接致函发包人或工程师

C. 就分包范围内的有关工作，承包人随时可以向分包人发出指令

D. 分包合同价与总承包合同相应部分的价款存在连带关系

3. 根据《建设工程施工合同（示范文本）》（GF-2017-0201），工程未经竣工验收，发包人擅自使用，以（   ）为实际竣工日期。

A. 承包人提交竣工验收申请报告之日

B. 转移占有工程之日

C. 监理组织竣工初验之日

D. 发包人签发工程接收证书之日

答案：1. B；2. C；3. B

工作任务 3　施工合同计价方式

教学目标

知识目标：会区分总价合同的两种类型。

技能目标：会运用单价合同进行投标报价，会区分成本加酬金合同的不同运用场景。

素质目标：提高系统解决实际工程问题的能力，培养学生的规则意识和诚实守信的契约精神。

🔍**知识学习**

6.3　施工合同计价方式

知识点 1　总价合同的计价方式

所谓总价合同，是指根据合同规定的工程施工内容和有关条件，业主应付给承包商的款额是一个规定的金额，即明确的总价。总价合同也称作总价包干合同，即根据施工招标时的要求和条件，当施工内容和有关条件不发生变化时，业主付给承包商的价款总额就不发生变化。如果由于承包人的失误导致投标价计算错误，合同总价格也不予调整。

一、总价合同的分类

1. 固定总价合同。固定总价合同的价格计算以图纸及规定、规范为基础，工程任务和内容明确，业主的要求和条件清楚，合同总价一次包死，固定不变，即不再因为环境的变化和工程量的增减而变化。在这类合同中承包商承担了全部的工作量和价格的风险，因此，承包商在报价时对一切费用的价格变动因素以及不可预见因素都做了充分估计，并将其包含在合同价格之中。

在固定总价合同中还可以约定，在发生重大工程变更、累计工程变更超过一定幅度或者其他特殊条件下可以对合同价格进行调整。因此，需要明确重大工程变更的含义、累计工程变更的幅度以及什么样的特殊条件才能调整合同价格，以及如何调整合同价格等。

采用固定总价合同，双方结算比较简单，但是由于承包商承担了较大的风险，因此报价中不可避免地要增加一笔较高的不可预见风险费。承包商的风险主要在于两个方面：一是价格风险，二是工作量风险。价格风险有报价计算错误、漏报项目、物价和人工费上涨等。工作量风险有工程量计算错误、工程范围不确定、工程变更或者由于设计深度不够所造成的误差等。

固定总价合同适用于以下情况：

（1）工程量小、工期短，在施工过程中环境因素变化小，工程条件稳定并合理。

（2）工程设计详细，图纸完整、清楚，工程任务和范围明确。

（3）工程结构和技术简单，风险小。

（4）投标期相对宽裕，承包商可以有充足的时间详细考察现场，复核工程量，分析招标文件，拟订施工计划。

（5）合同条件中双方的权利和义务十分清楚，合同条件完备。

2. 变动总价合同。变动总价合同又称为可调总价合同，合同价格以图纸及规定、规范为基础，按照时价进行计算，得到包括全部工程任务和内容的暂定合同价格。它是一种相对固定的价格，在合同执行过程中，由于通货膨胀等原因而使所使用的工、料成本增加时，可以按照合同约定对合同总价进行相应的调整。当然，一般由于设计变更、工程量变化或其他工程条件变化所引起的费用变化也可以进行调整。因此，通货膨胀等不可预见因素的风险由业主承担，对承包商而言，其风险相对较小，但对业主而言，不利于其进行投资控制，突破投资的风险增大。

根据《示范文本》，合同双方可约定，在以下条件下可对合同价款进行调整：

（1）法律、行政法规和国家有关政策变化影响合同价款。

（2）工程造价管理部门公布的价格调整。

（3）一周内非承包人原因停水、停电、停气造成的停工累计超过8小时。

（4）双方约定的其他因素。

在工程施工承包招标时，施工期限1年左右的项目一般实行固定总价合同，通常不考虑价格调整问题，以签订合同时的单价和总价为准，物价上涨的风险全部由承包商承担。但是对建设周期1年半以上的工程项目，则应考虑下列因素引起的价格变化问题：

（1）劳务工资以及材料费用的上涨。

（2）其他影响工程造价的因素，如运输费、燃料费、电力等价格的变化。

（3）外汇汇率的不稳定。

（4）国家立法或者省、市政策的改变引起的工程费用的上涨。

二、总价合同的特点和应用

采用总价合同时，对发包工程的内容及其各种条件都应基本清楚、明确，否则，发承包双方都有蒙受损失的风险。因此，一般是在施工图设计完成，施工任务和范围比较明确，业主的目标、要求和条件都清楚的情况下才采用总价合同。对业主来说，由于设计花费时间长，因而开工时间较晚，开工后的变更容易带来索赔，而且在设计过程中也难以吸收承包商的建议。

总价合同的特点是：

1. 发包单位可以在报价竞争状态下确定项目的总造价，可以较早确定或者预测工程成本。

2. 业主的风险较小，承包人将承担较多的风险。

3. 评标时易于迅速确定最低报价的投标人。

4. 在施工进度上能极大地调动承包人的积极性。

5. 发包单位能更容易、更有把握地对项目进行控制。

6. 必须完整而明确地规定承包人的工作。

7. 必须将设计和施工方面的变化控制在最低限度内。

总价合同和单价合同有时在形式上很相似，例如，在有的总价合同的招标文件中也有工程量表，也要求承包商提出各分项工程的报价，但两者在性质上是完全不同的。总价合同是总价优先，承包商报总价，双方商讨并确定合同总价，最终也按总价结算。

🔍 **技能实践**

技能点1：单价合同的计价方式

当发包工程的内容和工程量一时尚不能明确、不能具体地予以规定时，则可以采用单价合同形式，即根据计划工程内容和估算工程量，在合同中明确每项工程内容的单位价格（如每米、每平方米或者每立方米的价格），实际支付时则根据实际完成的工程量乘以合同单价计算应付的工程款。

单价合同的特点是单价优先，如在安防施工合同中，业主给出的工程量清单表中的数字是参考数字，而实际工程款则按实际完成的工程量和承包商投标时所报的单价计算。虽然在投标报价、评标以及签订合同中，人们常常注重总价格，但在工程款结算中单价优先，对于投标书中明显的数字计算错误，业主有权力先作修改再评标，当总价和单价的计算结果不一致时，以单价为准调整总价。例如，在某单价合同的投标报价单中，投标人报价表见表6-2。

表6-2　投标人报价表

序号	工程分项	单位	数量	单价（元）	合价（元）
1					
2					
X	高清摄像机	台	200	800	16000
总报价					810000

根据投标人的投标单价，高清摄像机的合价应该是160000元，而实际只写了16000元，在评标时应根据单价优先原则对总报价进行修正，所以正确的报价应该是810000+（160000−16000）=954000元。

在实际施工时，如果实际工程量是250台，则高清摄像机的价款金额应该是800×250=200000元。

由于单价合同允许随工程量变化而调整工程总价，业主和承包商都不存在工程量方面的风险，因此对合同双方都比较公平。另外，在招标前，发包单位无需对工程范围做出完整的、详尽的规定，从而可以缩短招标准备时间，投标人也只需对所列工程内容报出自己的单价，从而缩短投标时间。

采用单价合同对业主的不利之处是，业主需要安排专门力量来核实已经完成的工程量，需要在施工过程中花费不少精力，协调工作量大。另外，用于计算应付工程款的实际工程量可能超过预测的工程量，即实际投资容易超过计划投资，对投资控制不利。

单价合同又分为固定单价合同和变动单价合同。

固定单价合同条件下，无论发生哪些影响价格的因素都不对单价进行调整，因而对承包商而言就存在一定的风险。当采用变动单价合同时，合同双方可以约定一个估计的工程量，当实际工程量发生较大变化时可以对单价进行调整，同时还应该约定如何对单价进行调整。当然也可以约定，当通货膨胀达到一定水平或者国家政策发生变化时，可以对哪些工程内容的单价进行调整以及如何调整等。因此，承包商的风险就相对较小。

固定单价合同适用于工期较短、工程量变化幅度不会太大的项目。

在工程实践中，采用单价合同有时也会根据估算的工程量计算一个初步的合同总价，作为投标报价和签订合同之用。但是，当上述初步的合同总价与各项单价乘以实际完成的工程量之和发生矛盾时，则肯定以后者为准，即单价优先。实际工程款的支付也将以实际完成工程量乘以合同单价进行计算。

技能点 2：成本加酬金合同的计价方式

1. 成本加酬金合同的含义。成本加酬金合同也称为成本补偿合同，这是与固定总价合同正好相反的合同，工程施工的最终合同价格将按照工程的实际成本再加上一定的酬金进行计算。在合同签订时，工程实际成本往往不能确定，只能确定酬金的取值比例或者计算原则。

采用这种合同，承包商不承担任何价格变化或工程量变化的风险，这些风险主要由业主承担，对业主的投资控制很不利。承包商则往往缺乏控制成本的积极性，常常不仅不愿意控制成本，甚至还会期望提高成本以提高自己的经济效益，因此这种合同容易被那些不道德或不称职的承包商滥用，从而损害工程的整体效益。所以，应该尽量避免采用这种合同。

2. 成本加酬金合同的特点和适用条件。成本加酬金合同通常用于如下情况：

（1）工程特别复杂，工程技术、结构方案不能预先确定，或者尽管可以确定工程技术和结构方案，但是不可能进行竞争性的招标活动并以总价合同或单价合同的形式确定承包商，如研究开发性质的工程项目。

（2）时间特别紧迫，如抢险、救灾工程，来不及进行详细的计划和商谈。

对业主而言，这种合同形式也有一定优点，如：①可以通过分段施工缩短工期，而不必等待所有施工图完成才开始招标和施工。②可以减少承包商的对立情绪，承包商对工程变更和不可预见条件的反应会比较积极和迅速。③可以聘用承包商的施工技术专家，帮助改进或弥补设计中的不足。④业主可以根据自身力量和需要，较深入地介入和控制工程施工和管理。⑤可以通过确定最大保证价格约束工程成本不超过某一限值，从而转移一部分风险。

对承包商来说，这种合同比固定总价合同的风险低，利润比较有保证，因而比较有积极性。其缺点是合同的不确定性大，由于设计未完成，无法准确确定合同的工程内容、工程量以及合同的终止时间，有时难以对工程计划进行合理安排。

3. 成本加酬金合同的形式。成本加酬金合同有许多种形式，主要如下：

（1）成本加固定费用合同。根据双方讨论同意的工程规模、估计工期、技术要求、工作性质及复杂性、所涉及的风险等来考虑确定一笔固定数目的报酬金额作为管理费及利润，对人工、材料、机械台班等直接成本则实报实销。如果设计变更或增加新项目，当直接费超过原估算成本的一定比例（如10%）时，固定的报酬也要增加。在工程总成本一开始估计不准，可能变化不大的情况下，可采用此合同形式，有时可分几个阶段谈判付给固定报酬。这种方式虽然不能鼓励承包商降低成本，但为了尽快得到酬金，承包商会尽力缩短工期。有时也可在固定费用之外根据工程质量、工期和节约成本等因素，给承包商另加奖金，以鼓励承包商积极工作。

（2）成本加固定比例费用合同。工程成本中直接费加一定比例的报酬费，报酬部分的比例在签订合同时由双方确定。这种方式的报酬费用总额随成本加大而增加，不利于缩短工期和降低成本。一般在工程初期很难描述工作范围和性质，或工期紧迫、无法按常规编制招标文件招标时采用。

（3）成本加奖金合同。奖金是根据报价书中的成本估算指标制定的，在合同中对这个估算指标规定一个底点和顶点，分别为工程成本估算的60%~75%和110%~135%。承包商在估算指标的顶点以下完成工程则可得到奖金，超过顶点则要对超出部分支付罚款。如果成本在底点之下，则可加大酬金值或酬金百分比。采用这种方式通常规定，当实际成本超过顶点对承包商罚款时，最大罚款限额不超过原先商定的最高酬金值。

在招标时，当图纸、规范等准备不充分，不能据以确定合同价格，而仅能制定一个估算指标时可采用这种形式。

（4）最大成本加费用合同。在工程成本总价基础上加固定酬金费用的方式，即当设计深度达到可以报总价的深度，投标人报一个工程成本总价和一个固定的酬金（包括各项管理费、风险费和利润）。如果实际成本超过合同中规定的工程成本总价，由承包商承担所有的额外费用，若实施过程中节约了成本，节约的部分归业主，或者由业主与承包商分享，在合同中要确定节约分成比例。在非代理型（风险型）CM模式的合同中就采用这种方式。

🔍 课后拓展

选择题

1. 某按单价合同进行计价的招标工程，在评标过程中发现某投标人的总价与单价的计算结果不一致，原因是投标人在计算时将服务器单价10000元/台误作为1000元/台。对此，业主有权（　　）。

A. 以总价为准调整单价　　　　　　　　B. 以单价为准调整总价

C. 要求投标人重新提交钢材单价　　　　D. 将该投标文件作废标处理

2. 对业主而言，成本加酬金合同的优点有（　　）。

A. 可以通过分段施工缩短工期

B. 适用于技术简单、结构方案容易确定的工程

C. 适用于时间紧迫的抢险救灾工程

D. 根据自身力量和需要，深入介入控制工程施工和管理

E. 通过确定最大保证价格约束工程成本

3. 某项目招标时，因工程初期很难描述工作范围和性质，无法按常规编制招标文件，则适宜采用的合同形式是（　　　）。

A. 成本加奖金合同 　　　　　　　B. 成本加固定费用合同

C. 最大成本加费用合同 　　　　　D. 成本加固定比例费用合同

4. 关于单价合同的说法，正确的有（　　　）。

A. 投标报价单中总价和单价计算结果不一致时，以单价为准调整总价。

B. 对于投标书中出现明显的数字计算错误，业主有权利先做修改再评标。

C. 采用单价合同时，业主和承包人都不担心存在工程量方面的风险。

D. 采用变动单价合同时，承包人的风险相对较小。

E. 采用固定单价合同时，业主招标准备时间较长。

答案：1. B；2. ADE；3. D；4. ABCD

工作任务 4　施工合同执行过程的管理

🔍 **教学目标**

知识目标：识记合同跟踪的依据、对象；识记合同变更的原因及范围。

技能目标：会进行合同的控制，开展偏差分析与处理；会实施变更程序及变更价格；会运用单价合同进行投标报价，会区分成本加酬金合同的不同运用场景。

素质目标：提高系统解决实际工程问题的能力，培养学生的规则意识和诚实守信的契约精神。

🔍 **知识学习**

6.4　施工合同执行过程管理

知识点 1　合同的跟踪

施工合同跟踪有两个方面的含义：一是承包单位的合同管理职能部门对合同执行者（项目经理部或项目参与人）的履行情况进行的跟踪、监督和检查；二是合同执行者（项目经理部或项目参与人）本身对合同计划的执行情况进行的跟踪、检查与对比。

在合同实施过程中两者缺一不可。

对合同执行者而言，应该掌握合同跟踪的以下方面。

一、合同跟踪的依据

合同跟踪的重要依据：一是合同以及依据合同而编制的各种计划文件；二是各种实际工程文件如原始记录、报表、验收报告等；三是管理人员对现场情况的直观了解，如现场巡视、交谈、会议、质量检查等。

二、合同跟踪的对象

1. 承包的任务。

（1）工程施工的质量，包括材料、构件、制品和设备等的质量，以及施工或安装质量，是否符合合同要求等。

（2）工程进度，是否在预定期限内施工，工期有无延长，延长的原因是什么等。

（3）工程数量，是否按合同要求完成全部施工任务，有无合同规定以外的施工任务等。

（4）成本的增加和减少。

2. 工程小组或分包人的工程和工作。可以将工程施工任务分解交由不同的工程小组或发包给专业分包单位完成，工程承包人必须对这些工程小组或分包人及其所负责的工程进行跟踪检查，协调关系，提出意见、建议或警告，保证工程总体质量和进度。

对专业分包人的工作和负责的工程，总承包商负有协调和管理的责任，并承担由此造成的损失，所以专业分包人的工作和负责的工程必须纳入总承包工程的计划和控制中，防止因分包人工程管理失误而影响全局。

3. 业主和其委托的工程师（监理人）的工作。

（1）业主是否及时、完整地提供了工程施工的实施条件，如场地、图纸、资料等。

（2）业主和工程师（监理人）是否及时给予了指令、答复和确认等。

（3）业主是否及时并足额地支付了应付的工程款项。

知识点 2　合同变更的原因及范围

合同变更是指合同成立以后和履行完毕以前由双方当事人依法对合同的内容所进行的修改，包括合同价款、工程内容、工程数量、质量要求和标准、实施程序等的一切改变都属于合同变更。

工程变更一般是指在工程施工过程中，根据合同约定对施工程序、工程内容、工程数量、质量要求和标准等做出的变更。工程变更属于合同变更，合同变更主要是由于工程变更而引起的，合同变更的管理也主要是进行工程变更的管理。

一、工程变更的原因

工程变更一般主要有以下几个方面的原因：

1. 业主新的变更指令，对建筑的新要求。如业主有新的意图，业主修改项目计划、削减项目预算等。

2. 由于设计人员、监理方人员、承包商事先没有很好地理解业主的意图，或设计的错误，导致图纸修改。

3. 工程环境的变化，预定的工程条件不准确，要求实施方案或实施计划变更。

4. 由于产生新技术和新知识，有必要改变原设计、原实施方案或实施计划，或由于业主指令及业主的原因造成承包商施工方案的改变。

5. 政府部门对工程新的要求，如国家计划变化、环境保护要求、城市规划变动等。

6. 由于合同实施出现问题，必须调整合同目标或修改合同条款。

二、变更的范围和内容

根据《标准施工招标文件》中的通用合同条款的规定，除专用合同条款另有约定外，在履行合同中发生以下情形之一，应按照本条规定进行变更：

1. 取消合同中任何一项工作，但被取消的工作不能转由发包人或其他人实施。

2. 改变合同中任何一项工作的质量或其他特性。

3. 改变合同工程的基线、标高、位置或尺寸。

4. 改变合同中任何一项工作的施工时间或改变已批准的施工工艺或顺序。

5. 为完成工程需要追加的额外工作。

在履行合同过程中，承包人可以对发包人提供的图纸、技术要求以及其他方面提出合理化建议。

三、变更权

根据《标准施工招标文件》中通用合同条款的规定，在履行合同过程中，经发包人同意，监理人可按合同约定的变更程序向承包人作出变更指示，承包人应遵照执行。没有监理人的变更指示，承包人不得擅自变更。

🔍 技能实践

技能点 1：合同的控制

1. 合同实施的偏差分析。通过合同跟踪，可能会发现合同实施中存在偏差，即工程实施实际情况偏离了工程计划和工程目标，应该及时分析原因，采取措施，纠正偏差，避免损失。

合同实施偏差分析的内容包括以下几个方面：

（1）产生偏差的原因分析。通过对合同执行实际情况与实施计划的对比分析，不仅可以发现合同实施的偏差，而且可以探索引起差异的原因。原因分析可以采用鱼刺图，因果关系分析图（表），成本量差、价差、效率差分析等方法定性或定量地进行。

（2）合同实施偏差的责任分析。即分析产生合同偏差的原因是由谁引起的，应该由谁承担责任。责任分析必须以合同为依据，按合同规定落实双方的责任。

（3）合同实施趋势分析。针对合同实施偏差情况，可以采取不同的措施，应分析在不同措施下合同执行的结果与趋势，包括：①最终的工程状况，包括总工期的延误、总成本的超支、质量标准、所能达到的生产能力（或功能要求）等。②承包商将承担什么样的后果，如被罚款、被清算，甚至被起诉，对承包商资信、企业形象、经营战略的影响等。③最终工程经济效益（利润）水平。

2. 合同实施偏差处理。根据合同实施偏差分析的结果，承包商应该采取相应的调整措施，调整措施可以分为：①组织措施，如增加人员投入，调整人员安排，调整工作流程和工作计划等。②技术措施，如变更技术方案，采用新的高效率的施工方案等。③经济措施，如增加投入，采取经济激励措施等。④合同措施，如进行合同变更，签订附加协议，采取索赔手段等。

技能点2：变更程序及变更价格

1. 变更程序。根据《标准施工招标文件》中通用合同条款的规定，变更的程序如下：

（1）变更的提出。

①在合同履行过程中，可能发生通用合同条款中约定情形的（知识点"合同变更的原因及范围"中"变更的范围和内容"第1~5点），监理人可向承包人发出变更意向书。变更意向书应说明变更的具体内容和发包人对变更的时间要求，并附必要的图纸和相关资料。变更意向书应要求承包人提交包括拟实施变更工作的计划、措施和竣工时间等内容的实施方案。发包人同意承包人根据变更意向书要求提交的变更实施方案的，由监理人按合同约定的程序发出变更指示。

②在合同履行过程中，已经发生通用合同条款中约定情形的（知识点"合同变更的原因及范围"中"变更的范围和内容"第1~5点），监理人应按照合同约定的程序向承包人发出变更指示。

③承包人收到监理人按合同约定发出的图纸和文件，经检查认为其中存在约定情形的（知识点"合同变更的原因及范围"中"变更的范围和内容"第1~5点），可向监理人提出书面变更建议。变更建议应阐明要求变更的依据，并附必要的图纸和说明。监理人收到承包人书面建议后，应与发包人共同研究，确认存在变更的，应在收到承包人书面建议后的14天内作出变更指示。经研究后不同意作为变更的，应由监理人书面答复承包人。

④若承包人收到监理人的变更意向书后认为难以实施此项变更，应立即通知监理人，说明原因并附详细依据。监理人与承包人和发包人协商后确定撤销、改变或不改变原变更意向书。

（2）变更指示。根据《标准施工招标文件》中通用合同条款的规定，变更指示只能由监理人发出。变更指示应说明变更的目的、范围、变更内容以及变更的工程量及其进度和技术要求，并附有关图纸和文件。承包人收到变更指示后，应按变更指示进行变更工作。

2. 承包人的合理化建议。根据《标准施工招标文件》中通用合同条款的规定，在履行合同过程中，承包人对发包人提供的图纸、技术要求以及其他方面提出的合理化建议，均应以书面形式提交监理人。合理化建议书的内容应包括建议工作的详细说明、进度计划和效益以及与其他工作的协调等，并附必要的设计文件。监理人应与发包人协商是否采纳建议。建议被采纳并构成变更的，应按合同约定的程序向承包人发出变更指示。

承包人提出的合理化建议降低了合同价格、缩短了工期或者提高了工程经济效益的，发包人可按国家有关规定在专用合同条款中约定给予奖励。

3. 变更估价。根据《标准施工招标文件》中通用合同条款的规定：

（1）除专用合同条款对期限另有约定外，承包人应在收到变更指示或变更意向书后的 14 天内，向监理人提交变更报价书，报价内容应根据合同约定的估价原则，详细开列变更工作的价格组成及其依据，并附必要的施工方法说明和有关图纸。

（2）变更工作影响工期的，承包人应提出调整工期的具体细节。监理人认为有必要时，可要求承包人提交要求提前或延长工期的施工进度计划及相应施工措施等详细资料。

（3）除专用合同条款对期限另有约定外，监理人收到承包人变更报价书后的 14 天内，根据合同约定的估价原则，按照总监理工程师与合同当事人商定或确定变更价格。

4. 变更的估价原则。除专用合同条款另有约定外，因变更引起的价格调整按照以下规定处理：

（1）已标价工程量清单中有适用于变更工作的子目的，可采用该子目的单价。

（2）已标价工程量清单中无适用于变更工作的子目的，但有类似子目的，可在合理范围内参照类似子目的单价，由监理人按总监理工程师与合同当事人商定或确定变更工程的单价。

（3）已标价工程量清单中无适用或类似子目的单价，可按照成本加利润的原则，由监理人按总监理工程师与合同当事人商定或确定变更工程的单价。

🔍 课后拓展

选择题

1. 施工合同实施偏差分析的内容包括，产生合同偏差的原因分析，合同实施偏差的责任分析以及（　　　）。

A. 不同项目合同偏差的对比　　　　　　B. 偏差的跟踪情况分析

C. 合同实施趋势分析　　　　　　　　　D. 业主对合同偏差的态度分析

2. 某施工合同实施过程中出现了偏差，经过偏差分析后，承包人采取了夜间加班、增加劳动力投入等措施。这种调整措施属于（　　　）。

A. 组织措施　　　　　　　　　　　　　B. 技术措施

C. 经济措施　　　　　　　　　　　　　D. 合同措施

3. 出现合同实施偏差，承包商采取的调整措施可以分为（　　　）。

A. 组织措施

B. 技术措施

C. 合同措施

D. 经济措施

E. 管理措施

4. 合同跟踪的对象不包括（　　　）。

A. 承包的任务

B. 工程小组或分包人的工程和工作

C. 总承包商和其委托的工程师的工作

D. 业主和其委托的工程师（监理人）的工作

问答题

1. 变更管理的目的是什么？为什么需要进行变更管理？

2. 变更管理的步骤有哪些？请简要描述每个步骤的内容。

选择题答案：1. C；2. A；3. ABCD；4. C

问答题答案：1. 变更管理的目的是确保项目在合同约定的范围内进行，同时适应项目实际情况的变化。变更管理的目的是保证项目的顺利进行，确保项目的质量、进度和成本能够得到有效控制。需要进行变更管理的原因有很多，比如项目的实施过程中出现了新的需求，或者项目的环境发生了变化。变更管理的目的是适应这些变化，确保项目能够顺利进行，同时保护双方的合法权益。

2. 变更管理的步骤主要包括变更申请、变更评估、变更审批和变更执行。

变更申请是指项目实施过程中，双方发现了需要进行变更的情况，提出变更申请。变更申请应该包括变更的内容、原因以及对项目的影响等信息。

变更评估是对变更申请进行评估，确定变更的必要性和可行性。评估的内容包括变更的影响范围，变更对进度、成本和质量的影响等。

变更审批是指对变更申请进行审批，确定是否批准变更。审批的依据是变更评估的结果，同时也需要考虑项目的整体利益和双方的合法权益。

变更执行是指在变更得到批准后，对变更进行执行。执行的内容包括变更的实施、监督和控制等。

工作任务 5　施工合同的索赔

🔎 **教学目标**

知识目标：识记安防施工合同索赔的依据和证据，识记索赔的一般程序。

技能目标：会运用反索赔保护自身利益。

素质目标：提高系统解决实际工程问题的能力，培养学生的规则意识和诚实守信的契约精神。

🔎 **知识学习**

6.5　施工合同的索赔

知识点 1　安防施工合同索赔的依据和证据

一、索赔的依据

索赔的依据主要有：合同文件，法律法规，工程建设惯例。

二、索赔的证据

索赔证据是当事人用来支持其索赔成立或与索赔有关的证明文件和资料。索赔证据作为索赔文件的组成部分，在很大程度上关系到索赔的成功与否。证据不全、不足或没有证据，索赔是很难获得成功的。

在工程项目实施过程中，会产生大量的工程信息和资料，这些信息和资料是开展索赔的重要证据。因此，在施工过程中应该自始至终做好资料积累工作，建立完善的资料记录和科学管理制度，认真系统地积累和管理合同、质量、进度以及财务收支等方面的资料。

常见的索赔证据主要有：

1. 各种合同文件，包括施工合同协议书及其附件、中标通知书、投标书、标准和技术规范、图纸、工程量清单、工程报价单或者预算书、有关技术资料和要求、施工过程中的补充协议等。

2. 经过发包人或者工程师（监理人）批准的承包人的施工进度计划、施工方案、施工组织设计和现场实施情况记录。

3. 施工日记和现场记录，包括有关设计交底、设计变更、施工变更指令，工程材料和机械设备的采购、验收与使用等方面的凭证及材料供应清单、合格证书，工程现场电、道路等开通、封闭的记录，停电等各种干扰事件的时间和影响记录等。

4. 工程有关照片和录像等。

5. 备忘录，对工程师（监理人）或业主的口头指示和电话应随时用书面记录，并请其给予书面确认。

6. 发包人或者工程师（监理人）签认的签证。

7. 工程各种往来函件、通知、答复等。

8. 工程各项会议纪要。

9. 发包人或者工程师（监理人）发布的各种书面指令和确认书，以及承包人的要求、请求、通知书等。

10. 气象报告和资料，如有关温度、风力、雨雪的资料。

11. 投标前发包人提供的参考资料和现场资料。

12. 各种验收报告和技术鉴定等。

13. 工程核算资料、财务报告、财务凭证等。

14. 其他，如官方发布的物价指数、汇率、规定等。

三、索赔证据的基本要求

索赔证据应该具有真实性、及时性、全面性、关联性、有效性。

四、索赔成立的条件

1. 构成施工项目索赔条件的事件。索赔事件，又称为干扰事件，是指那些使实际情况与合同规定不符合，最终引起工期和费用变化的各类事件。在工程实施过程中，要不断地跟踪、监督索赔事件，就可以不断地发现索赔机会。通常，承包人可以提起索赔的事件可以参照《标准施工招标文件》通用合同条款中涉及应给承包人补偿的条款及内容（见表 6-3）。

表 6-3　《标准施工招标文件》通用合同条款中涉及应给承包人补偿的条款及内容

序号	条款号	主要内容	可补偿内容		
			工期	费用	利润
1	1.6.1	发包人提供图纸延误	√	√	√
2	1.10.1	施工场地发掘文物、古迹以及其他遗迹、化石、钱币或物品	√	√	
3	2.3	发包人延迟提供施工场地	√	√	√
4	3.4.5	监理人未按合同约定发出指示、指示延误或指示错误	√	√	
5	4.11.2	承包人遇不利物质条件，监理人未发出指示	√	√	
6	5.2.4	发包人要求向承包人提前交货		√	
7	5.2.6	发包人提供的材料和工程设备的规格数量不符合合同要求或由于发包人原因发生交货日期延误及交货地点变更等情况	√	√	√
8	5.4.3	发包人提供的材料或工程设备不符合合同要求	√	√	
9	8.3	发包人提供的测量基准点、基准线和水准点及其他基准资料错误	√	√	√
10	9.2.5	采取合同未约定的安全作业环境及安全施工措施		√	
11	9.2.6	发包人原因造成承包人人员工伤事故		√	
12	11.3	发包人增加合同工作内容	√	√	√
13	11.3	发包人原因改变合同中任何一项工作的质量要求或其他特性	√	√	√
14	11.3	因发包人原因导致的暂停施工	√	√	√
15	11.3	发包人未按合同约定及时支付预付款、进度款	√	√	√
16	11.3	发包人造成工期延误的其他原因	√	√	√
17	11.4	由于出现专用合同条款规定的异常恶劣气候的条件导致工期延误	√		

序号	条款号	主要内容	可补偿内容		
			工期	费用	利润
18	12.2	因发包人原因引起的暂停施工造成工期延误	√	√	√
19	12.4.2	因发包人原因暂停施工后无法按时复工	√	√	√
20	13.1.3	因发包人原因造成工程质量达不到合同约定验收标准	√	√	√
21	13.5.3	承包人应监理人要求对已覆盖的部位进行钻孔探测或重新检验，且检验证明工程质量符合合同要求	√	√	
22	13.6.2	由于发包人提供的材料或工程设备不合格造成的工程不合格需要承包人采取措施补救	√	√	√
23	14.1.3	承包人应监理人要求对材料、工程设备和工程重新试验和检验，且重新试验和检验结果符合合同要求	√	√	√
24	16.1	因物价波动引起的价格调整		√	
25	16.2	基准日后因法律变化引起的价格调整		√	
26	18.4.2	发包人在全部工程竣工前，使用已接收的单位工程导致承包人费用增加	√	√	√
27	18.6.2	由于发包人的原因导致试运行失败，且承包人采取措施保证试运行合格		√	√
28	19.2.3	因发包人原因造成的缺陷和损坏		√	√
29	19.4	因发包人原因进行进一步试验和试运行		√	√
30	21.3.1	因不可抗力导致永久工程，包括已运至施工场地的材料和工程设备的损害，以及因工程损害造成的第三者人员伤亡和财产损失		√	
31	21.3.1	不可抗力期间承包人应监理要求照管工程和清理、修复工程		√	
32	22.2.2	因发包人违约承包人暂停施工	√	√	√

2. 索赔成立的前提条件。索赔的成立，应该同时具备以下三个前提条件：

（1）与合同对照，事件已造成了承包人工程项目成本的额外支出或直接工期损失。

（2）造成费用增加或工期损失的原因，按合同约定不属于承包人的行为责任或风险责任。

（3）承包人按合同规定的程序和时间提交索赔意向通知和索赔报告。

以上三个条件必须同时具备，缺一不可。

知识点 2　索赔的一般程序

安全防范系统施工中承包人向发包人索赔、发包人向承包人索赔以及分包人向承包人索赔的情况都有可能发生，以下主要说明承包人向发包人索赔的一般程序。

一、索赔意向通知和索赔通知

在工程实施过程中发生索赔事件以后，或者承包人发现索赔机会，首先要提出索赔意向，即在合同规定时间内将索赔意向用书面形式及时通知发包人或者工程师（监理人），向对方表明索赔愿望、要求或者声明保留索赔权利，这是索赔工作程序的第一步。

索赔意向通知要简明扼要地说明以下四个方面的内容：

1. 索赔事件发生的时间、地点和简单事实情况描述。

2. 索赔事件的发展动态。

3. 索赔依据和理由。

4. 索赔事件对工程成本和工期产生的不利影响。

一般索赔意向通知仅仅表明索赔的意向，应该尽量简明扼要，涉及索赔内容，但不涉及索赔金额。

根据《标准施工招标文件》中的通用合同条款，关于承包人索赔的提出，规定如下：

根据合同约定，承包人认为有权得到追加付款和（或）延长工期的，应按以下程序向发包人提出索赔：

1. 承包人应在知道或应当知道索赔事件发生后 28 天内，向监理人递交索赔意向通知书，并说明发生索赔事件的事由。承包人未在前述 28 天内发出索赔意向通知书的，丧失要求追加付款和（或）延长工期的权利。

2. 承包人应在发出索赔意向通知书后 28 天内，向监理人正式递交索赔通知书。索赔通知书应详细说明索赔理由以及要求追加的付款金额和（或）延长的工期，并附必要的记录和证明材料。

3. 索赔事件具有连续影响的，承包人应按合理时间间隔继续递交延续索赔通知，说明连续影响的实际情况和记录，列出累计的追加付款金额和（或）工期延长天数。

4. 在索赔事件影响结束后的 28 天内，承包人应向监理人递交最终索赔通知书，说明最终要求索赔的追加付款金额和延长的工期，并附必要的记录和证明材料。

根据《标准施工招标文件》中的通用合同条款，发生发包人的索赔事件后，监理人应及时书面通知承包人，详细说明发包人有权得到的索赔金额和（或）延长缺陷责任期的细节和依据。发包人提出索赔的期限和要求与承包人提出索赔的期限和要求相同，延长缺陷责任期的通知应在缺陷责任期届满前发出。

二、索赔资料的准备

1. 在索赔资料准备阶段，主要工作有：

（1）跟踪和调查干扰事件，掌握事件产生的详细经过。

（2）分析干扰事件产生的原因，划清各方责任，确定索赔根据。

（3）损失或损害调查分析与计算，确定工期索赔和费用索赔值。

（4）收集证据，获得充分而有效的各种证据。

（5）起草索赔文件（索赔报告）。

2. 索赔文件的主要内容包括以下几个方面：

（1）总述部分。概要论述索赔事项发生的日期和过程。承包人为该索赔事项付出的努力和附加开支。承包人的具体索赔要求。

（2）论证部分。论证部分是索赔报告的关键部分，其目的是说明自己有索赔权，是索赔能否成立的关键。

（3）索赔款项（或工期）计算部分。如果说索赔报告论证部分的任务是解决索赔权能否成立，款项计算则是为解决能得多少款项。前者定性，后者定量。

（4）证据部分。要注意引用的每个证据的效力或可信程度，对重要的证据资料最好附以文字说明，或附以确认件。

3. 编写索赔文件（索赔报告）应该注意以下几个方面的问题：

（1）责任分析应清楚、准确。应该强调：引起索赔的事件不是承包商的责任，事件具有不可预见性，事发以后尽管采取了有效措施也无法制止，索赔事件导致承包商工期拖延、费用增加的严重性，索赔事件与索赔额之间的直接因果关系等。

（2）索赔额的计算依据要准确，计算结果要准确。要用合同规定或法律规定的公认合理的计算方法，并进行适当的分析。

（3）提供充分有效的证据材料。

三、索赔文件的提交

提出索赔的一方应该在合同规定的时限内向对方提交正式的书面索赔文件。例如，FIDIC 合同条件和我国《示范文本》都规定，承包人必须在发出索赔意向通知后的 28 天内或经过工程师（监理人）同意的其他合理时间内向工程师（监理人）提交一份详细的索赔文件和有关资料。如果干扰事件对工程的影响持续时间长，承包人则应按工程师（监理人）要求的合理间隔（一般为 28 天），提交中间索赔报告，并在干扰事件影响结束后的 28 天内提交一份最终索赔报告，否则将失去该事件请求补偿的索赔权利。

四、索赔文件的审核

对于承包人向发包人的索赔请求，索赔文件应该交由工程师（监理人）审核。工程师（监理人）根据发包人的委托或授权，对承包人的索赔要求进行审核和质疑，其审核和质疑主要围绕以下几个方面：

1. 索赔事件是属于业主、监理工程师的责任还是第三方的责任。

2. 事实和合同的依据是否充分。

3. 承包商是否采取了适当的措施避免或减少损失。

4. 是否需要补充证据。

5. 索赔计算是否正确、合理。

根据《标准施工招标文件》中的通用合同条款，对承包人提出索赔的处理程序如下：

1. 监理人收到承包人提交的索赔通知书后，应及时审查索赔通知书的内容、查验承包人的记录和证明材料，必要时监理人可要求承包人提交全部原始记录副本。

2. 监理人应按总监理工程师与合同当事人商定或确定追加的付款和（或）延长的工期，并在收到上述索赔通知书或有关索赔的进一步证明材料后的 42 天内，将索赔处理结果答复承包人。

3. 承包人接受索赔处理结果的，发包人应在作出索赔处理结果答复后 28 天内完成赔付。承包人不接受索赔处理结果的，按合同约定的争议解决办法办理。

五、承包人提出索赔的期限

根据《标准施工招标文件》中的通用合同条款，承包人提出索赔的期限如下：

1. 承包人按合同约定接受了竣工付款证书后，应被认为已无权再提出在合同工程接收证书颁发前所发生的任何索赔。

2. 承包人按合同约定提交的最终结清申请单中，只限于提出工程接收证书颁发后发生的索赔。提出索赔的期限自接受最终结清证书时终止。

🔍 技能实践

技能点：反索赔的主要工作

反索赔的工作内容可以包括两个方面：一是防止对方提出索赔，二是反击或反驳对方的索赔要求。

要成功地防止对方提出索赔，应采取积极防御的策略。首先，自己严格履行合同规定的各项义务，防止自己违约，并通过加强合同管理，使对方找不到索赔的理由和根据，使自己处于不能被索赔的地位。其次，如果在工程实施过程中发生了干扰事件，则应立即着手研究和分析合同依据，收集证据，为提出索赔和反索赔做好两手准备。

如果对方提出了索赔要求或索赔报告，则自己一方应采取各种措施来反击或反驳对方的索赔要求。常用的措施有：

1. 抓对方的失误，直接向对方提出索赔，以对抗或平衡对方的索赔要求，以求在最终解决索赔时互相让步或者互不支付。

2. 针对对方的索赔报告，进行仔细、认真地研究和分析，找出理由和证据，证明对方索赔要求或索赔报告不符合实际情况和合同规定，没有合同依据或事实证据，索赔值计算不合理或不准确等，反击对方的不合理索赔要求，减轻自己的责任，使自己不受或少受损失。

🔑 **课后拓展**

选择题

1. 下列关于索赔的说法，不正确的是（　　）。

A. 合同的双方都可以向对方提出索赔要求

B. 索赔是一种正当的权利要求

C. 与索赔相对应的活动是反索赔

D. 索赔以工程建设惯例为主要依据

2. 根据《标准施工招标文件》，承包人在施工中遇到不利物质条件时，采取合理措施后继续施工，承包人可以提出（　　）索赔。

A. 费用和利润　　　　　　　　　B. 费用和工期

C. 风险费和利润　　　　　　　　D. 工期和风险费

3. 索赔事件是指实际情况与合同规定不符合，最终引起（　　）变化的各类事件。

A. 质量、成本　　　　　　　　　B. 安全、工期

C. 工期、费用　　　　　　　　　D. 标准、信息

4. 在工程实施过程中发生索赔事件后，承包人首先应做的工作是在合同规定的时间内（　　）。

A. 向工程项目建设行政主管部门报告

B. 向造价工程师提交正式索赔报告

C. 收集完善索赔证据

D. 向发包人发出书面索赔意向通知

5. 下列内容中，能够成为工程项目实施过程中索赔的证据的有（　　）。

A. 施工过程中签署的补充协议

B. 工程核算资料、财务报告等

C. 气象报告和相关资料

D. 发包人签认的签证

E. 施工单位窃听的发包人谈话

6. 根据《标准施工招标文件》，关于承包人索赔程序的说法，正确的有（　　）。

A. 应在索赔事件发生后 28 天内，向监理人递交索赔意向通知书

B. 应在发出索赔意向通知书 28 天内，向监理人正式递交索赔通知书

C. 有连续影响的，应在递交延续索赔通知书 28 天内与发包人谈判确定当期索赔的额度

D. 索赔事件具有连续影响的，应按合理时间间隔继续递交延续索赔通知

答案：1. D；2. B；3. C；4. D；5. ABCD；6. ABDE

工作任务6　建设工程施工合同风险管理、工程保险和工程担保

子工作任务1　施工合同风险管理

🔍 **教学目标**

知识目标：识记工程合同风险的内涵及产生的原因，区分施工合同风险的类型。

技能目标：会进行工程合同风险的分配。

素质目标：提高系统解决实际工程问题的能力，培养学生的规则意识和诚实守信的契约精神。

🔍 **知识学习**

6.6　建设工程施工合同风险管理、工程保险和工程担保

知识点1　工程合同风险的内涵及产生的原因

合同风险是指合同中的以及由合同引起的不确定性。

一、工程合同风险的分类

1. 按合同风险产生的原因分，可以分为合同工程风险和合同信用风险。合同工程风险是指客观原因和非主观故意导致的，如工程进展过程中发生不利的地质条件变化、工程变更、物价上涨、不可抗力等。合同信用风险是指主观故意原因导致的，表现为合同双方的机会主义行为，如业主拖欠工程款，承包商层层转包、非法分包、偷工减料、以次充好、知假买假等。

2. 按合同的不同阶段进行划分，可以将合同风险分为合同订立风险和合同履约风险。

二、工程合同风险产生的原因

工程合同风险产生的主要原因在于合同的不完全性特征，即合同是不完全的。不完全合同是来自经济学的概念，是指由于个人的有限理性，外在环境的复杂性和不确定性，信息的不对称、交易成本以及机会主义行为的存在，导致合同当事人无法证实或观察一切，这就造成合同条款的不完全。与一般合同一样，工程合同也是不完全的，并且因为建筑产品的特殊性，致使工程合同不完全性的表现比一般合同更加复杂。

1. 合同的不确定性。由于人的有限理性，对外在环境的不确定性是无法完全预期的，不可能把所有可能发生的未来事件都写入合同条款中，更不可能制定好处理未来事件的所有具体条款。

2. 在复杂的、无法预测的世界中，一个工程的实施会存在各种各样的风险事件，人们很难预测未来事件，无法根据未来情况作出计划，往往是计划赶不上变化，诸如不利的自然条件、工程变更、政策法规的变化、物价的变化等。

3. 合同的语句表达不清晰、不细致、不严密、矛盾等可能造成合同的不完全，容易导致双方理解上的分歧而发生纠纷，甚至发生争端。

4. 由于合同双方的疏忽未就有关的事宜订立合同，而使合同不完全。

5. 交易成本的存在。因为合同双方订立某一条款以解决某特定事宜的成本超出了其收益而造成合同的不完全。由于存在着交易成本，人们签订的合同在某些方面肯定是不完全的。缔约各方愿意遗漏许多意外事件，认为等一等、看一看，要比把许多不大可能发生的事件考虑进去要好得多。

6. 信息的不对称。信息不对称是合同不完全的根源，多数问题都可以从信息的不对称中寻找到答案。建筑市场上的信息不对称主要表现为以下几个方面：

（1）业主并不真正了解承包商实际的技术和管理能力以及财务状况。

（2）承包商也并不真正了解业主是否有足够的资金保证，不知道业主能否及时支付工程款。

（3）总承包商对于分包商是否真正有能力履行合同，并不十分有把握，承包商掌握的建筑生产要素信息远不如这些要素的提供者全面。

7. 机会主义行为的存在。机会主义行为被定义为这样一种行为，即用虚假的或空洞的，也就是非真实的威胁或承诺来谋取个人利益的行为。经济学通常假定各种经济行为主体是具有利己心的，所追求的是自身利益的最大化，且最大化行为具有普遍性。经济学上的机会主义行为主要强调的是用掩盖信息和提供虚假信息损人利己。

任何交易都有可能发生机会主义行为，机会主义行为可分为事前的和事后的两种。前者不愿意袒露与自己真实条件有关的信息，甚至会制造扭曲的、虚假或模糊的信息。事后的机会主义行为也称为道德风险。事前的机会主义行为可以通过减少信息不对称部分地消除，但不能完全消除，而避免事后的机会主义行为方法之一就是在订立合同时进行有效的防范和在履约过程中进行监督管理。

知识点 2　区分施工合同风险的类型

一、项目外界环境风险

1. 在国际工程中，工程所在国政治环境的变化，如发生战争、禁运、罢工、社会动乱等造成工程施工中断或终止。

2. 经济环境的变化，如通货膨胀、汇率调整、工资和物价上涨。物价和货币风险在工程中经常出现，而且影响非常大。

3. 合同所依据的法律环境的变化，如新的法律颁布，国家调整税率或增加新税种，新的外汇管理政策等。在国际工程中，以工程所在国的法律为合同法律基础，对承包商的风险很大。

4. 自然环境的变化，如百年不遇的洪水、地震、台风等，以及工程水文、地质条件存在不确定性，复杂且恶劣的气候条件和现场条件，其他可能存在的对项目的干扰因素等。

二、项目组织成员资信和能力风险

1. 业主资信和能力风险。例如，业主企业的经营状况恶化、濒于倒闭，支付能力差，资信不好，撤走资金，恶意拖欠工程款等。业主为了达到不支付或少支付工程款的目的，在工程中刁难承包商，滥用权利，施行罚款和扣款，对承包商的合理索赔要求不答复或拒不支付。业主经常改变主意，如改变设计方案、施工方案，打乱工程施工秩序，发布错误指令，非正常地干预工程但又不愿意给予承包商以合理补偿等。业主不能完成合同责任，如不能及时供应设备、材料，不及时交付场地，不及时支付工程款。业主的工作人员存在私心和其他不正之风等。

2. 承包商（分包商、供货商）资信和能力风险。主要包括承包商的技术能力、施工力量、装备水平和管理能力不足，没有合适的技术专家和项目管理人员，不能积极地履行合同。承包商财务状况恶化，企业处于破产境地，无力采购和支付工资，工程被迫中止。承包商信誉差，不诚实，在投标报价和工程采购、施工中有欺诈行为。设计单位设计错误（如钢结构深化设计错误），不能及时交付设计图纸或无力完成设计工作。国际工程中对当地法律、语言、风俗不熟悉，对技术文件、工程说明和规范理解不准确或出错等。承包商的工作人员不积极履行合同责任，罢工、抗议或软抵抗等。

3. 其他方面。如政府机关工作人员、城市公共供应部门提出新的要求，项目周边或涉及的居民或单位的干预、抗议或苛刻的要求等。

三、管理风险

1. 对环境调查和预测的风险。对现场和周围环境条件缺乏足够全面和深入的调查，对影响投标报价的风险、意外事件和其他情况的资料缺乏足够的了解和预测。

2. 合同条款不严密、错误、有歧义，工程范围和标准存在不确定性。

3. 承包商投标策略错误，错误地理解业主意图和招标文件，导致实施方案错误、报价失误等。

4. 承包商的技术设计、施工方案、施工计划和组织措施存在缺陷和漏洞，计划不周。

5. 实施控制过程中的风险。例如，合作伙伴争执、责任不明；缺乏有效措施保证进度、安全和质量要求；由于分包层次太多，造成计划执行和调整、实施的困难等。

🔍 技能实践

技能点：工程合同风险分配

1. 工程合同风险分配的重要性。业主起草招标文件和合同条件，确定合同类型，对风险的分配起主导作用，有更大的主动权和责任。业主不能随心所欲地不顾主客观条件，任意在合同中增加对承包商的单方面约束性条款和对自己的免责条款，把风险全部推给对方，一定要理性分配风险，否则可能产生如下后果：

（1）如果业主不承担风险，业主也缺乏工程控制的积极性和内在动力，工程也不能顺利进行。

（2）如果合同不平等，承包商没有合理利润，不可预见的风险太大，则会对工程缺乏信心和履约积极性。如果风险事件发生，不可预见风险费用不足以弥补承包商的损失，承包商通常会采取其他各种办法弥补损失或减少开支，如偷工减料、减少工作量、降低材料设备和施工质量标准以降低成本，甚至放慢施工速度或停工等，最终影响工程的整体效益。

（3）如果合同所定义的风险没有发生，则业主多支付了报价中的不可预见风险费，承包商取得了超额利润。

合理分配风险的好处是：

（1）业主可以获得一个合理的报价，承包商报价中的不可预见风险费较少。

（2）减少合同的不确定性，承包商可以准确地计划和安排工程施工。

（3）可以最大限度发挥合同双方风险控制和履约的积极性。

（4）整个工程的产出效益可能会更好。

2. 工程风险分配的原则。合同风险应该按照效率原则和公平原则进行分配。

（1）从工程整体效益出发，最大限度发挥双方的积极性，尽可能做到：①谁能最有效地（有能力和经验）预测、防止和控制风险，或能有效地降低风险损失，或能将风险转移给其他方面，则应由他承担相应的分配风险责任。②承担者控制相关风险是经济的，即能够以最低的成本来承担风险损失，同时他管理风险的成本、自我防范和市场保险费用最低，同时又是有效、方便、可行的。③通过风险分配，加强责任，发挥双方管理和技术革新的积极性等。

（2）公平合理，责权利平衡，体现在：①承包商提供的工程（或服务）与业主支付的价格之间应体现公平，这种公平通常以当地当时的市场价格为依据。②风险责任与权利之间应平衡。③风险责任与机会对等，即风险承担者同时应能享有风险控制获得的收益和机会收益。④承担的可能性和合理性，即给风险承担者以风险预测、计划、控制的条件和可能性。

（3）符合现代工程管理理念。

（4）符合工程惯例，即符合通常的工程处理方法。

🔍 课后拓展

选择题

1. 下列施工合同风险中，属于管理风险的是（　　）。

A. 业主改变设计方案　　　　　　　B. 对环境调查和预测的风险

C. 自然环境的变化　　　　　　　　D. 合同所依据环境的变化

2. 有关工程合同风险分配，合理地分配风险的好处是（　　）。

A. 业主可以获得一个合理的报价，承包商报价中的不可预见风险费较少

B. 减少合同的不确定性，承包商可以准确地计划和安排工程施工

C. 可以最大限度发挥合同双方风险控制和履约的积极性

D. 整个工程的产出效益可能会更好

E. 承包商对风险的分配起主导作用

3. 关于工程合同风险分配的说法，正确的是（　　　）。

A. 业主、承包商谁能更有效地降低风险、损失，则应由谁承担相应的风险责任

B. 承包商在工程合同风险分配中起主导作用

C. 业主、承包商谁承担管理风险的成本最高则应由谁来承担相应的风险责任

D. 合同定义的风险没有发生，业主不用支付承包商投标中的不可预见风险费

答案：1. B；2. ABCD；3. A；

子工作任务 2　工程保险

🔍 **教学目标**

知识目标：识记工程保险的内涵。

技能目标：会区分工程保险的种类。

素质目标：提高系统解决实际工程问题的能力，培养学生的规则意识和诚实守信的契约精神。

🔍 **知识学习**

知识点 1　工程保险的内涵

工程保险是对以工程建设过程中所涉及的财产、人身和建设各方当事人之间权利义务关系为对象的保险的总称；是对建筑工程项目、安装工程项目及工程中的施工机具、设备所面临的各种风险提供的经济保障；是业主和承包商为了工程项目的顺利实施，以建设工程项目，包括建设工程本身、工程设备和施工机具以及与之有关联的人作为保险对象，向保险人支付保险费，由保险人根据合同约定对建设过程中遭受自然灾害或意外事故所造成的财产和人身伤害承担赔偿保险金责任的一种保险形式。

投保人将威胁自己的工程风险通过按约缴纳保险费的办法转移给保险人（保险公司）。如果事故发生，投保人可以通过保险公司取得损失补偿，以保证自身免受或少受损失。其好处是付出一定的少量的保险费，换得遭受大量损失时得到补偿的保障，从而增强抵御风险的能力。

🔍 **技能实践**

技能点：区分工程保险种类

按照国际惯例以及国内合同范本的要求，施工合同的通用条款对于易发生重大风

险事件的投保范围作了明确规定，投保范围包括工程一切险、第三者责任险、人身意外伤害险、承包人设备保险等。

1. 工程一切险。按照我国保险制度，工程险包括建筑工程一切险、安装工程一切险两类。在施工过程中如果发生保险责任事件使工程本体受到损害，已支付进度款部分的工程属于项目法人的财产，尚未获得支付但已完成部分的工程属于承包人的财产，因此要求投保人办理保险时应以双方名义共同投保。为了保证保险的有效性和连贯性，国内工程通常由项目法人办理保险，国际工程一般要求承包人办理保险。

如果承包商不愿投保一切险，也可以就承包商的材料、机具设备、临时工程、已完工程等分别进行保险，但应征得业主的同意。一般来说，集中投保一切险，可能比分别投保的费用要少。有时，承包商将一部分永久工程、临时工程、劳务等分包给其他分包商，可以要求分包商投保其分担责任的那一部分保险，而自己按扣除该分包价格的余额进行保险。

2. 第三者责任险。该项保险是指由于施工的原因导致项目法人和承包人以外的第三人受到财产损失或人身伤害的赔偿。第三者责任险的被保险人是项目法人和承包人。该险种一般附加在工程一切险中。

在发生这种涉及第三方损失的责任时，保险公司将对承包商由此支出的赔款和发生诉讼等费用进行赔偿。但是应当注意，属于承包商或业主在工地的财产损失，或其公司和其他承包商在现场从事与工作有关的职工的伤亡不属于第三者责任险的赔偿范围，而属于工程一切险和人身意外伤害险的范围。

3. 人身意外伤害险。为了将参与项目建设人员由于施工原因受到人身意外伤害的损失转移给保险公司，应为从事危险作业的工人和职员办理意外伤害保险。此项保险义务分别由发包人、承包人承担，负责为本方参与现场施工的人员投保。《中华人民共和国建筑法》第48条规定，建筑施工企业应当依法为职工参加工伤保险缴纳工伤保险费。鼓励企业为从事危险作业的职工办理意外伤害保险，支付保险费。

4. 承包人设备保险。保险的范围包括承包人运抵施工现场的施工机具和准备用于永久工程的材料及设备。我国的工程一切险包括此项保险内容。

5. 执业责任险。以设计人、咨询人（监理人）的设计、咨询错误或员工工作疏漏给业主或承包商造成的损失为保险标的。

6. CIP保险。CIP是英文Controlled Insurance Programs的缩写，意思是"一揽子保险"。CIP保险的运行机制是，由业主或承包商统一购买"一揽子保险"，保障范围覆盖业主、承包商及所有分包商，内容包括劳工赔偿、雇主责任险、一般责任险、建筑工程一切险、安装工程一切险。

CIP保险的优点是：

（1）以最优的价格提供最佳的保障范围；

（2）能实施有效的风险管理；

（3）降低赔付率，进而降低保险费率；

（4）避免诉讼，便于索赔。

🔍 **课后拓展**

选择题

1. 建筑工程保险的第三者责任是指被保险人在工程保险期限内因意外事故造成工地以及工地附近的第三者（　　　），依法应负的赔偿责任。

A. 人身伤亡　　　　　　　　　　　B. 财产损失

C. 人身伤亡或财产损失　　　　　　D. 责任事故

2. 工程保险的主要险种是（　　　）。

A. 建筑工程一切险　　　　　　　　B. 农民工工伤保险

C. 承包商机械设备保险　　　　　　D. 第三者责任险

答案：1. C；2. A

子工作任务 3　工程担保

🔍 **教学目标**

知识目标：识记工程担保的内涵。

技能目标：会选择不同的工程担保方式。

素质目标：提高系统解决实际工程问题的能力，培养学生的规则意识和诚实守信的契约精神。

🔍 **知识学习**

知识点 1　工程担保的内涵

担保是指债权人为确保债务得到清偿，而在债务人或第三人的特定的物和权利上设定的，可以支配他人财产的一种权利的行为。工程担保通常是指在工程建设活动中由保证人向合同一方当事人（受益人）提供保证，保证另一方当事人（被保证人）履行合同义务的担保行为，在被保证人不履行合同义务时，由保证人代为履行或承担代偿责任。由于工程担保大多采用第三方担保方式，故工程担保也被称为工程保证担保。工程担保对于规范工程发承包交易行为，防范和化解工程风险，防止拖欠工程款和农民工工资，保证工程质量和安全等起到重要作用。

🔍 **技能实践**

技能点：工程担保的方式

我国常用的担保方式有五种：保证、抵押、质押、留置和定金。

保证又称第三方担保，是指保证人和债权人约定，当债务人不能履行债务时，保证人按照约定履行债务或承担责任的行为。

抵押是指债务人或者第三人不转移对所拥有财产的占有，将该财产作为债权的担保。债务人不履行债务时，债权人有权依法以该财产折价或者以拍卖、变卖该财产的价款优先受偿。

质押是指债务人或者第三人将其质押物移交债权人占有，将该物作为债权的担保。债务人不履行债务时，债权人有权依法以该物折价或者以拍卖、变卖的价款优先受偿。

留置是指债权人按照合同约定占有债务人的动产，债务人不履行债务时，债权人有权依法留置该财产，以该财产折价或者以拍卖、变卖该财产的价款优先受偿。

定金是指当事人可以约定一方向另一方给付定金作为债权的担保，债务人履行债务后，定金应当抵作价款或者收回。给付定金的一方不履行约定债务的，无权要求返还定金。收受定金的一方不履行约定债务的，应当双倍返还定金。

工程担保有多种，常见的有投标担保、履约担保、预付款担保、工程款支付担保、工程质量保证金等。

1. 投标担保。投标担保是指投标人在投标活动中，随同投标文件一起向招标人提交的担保。投标担保形式有投标保函、投标保证金等。投标担保的主要目的是保证投标人在递交投标文件后不得撤销投标文件，中标后不得以无正当理由不与招标人订立合同，在签订合同时不得向招标人提出附加条件或者不按照招标文件要求提交履约担保。否则，招标人有权不予退还其提交的投标保证金。

《中华人民共和国招标投标法实施条例》规定，招标人在招标文件中要求投标人提交投标保证金的，投标保证金不得超过招标项目估算价的2%。投标保证金有效期应当与投标有效期一致。依法必须进行招标的项目的境内投标单位，以现金或者支票形式提交的投标保证金应当从其基本账户转出。招标人不得挪用投标保证金。

投标人撤回已提交的投标文件，应当在投标截止时间前书面通知招标人。招标人已收取投标保证金的，应当自收到投标人书面撤回通知之日起5日内退还。投标截止后投标人撤销投标文件的，招标人可以不退还投标保证金。招标人最迟应当在书面合同签订后5日内向中标人和未中标的投标人退还投标保证金及银行同期存款利息。

2. 履约担保。履约担保是指中标人在签订合同前向招标人提交的保证履行合同义务和责任的担保。联合体中标的，应由联合体牵头人提交履约担保。履约担保形式有银行履约保函、履约担保书、履约保证金等。履约担保的目的是发包人为防止施工承包单位不履行合同或违约，用来弥补给发包人造成的经济损失。

《中华人民共和国招标投标法实施条例》规定，招标文件要求中标人提交履约保证金的，中标人应当按照招标文件的要求提交。履约保证金不得超过中标合同金额的10%。中标人无正当理由不与招标人订立合同，在签订合同时向招标人提出附加条件，或者不按照招标文件要求提交履约保证金的，取消其中标资格，投标保证金不予退还。

3. 预付款担保。预付款担保的主要作用在于保证承包人能够按合同规定进行施工，偿还发包人已支付的全部预付金额。《标准施工招标文件》通用合同条款规定，除专用合同条款另有约定外，承包人应在收到预付款的同时向发包人提交预付款保函，预付款保函的担保金额应与预付款金额相同。保函的担保金额可根据预付款扣回的金额相应递减。

4. 工程款支付担保。工程款支付担保是指为保证发包人履行合同约定的工程款支付义务，由担保人向承包人提供的担保。发包人应在签订施工合同时向承包人提交工程款支付担保。工程款支付担保的实质是发包人的一种履约保证，主要是基于我国国情，为防止发包人随意拖欠工程款、保护承包人利益而实施。

《示范文本》要求，发包人应在收到承包人要求提供资金来源证明的书面通知后28天内，向承包人提供能够按照合同约定支付合同价款的相应资金来源证明。发包人要求承包人提供履约担保的，发包人应向承包人提供支付担保。支付担保可以采用银行保函或担保公司担保等形式，具体由合同当事人在专用合同条款中约定。

5. 工程质量保证金。工程质量保证金是指发承包双方在施工合同中约定，从应付工程款中预留，用以保证承包人在缺陷责任期内对工程施工质量缺陷进行维修的资金。工程质量保证金实质上是为保证承包人履行施工合同而进行的一种担保。

根据《住房和城乡建设部、财政部关于印发建设工程质量保证金管理办法的通知》，工程质量保证金总预留比例不得高于工程价款结算总额的3%。合同约定由承包人以银行保函替代工程质量保证金的，保函金额不得高于工程价款结算总额的3%。在工程竣工前，承包人已缴纳履约保证金的，发包人不得同时预留工程质量保证金；采用工程质量保证担保、工程质量保险等其他保证方式的，发包人不得再预留工程质量保证金。

国家发展和改革委员会等部门发布的《国家发展改革委等部门关于完善招标投标交易担保制度进一步降低招标投标交易成本的通知》指出，鼓励招标人接受担保机构的保函、保险机构的保单等其他非现金交易担保方式缴纳投标保证金、履约保证金、工程质量保证金。投标人、中标人在招标文件约定范围内，可以自行选择交易担保方式，招标人、招标代理机构和其他任何单位不得排斥、限制或拒绝。鼓励使用电子保函，降低电子保函费用。任何单位和个人不得为投标人、中标人指定出具保函、保单的银行、担保机构或保险机构。

《标准施工招标文件》通用合同条款规定，承包人应保证其履约担保在发包人颁发工程接收证书前一直有效。发包人应在工程接收证书颁发后28天内将履约担保退还给承包人。

课后拓展

选择题

1. 担保的产生源于（   ）对债务人的不信任。
A. 当事人   B. 保证人
C. 债权人   D. 被担保人
2. 建设工程投标保证金一般不得超过招标项目估算价的（   ）。
A. 1%   B. 2%   C. 3%   D. 4%

3. 根据《工程建设项目施工招标投标办法》规定，招标人要求中标人提供履约担保的，招标人应向中标人提供（　　　）。

A. 预付款担保　　　　　　　　B. 抵押担保

C. 保证金　　　　　　　　　　D. 工程款支付担保

4. 下列不能作为质押财产的是（　　　）。

A. 股票　　　　B. 支票　　　　C. 债券　　　　D. 土地所有权

5. 保证的方式分为（　　　）。

A. 一般保证

B. 定金保证

C. 部分连带责任保证

D. 连带责任保证

E. 抵押

答案：1. C；2. B；3. D；4. D；5. AD

工作领域 7

安全防范系统施工信息管理

施工信息管理是现代工程项目中的关键环节，它贯穿于项目的全生命周期，从项目规划、设计，到施工、验收以及后续运维阶段。其核心在于对各类施工相关信息，如工程图纸、技术规范、材料清单、人员安排、进度报告、质量检测数据等，进行系统的收集、整理、存储、传递与共享。通过高效的信息管理系统，一方面，确保施工团队各成员能及时获取准确信息，避免因信息不对称或信息延误导致的施工错误、延误工期等，提升施工效率；另一方面，它为项目管理者提供决策依据，助其精准把控项目成本、质量与进度，实时调整施工策略，以应对施工过程中的各种变数，保障工程项目顺利达成预定目标，实现社会效益与经济效益的双赢。

工作任务 1 施工信息管理的任务

📖 **教学目标**

知识目标：识记信息的概念、信息管理概念、信息管理手册的主要内容。

技能目标：会开展施工项目相关的信息管理主要工作。

素质目标：提高系统解决实际工程问题的能力，培养学生的信息安全意识，弘扬爱国主义精神。

📖 **知识学习**

7.1 施工信息管理的任务

知识点 1 建设工程项目信息管理的内涵

1. 信息的概念。信息指的是用口头的方式、书面的方式或电子的方式传输（传达、传递）的知识、新闻，或可靠的或不可靠的情报。声音、文字、数字和图像等都是信息表达的形式。建设工程项目的实施需要人力资源和物质资源，应认识到信息资源也是项目实施的重要资源之一。

2. 信息管理的概念。信息管理指的是信息传输的合理地组织和控制。

施工方在投标过程中、承包合同洽谈过程中、施工准备工作中、施工过程中、验收过程中，以及在保修期工作中形成大量的信息。这些信息不但在施工方内部各部门间流转，其中许多信息还必须提供给政府建设主管部门、业主方、设计方、相关的施工合作方和供货方等，还有许多有价值的信息应有序地保存，以供其他项目施工借鉴。

上述过程包含了信息传输的过程，由谁（哪个工作岗位或工作部门等）、在何时、向谁（哪个项目主管和参与单位的工作岗位或工作部门等）、以什么方式、提供什么信息等，这就是信息管理的内涵。

信息管理不能简单理解为仅对产生的信息进行归档和一般的信息领域的行政事务管理。为充分发挥信息资源的作用和提高信息管理的水平，施工单位和项目管理部门都应设置专门的工作部门（或专门的人员）负责信息管理。

3. 建设工程项目的信息管理。

（1）建设工程项目的信息管理是通过对各个系统、各项工作和各种数据的管理，使项目的信息能方便和有效地获取、存储（存档是存储的一项工作）、处理和交流。

（2）上述"各个系统"可视为与项目的决策、实施和运行有关的各系统，可分为建设工程项目决策阶段管理子系统、实施阶段管理子系统和运行阶段管理子系统。其中实施阶段管理子系统又可分为业主方管理子系统、设计方管理子系统、施工方管理子系统和供货方管理子系统等。

（3）上述"各项工作"可视为与项目的决策、实施和运行有关的各项工作。如施工方管理子系统中的工作包括安全管理、成本管理、进度管理、质量管理、合同管理、信息管理、施工现场管理等。

（4）建设工程项目的信息包括在项目决策过程、实施过程（设计准备、设计、施工和物资采购过程等）和运行过程中产生的信息，以及其他与项目建设有关的信息。

（5）上述"数据"并不仅指数字，在信息管理中，数据作为一个专门术语，它包括数字、文字、图像和声音。在施工方项目信息管理中，各种报表、成本分析的有关数字，进度分析的有关数字，质量分析的有关数字，各种来往的文件、设计图纸，施工摄影和摄像资料以及录音资料等都属于信息管理中的数据的范畴。

（6）建设工程项目的信息管理的目的是通过有效的项目信息传输的组织和控制为项目建设提供增值服务。

信息交流对项目实施影响非常大，以上"信息交流（信息沟通）"的问题指的是一方没有及时，或没有将另一方所需要的信息（如所需的信息的内容、针对性的信息和完整的信息），或没有将正确的信息传递给另一方。如设计变更没有及时通知施工方，而导致返工；如业主方没有将施工进度严重拖延的信息及时告知大型设备供货方，而设备供货方仍按原计划将设备运到施工现场，致使大型设备在现场无法存放和妥善保管；如施工已产生了重大质量问题，而没有及时向有关技术负责人汇报等。以上列举的问题都会不同程度地影响项目目标的实现。

知识点 2　信息管理手册的主要内容

施工方、业主方和项目参与其他各方都有各自的信息管理任务，为充分利用和发挥信息资源的价值、提高信息管理的效率以及实现有序的和科学的信息管理，各方都应编制各自的信息管理手册，以规范信息管理工作。信息管理手册描述和定义信息管理的任务、执行者（部门）、每项信息管理任务执行的时间和其工作成果等，它的主要内容包括：

1. 确定信息管理的任务（信息管理任务目录）。
2. 确定信息管理的任务分工表和管理职能分工表。
3. 确定信息的分类。
4. 确定信息的编码体系和编码。
5. 绘制信息输入输出模型，反映每一项信息处理过程的信息的提供者、信息的整理加工者、信息整理加工的要求和内容，以及经整理加工后的信息传递给信息的接收者，并用框图的形式表示。
6. 绘制各项信息管理工作的工作流程图，如信息管理手册编制和修订的工作流程；为形成各类报表和报告，收集信息、审核信息、录入信息、加工信息、信息传输和发布的工作流程；工程档案管理的工作流程等。
7. 绘制信息处理的流程图，如施工安全管理信息、施工成本控制信息、施工进度信息、施工质量信息、合同管理信息等信息处理的流程。
8. 确定信息处理的工作平台，如以局域网作为信息处理的工作平台，或用门户网站作为信息处理的工作平台等，以及明确其使用规定。
9. 确定各种报表和报告的格式，以及报告周期。
10. 确定项目进展的月度报告、季度报告、年度报告和工程总报告的内容及其编制原则和方法。
11. 确定工程档案管理制度。
12. 确定信息管理的保密制度，以及与信息管理有关的制度。

当今处于信息时代，在国际工程管理领域产生了信息管理手册，它是信息管理的核心指导文件。期望我国施工企业重视信息管理手册，并在工程实践中加以应用。

知识点 3　信息管理部门的主要任务

项目管理班子中各个工作部门的管理工作都与信息处理有关，它们也都承担一定的信息管理任务，而信息管理部门是专门从事信息管理的工作部门，其主要工作任务是：

1. 负责主持编制信息管理手册，在项目实施过程中进行信息管理手册的必要的修改和补充，并检查和督促其执行。
2. 负责协调和组织项目管理班子中各个工作部门的信息处理工作。

3. 负责信息处理工作平台的建立和运行维护。

4. 与其他工作部门协同组织收集信息、处理信息和形成各种反映项目进展和项目目标控制的报表和报告。

5. 负责工程档案管理等。

🔍 技能实践

技能点：施工项目相关的信息管理主要工作

1. 收集并整理相关公共信息。公共信息包括法律法规和部门规章信息，市场信息以及自然条件信息。

（1）法律法规和部门规章信息，可采用编目管理或建立计算机文档存入计算机。无论采用哪种管理方式，都应在施工项目信息管理系统中建立法律法规和部门规章表。

（2）市场信息包括材料价格表，材料供应商表，机械设备供应商表，机械设备价格表，新材料、新技术、新工艺、新管理方法信息表等。应通过每一种表格及时反映出市场动态。

（3）自然条件信息，应建立自然条件表，表中应包括地区、场地土类别、年平均气温、年最高气温、年最低气温、冬雨风季时间、年最大风力、地下水位高度、交通运输条件、环保要求等内容。

2. 收集并整理工程总体信息。以房屋建设工程为例，工程总体信息包括工程名称、工程编号、建筑面积、总造价；建设单位、设计单位、施工单位、监理单位和参与建设其他各单位等基本项目信息，以及基础工程、主体工程、设备安装工程、装饰装修工程、建筑造型等信息；工程实体信息、场地与环境信息、施工合同信息等。

3. 收集并整理相关施工信息。

（1）施工信息内容包括：施工记录信息，施工技术资料信息等。

（2）施工记录信息包括：施工日志、质量检查记录、材料设备进场记录、用工记录表等。

（3）施工技术资料信息包括：主要原材料、成品、半成品、构配件、设备出厂质量证明和试（检）验报告，施工试验记录，预检记录，隐蔽工程验收记录，基础、主体结构验收记录，设备安装工程记录，施工组织设计，技术交底资料，工程质量检验评定资料，竣工验收资料，设计变更洽商记录，竣工图等。

4. 收集并整理相关项目管理信息。

（1）项目管理信息包括：项目管理规划（大纲）信息，项目管理实施规划信息，项目进度控制信息，项目质量控制信息，项目安全控制信息，项目成本控制信息，项目现场管理信息，项目合同管理信息，项目材料管理信息，构配件管理信息，工、器具管理信息，项目人力资源管理信息，项目机械设备管理信息，项目资金管理信息，项目技术管理信息，项目组织协调信息，项目竣工验收信息，项目考核评价信息等。

（2）项目进度控制信息包括：施工进度计划表、资源计划表、资源表、完成工作分析表等。

（3）项目成本信息包括：要通过责任目标成本表、实际成本表、降低成本计划和成本分析等来管理和控制成本的相关信息。而降低成本计划由成本降低率表、成本降低额表、施工和管理费降低计划表组成。成本分析由计划偏差表、实际偏差表、目标偏差表和成本现状分析表等组成。

（4）项目安全控制信息包括：安全交底、安全设施验收、安全教育、安全措施、安全处罚、安全事故、安全检查、复查整改记录等。

（5）项目竣工验收信息包括：施工项目质量合格证书，单位工程交工质量核定表，交工验收证明书，施工技术资料移交表，施工项目结算、回访与保修书等。

巩固练习

选择题

1. 我国在建设工程项目管理中，当前最薄弱的工作领域是（　　）。

A. 质量管理　　　　　　　　　B. 安全管理

C. 成本管理　　　　　　　　　D. 信息管理

2. 信息管理指的是（　　）。

A. 信息的存档和处理　　　　　B. 信息传输的合理组织和控制

C. 信息的处理和交流　　　　　D. 信息合理的收集和存储

3. 项目成本信息要通过责任目标成本表、实际成本表、成本分析表等来管理和控制。其中成本分析不包括（　　）。

A. 计划偏差表　　　　　　　　B. 成本降低额表

C. 实际偏差表　　　　　　　　D. 成本现状分析表

答案：1. D；2. A；3. B

工作任务 2　施工信息管理的方法

教学目标

知识目标：识记信息化的内涵，识记工程管理信息化的意义，明晰信息技术在工程管理中的应用和发展。

技能目标：会进行工程管理信息资源的开发和应用。

素质目标：提高系统解决实际工程问题的能力，培养学生的信息安全意识，弘扬爱国主义精神。

7.2 施工信息管理的方法

知识点 1 信息化的内涵

施工方信息管理手段的核心是实现工程管理信息化。

信息化指的是信息资源的开发和利用，以及信息技术的开发和应用。信息化是继人类社会农业革命、城镇化和工业化后的又一个新的发展时期的重要标志。

"信息资源"涉及范围非常广，从地域上划分，有国内信息资源和国际信息资源，它们都可再按地域细分。从信息的领域区分，则有政治、军事、经济、文化、艺术类等，它们也可再细分。从信息内容的属性划分，则有组织、管理、经济、技术类等。信息资源对人类社会是非常宝贵的财富，它应得到广泛开发和充分利用。

"信息技术"包括有关数据处理的软件技术、硬件技术和网络技术等。国际社会认为，一个社会的信息技术水平是衡量其文明程度的重要标志之一。

我国实施国家信息化的总体思路是：以信息技术应用为导向，以信息资源开发利用为中心，以制度创新和技术创新为动力，创造环境，鼓励竞争，扩大开放，加快发展通信业、电子信息产品制造业、软件业和信息服务业，以应用促发展，以信息化带动工业化，加快经济结构的战略性调整，全面推动领域信息化、区域信息化、企业信息化和社会信息化进程。具体包括以下几方面：

1. 建设世界一流的网络基础设施。加快建设宽带多媒体基础传输网络和宽带接入网络，加快广播电视节目制作和传输的数字化、网络化进程。

2. 突出信息资源开发利用的中心地位。建设一批国家级战略性、基础性和公益性资源数据库，建设政府信息、国家公共信息资源交换服务中心，在数字图书馆、网络新闻、中国历史文化信息、地理空间信息系统、中外文语言机器翻译等领域实施一系列重大工程。

3. 加快信息化向国民经济和社会各领域的渗透。在经济商贸、生产制造、财政金融、农业、交通能源、科技教育、资源环境、社会公共服务和综合治理等领域，选择重点，实施领域信息化重大应用工程。

4. 提高信息技术研发和产业化水平。在超大规模集成电路技术、密集波分复用技术、信息网络组网和管理技术、高速交换和路由技术、系统和应用软件技术、信息与网络安全技术等方面取得重大进展，使我国通信业、电子信息产品制造业、软件业和信息服务业取得较大的发展。

5. 大力培养信息化人才。在基础教育、学历教育和职业教育等各环节统一开设信息化研修课程。加强信息化基础研究和开发。动员社会各方面力量，建设多元化的信息化人才培养教育体系。建立良好的人才选拔、培养和使用机制，制定吸引海外高级人才的政策。

6. 加快信息化法律法规和标准规范的建设。制定和完善有关信息化的法律法规，保证网络安全，统一信息化建设中的各项标准和规范，促进国家信息化快速健康发展。

知识点 2　工程管理信息化的意义

工程管理信息资源的开发和信息资源的充分利用，可吸取类似项目的正反两方面的经验和教训，许多有价值的组织信息、管理信息、经济信息、技术信息和法规信息有助于项目决策期多种可能方案的选择，有利于项目实施期的项目目标控制，也有利于项目建成后的运行。

通过信息技术在工程管理中的开发和应用能实现：

1. 信息存储数字化和存储相对集中；
2. 信息处理和变换的程序化；
3. 信息传输的数字化和电子化；
4. 信息获取便捷；
5. 信息透明度提高；
6. 信息流扁平化。

信息技术在工程管理中的开发和应用的意义在于：

1. "信息存储数字化和存储相对集中"有利于项目信息的检索和查询，有利于数据和文件版本的统一，并有利于项目的文档管理。

2. "信息处理和变换的程序化"有利于提高数据处理的准确性，并可提高数据处理的效率。

3. "信息传输的数字化和电子化"可提高数据传输的抗干扰能力，使数据传输不受距离限制并可提高数据传输的保真度和保密性。

4. "信息获取便捷""信息透明度提高"以及"信息流扁平化"有利于项目参与方之间的信息交流和协同工作。

工程管理信息化有利于提高建设工程项目的经济效益和社会效益，以达到为项目建设增值的目的。

知识点 3　信息技术在工程管理中的应用和发展

为推进建筑业数字化转型，使大数据成为推动建筑行业高质量发展的新动能，根据《住房和城乡建设部等部门关于推动智能建造与建筑工业化协同发展的指导意见》，要以加快打造建筑产业互联网平台为重点，推进建筑业数字化转型。建筑产业互联网是新一代信息技术与建筑业深度融合形成的关键基础设施，也是建筑工程全生命周期信息管理的重要依托，奠定了建筑工程全生命周期信息管理产生的基础。

建筑工程全生命周期信息管理（Building Lifecycle Management，简称 BLM），指贯穿于建筑全过程，用数字化的方法来创建、管理和共享所建造的信息。其以信息管理为核心，旨在聚合数据、集成信息、赋能监管，从而实现建筑业管理数字化改革。

BLM 包括信息的创建与管理两个方面，即在项目全生命周期中创建、管理、共享建筑工程信息。其以建筑信息模型（Building Information Model，简称 BIM）、地理信息系统（GIS）、物联网（IoT）等技术为基础，在聚合数据的基础上实现工程项目建设各环节数字化。

BIM 技术是实现 BLM 理念的关键。BIM 从根本上改变了建筑工程信息的创建过程与创建方式，将数字化信息形式应用于规划设计、生产制造、建造施工、运营维护各阶段，能够以建筑工程项目各项数字化信息为基础创建 3D（实体）+1D（进度）+1D（造价）的五维建筑信息模型。这种数字化信息模式的创建，也从根本上改变了建筑工程信息的共享与管理方式，使数字化建筑物形成完整的、有层次的信息管理系统。

再结合射频识别技术（RFID）在预制构件中植入"芯片"、运用 GIS 技术匹配地理空间信息，依托 5G、大数据、人工智能、云计算、工业互联网等新一代信息通信技术，BLM 能够创建、管理及共享统一完整的工程信息，减少工程建设各阶段衔接及各参与方之间的信息丢失，从而减少矛盾和失误的产生，并为建筑企业的施工现场智慧管理、项目全生命周期数据计算分析等提供有力支撑。

🔍 技能实践

技能点：工程管理信息资源开发和应用

工程管理信息化属于领域信息化的范畴，它和企业信息化也有联系。

我国建筑业和基本建设领域应用信息技术与工业发达国家相比，尚存在一定的差距，它反映在信息技术在工程管理中应用的观念上，也反映在有关的知识管理上，还反映在有关技术的应用方面。

习近平总书记提出，面向未来，我们要站在统筹中华民族伟大复兴战略全局和世界百年未有之大变局的高度，统筹国内国际两个大局、发展安全两件大事，充分发挥海量数据和丰富应用场景优势，促进数字技术和实体经济深度融合，赋能传统产业转型升级，催生新产业新业态新模式，不断做强做优做大我国数字经济。[1]

工程管理信息化指的是工程管理信息资源的开发和利用，以及信息技术在工程管理中的开发和应用。

工程管理的信息资源包括：

1. 组织类工程信息，如建筑业的组织信息、项目参与方的组织信息、与建筑业有关的组织信息和专家信息等。

2. 管理类工程信息，如与投资控制、进度控制、质量控制、合同管理和信息管理有关的信息等。

---

〔1〕 2022 年第 2 期《求是》杂志发表习近平总书记重要文章《不断做强做优做大我国数字经济》。

3. 经济类工程信息，如建设物资的市场信息、项目融资的信息等。

4. 技术类工程信息，如与设计、施工和物资有关的技术信息等。

5. 法规类信息等。

应重视以上这些信息资源的开发和利用，它们的开发和利用将有利于建设工程项目的增值，即有利于节约投资/成本、加快建设进度和提高建设质量。

信息技术在工程管理中的开发和应用，包括在项目决策阶段的开发管理、实施阶段的项目管理和使用阶段的设施管理中开发和应用信息技术。

施工管理信息化是工程管理信息化的一个分支，其内涵是施工管理信息资源的开发和利用，以及信息技术在施工管理中的开发和应用。

🔑 巩固练习

选择题

1. 下列工程管理信息资源中属于管理类工程信息的是（   ）。

A. 与建筑业有关的专家信息　　　B. 建设物资的市场信息

C. 与合同有关的信息　　　　　　D. 与施工有关的技术信息

2. 施工方信息管理手段的核心是（   ）。

A. 实现工程管理信息化　　　　　B. 编制信息管理手册

C. 建立基于互联网的信息处理平台　D. 实现办公自动化

答案：1. C；2. A

工作任务 3　施工文件归档管理

🔑 教学目标

知识目标：识记工程文件及工程档案的定义，识记各方在建设工程档案管理中的职责，明晰施工文件档案管理的主要内容。

技能目标：会按归档文件的质量要求开展文件归档。

素质目标：提高系统解决实际工程问题的能力，培养学生的信息安全意识，弘扬爱国主义精神。

🔑 知识学习

7.3　施工文件归档管理

知识点 1　工程文件及工程档案

《建设工程文件归档规范》（GB/T50328-2014）于 2019 年修订（以下简称《归档规范》），自 2020 年 3 月 1 日起实施。建设工程文件是反映建设工程质量和工作质量状况的重要依据，是评定工程质量等级的重要依据，也是单位工程在日后维修、扩建、改造、更新的重要档案材料。

一、工程文件

《归档规范》指出，在工程建设过程中形成的各种形式的信息记录，包括工程准备阶段文件、监理文件、施工文件、竣工图和竣工验收文件，也可简称为工程文件。其中：

1. 工程准备阶段文件即工程开工以前，在立项、审批、用地、勘察、设计、招投标等工程准备阶段形成的文件。

2. 监理文件即监理单位在工程设计、施工等监理过程中形成的文件。

3. 施工文件即施工单位在工程施工过程中形成的文件。

4. 竣工图即工程竣工验收后，真实反映建设工程项目施工结果的图样。

5. 竣工验收文件即建设工程项目竣工验收活动中形成的文件。

工程文件应随工程建设进度同步形成，不得事后补编。

二、工程档案

《归档规范》指出，在工程建设活动中直接形成的具有归档保存价值的文字、图表、声像等各种形式的历史记录，也可简称工程档案。

1. 建设工程电子文件，在工程建设过程中通过数字设备及环境生成，以数码形式存储于磁带、磁盘或光盘等载体，依赖计算机等数字设备阅读、处理，并可在通信网络上传送的文件。

2. 建设工程电子档案，工程建设过程中形成的，具有参考和利用价值并作为档案保存的电子文件及其元数据。

3. 建设工程声像档案，记录工程建设活动，具有保存价值的，用照片、影片、录音带、录像带、光盘、硬盘等记载的声音、图片和影像等历史记录。

每项建设工程应编制一套电子档案，随纸质档案一并移交城建档案管理机构。电子档案签署了具有法律效力的电子印章或电子签名的，可不移交相应纸质档案。

施工文档资料是城建档案的重要组成部分，是建设工程进行竣工验收的必要条件，是全面反映建设工程质量状况的重要文档资料。

三、工程档案保管期限

《归档规范》指出，永久保管指工程档案无限期地、尽可能长远地保存下去。长期保管指工程档案保存到该工程被彻底拆除。短期保管指工程档案保存 10 年以下。

知识点 2　各方在建设工程档案管理中的职责

一、建设项目的参与各方对于建设工程档案管理的通用职责

1. 工程各参建单位填写的工程档案应以工程合同、设计文件、工程质量验收标准、施工及验收规范等为依据。

2. 工程档案应随工程进度及时收集、整理，并应按专业归类，认真书写，字迹清楚，项目齐全、准确、真实，无未了事项。表格应采用统一表格，特殊要求需增加的表格应统一归类。

3. 工程档案进行分级管理，各单位技术负责人负责本单位工程档案的全过程组织工作，工程档案的收集、整理和审核工作由各单位档案管理员负责。

4. 对工程档案进行涂改、伪造、随意抽撤或工程档案损毁、丢失等，应按有关规定予以处罚。

二、建设单位对于建设工程档案管理的职责

1. 应加强对建设工程文件的管理工作，并设专人负责建设工程文件的收集、整理和归档工作。

2. 在与勘察单位、设计单位、监理单位、施工单位签订勘察、设计、监理、施工合同时，应对监理文件、施工文件和工程档案的编制责任、编制套数和移交期限作出明确规定。

3. 必须向参与建设的勘察、设计、施工、监理等单位提供与建设项目有关的原始资料，原始资料必须真实、准确、齐全。

4. 负责在工程建设过程中对工程档案进行检查并签署意见。

5. 负责组织工程档案的编制工作，可委托总承包单位或监理单位组织该项工作。负责组织竣工图的绘制工作，可委托总承包单位或监理单位或设计单位具体执行。

6. 编制建设工程文件的套数不得少于地方城建档案部门要求，并应有完整建设工程文件归入地方城建档案部门及移交产权单位，保存期应与工程合理使用年限相同。

7. 应严格按照国家和地方有关城建档案管理的规定，及时收集、整理建设项目各环节的资料，建立、健全工程档案，并在建设项目竣工验收后，按规定及时向地方城建档案部门移交工程档案。

三、施工单位对于建设工程档案管理的职责

1. 实行技术负责人负责制，逐级建立健全施工文件管理岗位责任制。配备专职档案管理员，负责施工资料的管理工作。工程项目的施工文件应设专门的部门（专人）负责收集和整理。

2. 建设工程实行施工总承包的，由施工总承包单位负责收集、汇总各分包单位形成的工程档案，各分包单位应将本单位形成的工程文件整理、立卷后及时移交总承包单位。建设工程项目由几个单位承包的，各承包单位负责收集、整理、立卷其承包项目的工程文件，并应及时向建设单位移交，各承包单位应保证归档文件完整、准确、系统，能够全面反映工程建设活动的全过程。

3. 可以按照施工合同的约定，接受建设单位的委托，组织工程档案的编制工作。

4. 按要求在竣工前将施工文件整理汇总完毕，再移交建设单位进行工程竣工验收。

5. 负责编制的施工文件的套数不得少于地方城建档案管理部门要求，并应将完整的施工文件移交建设单位及自行保存，保存期可根据工程性质以及地方城建档案管理部门有关要求确定。如建设单位对施工文件的编制套数有特殊要求的，可另行约定。

知识点 3 施工文件档案管理的主要内容

施工文件档案管理的内容主要包括：工程施工技术管理资料、工程质量控制资料、工程施工质量验收资料、竣工图四大部分。

一、工程施工技术管理资料

工程施工技术管理资料是建设工程施工全过程中的真实记录，是施工各阶段客观产生的施工技术文件。主要内容如下：

1. 图纸会审记录文件。图纸会审记录是对已正式签署的设计文件进行交底、审查和会审，对提出的问题予以记录的文件。项目经理部收到工程图纸后，应组织有关人员进行审查，将设计疑问及图纸存在的问题，按专业整理、汇总后报建设单位，由建设单位提交设计单位，进行图纸会审和设计交底准备。

图纸会审由建设单位组织设计单位、监理单位、施工单位负责人及有关人员参加。设计单位对设计疑问及图纸存在的问题进行交底，施工单位负责将设计交底内容按专业汇总、整理，形成图纸会审记录。由建设、设计、监理、施工单位的项目相关负责人签认并加盖各参加单位的公章，形成正式图纸会审记录。图纸会审记录属于正式设计文件，不得擅自在会审记录上涂改或变更其内容。

2. 工程开工报告相关资料（开工报审表、开工报告）。开工报告是建设单位与施工单位共同履行基本建设程序的证明文件，是施工单位和承建单位工程施工工期的证明文件。

3. 技术、安全交底记录文件。此文件是施工单位负责人把设计要求的施工措施、安全生产贯彻到基层乃至每个工人的一项技术管理方法。交底主要项目为：图纸交底、施工组织设计交底、设计变更和洽商交底、分项工程技术交底、安全交底。技术、安全交底只有当签字齐全后方可生效，并发至施工班组。

4. 施工组织设计（项目管理规划）文件。承包单位在开工前为工程所做的施工组织、施工工艺、施工计划等方面的设计，用来指导拟建工程全过程中各项活动的技术、经济和组织的综合性文件。参与编制的人员应在会签表上签字，交项目监理签署意见并在会签表上签字，经报审同意后执行并进行下发交底。

5. 施工日志记录文件。施工日志是项目经理部的有关人员对工程项目施工过程中的有关技术管理和质量管理活动以及效果进行逐日连续完整的记录。要求对工程从开工到竣工的整个施工阶段进行全面记录，要求内容完整，并能完整、全面地反映工程相关情况。

6. 设计变更文件。设计变更是在施工过程中，由于设计图纸本身差错，设计图纸与实际情况不符，施工条件变化，建设各方提出合理化建议，原材料的规格、品种、质量不符合设计要求等原因，需要对设计图纸部分内容进行修改而办理的变更设计文件。设计变更是施工图的补充和修改的记载，要及时办理，内容要求明确具体，必要时附图，不得任意涂改和事后补办。按签发的日期先后顺序编号，要求责任明确，签章齐全。

7. 工程洽商记录文件。工程洽商是施工过程中一种协调业主与施工单位、施工单位和设计单位洽商行为的记录。工程洽商分为技术洽商和经济洽商两种，通常情况下由施工单位提出。

（1）在组织施工过程中，如发现设计图纸存在问题，或因施工条件发生变化，不能满足设计要求，或某种材料需要替换时，应向设计单位提出书面工程洽商的要求。

（2）工程洽商记录应分专业及时办理，内容详实，必要时应附图，并逐条注明所修改图纸的图号。工程洽商记录应由设计专业负责人以及建设、监理和施工单位的相关负责人签认后生效，不允许先施工后办理洽商。

（3）设计单位如委托建设（监理）单位办理签认，应办理书面委托签认手续。

（4）分包工程的工程洽商记录，应通过总包审查后办理。

8. 工程测量记录文件。工程测量记录是在施工过程中形成的确保建设工程定位、尺寸、标高、位置和沉降量等满足设计要求和规范规定的资料统称。

（1）工程定位测量记录文件。在工程开工前，施工单位根据建设单位提供的测绘部门的放线成果、红线桩、标水准点、场地控制网（或建筑物控制网）、设计总平面图，对工程进行准确的测量定位。检查意见及复验意见应分别由施工单位、监理单位相关负责人填写，并签认盖章。同时，工程定位测量完成后，应由建设单位报请规划管理部门下属具有相应资质的测绘部门进行验线。

（2）施工测量放线报验表。施工单位应在完成施工测量方案、红线桩校核成果、水准点引测成果及施工过程的各种测量记录后，填写《施工测量放线报验表》报请监理单位审核。

（3）基槽及各层测量放线记录文件。建设工程根据施工图纸给定的位置、轴线、标高进行测量与复测，以保证工程的位置、轴线、标高正确。检查意见及复验意见应分别由施工单位、监理单位相关负责人填写，并签认盖章。

（4）沉降观测记录文件。沉降观测是检查建筑物地基变形是否满足国家规范要求，对建筑物沉降观测点进行沉降测量的工作，以保证工程的正常使用。一般建设工程项目，由施工单位进行施工过程及竣工后保修期内的沉降观测工作。观测单位按设计要求和规范规定，或监理单位批准的观测方案，设置沉降观测点，绘制沉降观测点布置图，定期进行沉降观测记录，并应附沉降观测点的沉降量与时间—荷载关系曲线图和沉降观测技术报告。观测单位的测量员、质检员、技术负责人均应签字，监理工程师应审核签字，测量单位应加盖公章。

9. 施工记录文件。施工记录是在施工过程中形成的，确保工程质量和安全的各种检查、记录的统称。主要包括工程定位测量检查记录、预检记录、施工检查记录、冬期混凝土搅拌称量及养护测温记录、交接检查记录、工程竣工测量记录等。

10. 工程质量事故记录文件。包括工程质量事故报告和工程质量事故处理记录。

（1）工程质量事故报告。发生质量事故应有报告，对质量事故进行分析，按规定程序报告。

（2）工程质量事故处理记录。做好事故处理鉴定记录，建立质量事故档案，主要包括质量事故报告、处理方案、实施记录和验收记录。

11. 工程竣工文件。包括竣工报告、竣工验收证明书和工程质量保修书。

竣工报告是指工程项目具备竣工条件后，施工单位向建设单位报告，提请建设单位组织竣工验收的文件。提交竣工报告的条件是施工单位在合同规定的承包项目内容全部完工，自行组织有关人员进行检查验收，全部符合设计要求和质量标准。由施工单位生产部门填写竣工报告，经施工单位工程管理部门组织有关人员复查，确认具备竣工条件后，法人代表签字，法人单位盖章，报请监理、建设单位审批。

竣工验收证明书是指工程项目按设计和施工合同规定的内容全部完工，达到验收规范及合同要求，满足生产、使用条件并通过竣工验收的证明文件。建设单位接到竣工报告后，由建设单位项目负责人组织设计单位，监理单位，勘察单位，施工总、分包单位及有关部门，以国家颁发的施工质量验收规范为依据，按设计和施工合同的内容对工程进行全面检查和验收，通过后办理《竣工验收证明书》。由施工单位填写，报建设、监理、设计等单位负责人签认。

建设工程实行质量保修制度，工程承包单位在向建设单位提交工程竣工验收报告时，应当向建设单位出具质量保修书。质量保修书应当明确建设工程的保修范围、保修期限和保修责任等。

二、工程质量控制资料

工程质量控制资料是建设工程施工全过程中全面反映工程质量控制和保证的依据性证明资料。应包括原材料、构配件、成品、半成品及设备等的质量证明、合格证明、进场材料试验报告，施工试验记录，隐蔽工程检查记录等。

1. 工程项目原材料、构配件、成品、半成品及设备的质量证明、合格证明、进场材料试验报告。质量证明、合格证明、进场材料试验报告的整理按工程进度为序进行，品种规格应满足设计要求，否则为质量证明、合格证明、进场材料试验报告不全。材料检查报告是为保证工程质量，对用于工程的材料进行有关指标测试，由试验单位出具的试验证明文件，报告责任人签章必须齐全，有见证取样试验要求的必须进行见证取样试验。

2. 施工试验记录和见证检测报告。施工试验记录是根据设计要求和规范规定进行试验，记录原始数据和计算结果，并得出试验结论的资料统称。按照设计要求和规范规定应做施工试验，无专项施工试验表格的，可填写《施工试验记录（通用）》。采用新技术、新工艺及特殊工艺时，对施工试验方法和试验数据进行记录，应填写《施工试验记录（通用）》。见证检测报告是指在建设单位或工程监理单位人员的见证下，由施工单位的现场试验人员对工程中涉及结构安全的试块、试件和材料在现场取样，并送至省级以上建设行政主管部门对其资质认可和质量技术监督部门对其计量认证的质量检测单位进行检测，并由检测单位出具的检测报告。

3. 隐蔽工程验收记录文件。隐蔽工程验收记录是指为下道工序所隐蔽的工程项目，关系到结构性能和使用功能的重要部位或项目的隐蔽检查记录。隐蔽工程检查是保证工程质量与安全的重要过程控制检查，应分专业、分系统（机电工程）、分区段、分部位、分工序、分层进行。隐蔽工程未经检查或验收未通过，不允许进行下一道工序的施工。隐蔽工程验收记录为通用施工记录，适用于各专业。

隐蔽工程验收记录资料要求如下：

（1）验收时，施工单位必须附有关分项工程质量验收及测试资料，包括原材料试（化）验单、质量验收记录、出厂合格证等，以备查验。

（2）需要进行处理的，处理后必须进行复验，并且办理复验手续，填写复验记录，并做出复验结论。

（3）工程具备隐检条件后，由施工员填写隐蔽工程验收记录，由质检员提前一天报请监理单位，验收时由专业技术负责人组织施工员、质检员共同参加，验收后由监理单位专业监理工程师签署验收意见及验收结论，并签字盖章。

4. 交接检查记录。不同工程或施工单位之间工程交接，当前一专业工程施工质量对后续专业工程施工质量产生直接影响时，应进行交接检查，填写《交接检查记录》。移交单位、接收单位和见证单位共同对移交工程进行验收，并对质量情况、遗留问题、工序要求、注意事项、成品保护等进行记录。其中，对《交接检查记录》中"见证单位"的规定为：当在总包管理范围内的分包单位之间移交时，见证单位为"总包单位"；当在总包单位和其他专业分包单位之间移交时，见证单位应为"建设（监理）单位"。

三、工程施工质量验收资料

工程施工质量验收资料是建设工程施工全过程中按照国家现行工程质量检验标准，对施工项目进行单位工程、分部工程、分项工程及检验批的划分，再由检验批、分项工程、分部工程、单位工程逐级对工程质量做出综合评定的工程质量验收资料。但是，由于各行业、各部门的专业特点不同，各类工程的检验评定均有相应的技术标准，工程质量验收资料的建立均应按相关的技术标准办理。具体内容如下：

1. 施工现场质量管理检查记录。为督促工程项目做好施工前准备工作，建设工程应按一个标段或一个单位（子单位）工程检查填报施工现场质量管理记录。专业分包工程也应在正式施工前由专业施工单位填报施工现场质量管理检查记录。施工单位项目经理部应建立质量责任制度、现场管理制度及检验制度，健全质量管理体系，配备施工技术标准，审查资质证书、施工图、地质勘察资料和施工技术文件等。按规定，在开工前由施工单位现场负责人填写《施工现场质量管理检查记录》，报项目总监理工程师（或建设单位项目负责人）检查，并做出检查结论。

2. 单位（子单位）工程质量竣工验收记录。在单位工程完成后，施工单位自行组织人员进行检查验收，质量等级达到合格标准，并经项目监理机构复查认定质量等级合格后，向建设单位提交竣工验收报告及相关资料，由建设单位组织单位工程验收。且单位（子单位）工程质量控制资料核查记录、单位（子单位）工程安全和功能检验资料核查及主要功能抽查记录、单位（子单位）工程观感质量检查记录相关内容应齐全并均符合规定。

3. 分部（子分部）工程质量验收记录文件。分部（子分部）工程完成，施工单位自检合格后，应填报《分部（子分部）工程质量验收记录表》，由总监理工程师（建设单位项目负责人）组织有关设计单位及施工单位项目负责人（项目经理）和技术、质量负责人等到场共同验收并签认。分部工程按部位和专业性质确定。

4. 分项工程质量验收记录文件。分项工程完成（即分项工程所包含的检验批均已完工），施工单位自检合格后，应填报《分项工程质量验收记录表》，由监理工程师（建设单位项目专业技术负责人）组织项目专业技术负责人进行验收并签认。分项工程按主要工种、材料、施工工艺、设备类别等划分。

5. 检验批质量验收记录文件。检验批施工完成，施工单位自检合格后，应由项目专业质量检查员填报《检验批质量验收记录表》，按照住房和城乡建设部施工质量验收系列标准表格执行。检验批质量验收应由监理工程师（建设单位项目专业技术负责人）组织项目专业质量检查员等进行验收并签认。

检验批的划分原则：分项工程的检验批划分应便于质量控制和验收，划分的大小不能过分悬殊。能取得较完整的技术数据及检查记录，符合统一标准和配套施工质量验收规范规定。通常可根据施工及质量控制和专业验收需要按楼层、施工段、变形缝、系统或设备等进行划分。同时项目应在施工技术资料（如施工组织设计、施工方案、方案技术交底）中预先明确工程各分项工程检验批的划分原则，使检验批质量验收更加合理化、规范化、科学化。

四、竣工图

竣工图是指工程竣工验收后，真实反映建设工程项目施工结果的图样。它是真实、准确、完整反映和记录各种地下和地上建筑物、构筑物等详细情况的技术文件，是工程竣工验收、投产或交付使用后进行维修、扩建、改建的依据，是生产（使用）单位必须长期妥善保存和进行备案的重要工程档案资料。竣工图的编制整理、审核盖章、交接验收按国家对竣工图的要求办理。承包人应根据施工合同约定，提交合格的竣工图。竣工图编制要求如下：

1. 各项新建、扩建、改建、技术改造、技术引进项目，在项目竣工时要编制竣工图。项目竣工图应由施工单位负责编制。如行业主管部门规定设计单位编制或施工单位委托设计单位编制竣工图的，应明确规定施工单位和监理单位的审核和签认责任。

2. 竣工图应完整、准确、清晰、规范，修改到位，真实反映项目竣工验收时的实际情况。

3. 如果按施工图施工没有变动的，由竣工图编制单位在施工图上加盖并签署竣工章。

4. 一般性图纸变更及符合杠改或划改要求的变更，可在原图上更改，加盖并签署竣工图章。

5. 涉及结构形式、工艺、平面布置、项目等重大改变及图面变更面积超过35%的，应重新绘制竣工图。重绘图按原图编号，末尾加注"竣"字，或在新图图标内注明"竣工阶段"并签署竣工图章。

6. 同一建筑物、构筑物重复的标准图、通用图可不编入竣工图中，但应在图纸目录中列出图号，指明该图所在位置并在编制说明中注明。不同建筑物、构筑物应分别编制。

7. 竣工图图幅应按《技术制图　复制图的折叠方法》（GB/T10609.3—2009）要求统一折叠。

8. 编制竣工图总说明及各专业的编制说明，叙述竣工图编制原则、各专业目录及编制情况。

🔍 技能实践

技能点：归档文件的质量要求

《归档规范》指出，归档文件的质量要求有：

1. 归档的文件应为原件。

2. 工程文件的内容及其深度必须符合国家有关工程勘察、设计、施工、监理等方面的技术规范、标准和规程。

3. 工程文件的内容必须真实、准确，与工程实际相符合。

4. 工程文件应采用耐久性强的书写材料，如碳素墨水、蓝黑墨水，不得使用易褪色的书写材料，如红色墨水、纯蓝墨水、圆珠笔、复写纸、铅笔等。

5. 工程文件应字迹清楚，图样清晰，图表整洁，签字盖章手续完备。

6. 工程文件文字材料幅面尺寸规格宜为 A4 幅面（297mm×210mm）。图纸宜采用国家标准图幅。

7. 工程文件的纸张应采用能够长期保存的韧力大、耐久性强的纸张。图纸一般采用蓝晒图，竣工图应是新蓝图。计算机出图必须清晰，不得使用计算机出图的复印件。

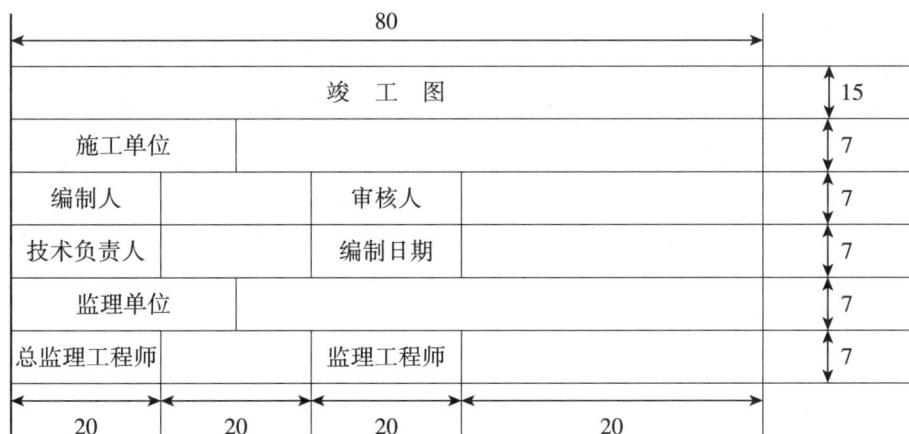

竣　工　图			
施工单位			
编制人		审核人	
技术负责人		编制日期	
监理单位			
总监理工程师		监理工程师	

图 7-1　竣工图示例（尺寸单位：mm）

8. 所有竣工图均应加盖竣工图章，并符合下列规定：①竣工图章的基本内容应包括："竣工图"字样、施工单位、编制人、审核人、技术负责人、编制日期、监理单位、现场监理、总监理工程师。②竣工图章尺寸为50mm×80mm。具体详见《归档规范》的竣工图章示例。③竣工图章应使用不易褪色的红印泥，应盖在图标栏上方空白处。

竣工图			
施工单位			
编制人		审核人	
技术负责人		编制日期	
监理单位			
总监理工程师		监理工程师	

图7-2　竣工图章示例

9. 利用施工图改绘竣工图，必须标明变更修改依据。凡施工图结构、工艺、平面布置等有重大改变，或变更部分超过图面1/3的，应当重新绘制竣工图。

10. 归档的建设工程电子文件应采用电子签名等手段，所载内容应真实和可靠。归档的建设工程电子文件的内容必须与其纸质档案一致。

11. 建设工程电子文件离线归档的存储媒体，可采用移动硬盘、闪存盘、光盘、磁带等。存储移交电子档案的载体应经过检测，应无病毒、无数据读写故障，并应确保接收方能通过适当设备读出数据。

🔑 巩固练习

选择题

1. 关于施工文件档案管理的说法，正确的是（　　）。

A. 工程分包企业应将本单位形成的工程文件整理、立卷后及时移交建设单位

B. 由多个单位工程组成的建设项目，工程文件按多个建设工程立卷

C. 施工企业应当在工程竣工验收前，将形成的有关工程档案向建设单位移交

D. 工程文件可采用纯蓝墨水书写

2 下列施工文件档案资料中，属于工程质量控制资料的有（　　）。

A. 施工测量放线报验表

B. 水泥见证检测报告

C. 交接检查记录

D. 检验批质量验收质量表

E. 竣工验收证明书

答案：1. BC；2. C

工作任务 4　施工文件的立卷、归档、验收、移交

教学目标

知识目标：识记施工文件立卷的原则、具体要求、排列要求，识记案卷的编目规定。

技能目标：会进行工程文件归档，会进行工程档案验收与移交。

素质目标：提高系统解决实际工程问题的能力，培养学生的信息安全意识，弘扬爱国主义精神。

知识学习

知识点 1　施工文件立卷

一、施工文件立卷原则

立卷是指按照一定的原则和方法，将有保存价值的文件分门别类整理成案卷，亦称组卷。案卷是指由互相有联系的若干文件组成的档案文件资料整合。

《归档规范》指出，立卷应遵循下列原则：

1. 施工文件档案的立卷应遵循工程文件的自然形成规律，保持卷内工程前期文件、施工技术文件和竣工图之间的有机联系，便于档案的保管和利用。

2. 工程文件应按不同的形成、整理单位及建设程序，按工程准备阶段文件、监理文件、施工文件、竣工图、竣工验收文件分别进行立卷，并可根据数量多少组成一卷或多卷。

3. 一项建设工程由多个单位工程组成时，工程文件应按单位工程立卷。

4. 不同载体的文件应分别立卷。

二、立卷的具体要求

《归档规范》指出，施工文件的立卷应符合下列要求：

1. 专业承（分）包施工的分部、子分部（分项）工程应分别单独立卷。

2. 室外工程应按室外建筑环境和室外安装工程单独立卷。

3. 当施工文件中部分内容不能按一个单位工程分类立卷时，可按建设工程立卷。

4. 不同幅面的工程图纸，应统一折叠成 A4 幅面（297mm×210mm）。应图面朝内，首先沿标题栏的短边方向以 W 形折叠，然后再沿标题栏的长边方向以 W 形折叠，并使标题栏露在外面。

5. 案卷不宜过厚，文字材料卷厚度不宜超过 20mm，图纸卷厚度不宜超过 50mm。

6. 案卷内不应有重份文件。印刷成册的工程文件宜保持原状。

7. 建设工程电子文件的组织和排序可参照纸质文件的排序。

三、卷内文件的排列

《归档规范》指出，卷内文件的排列应按下列要求：

1. 卷内文件应按本规范附录 A 和附录 B 的类别和顺序排列。

2. 文字材料应按事项、专业顺序排列。同一事项的请示与批复、同一文件的印本与定稿、主体与附件不应分开，并应按批复在前、请示在后，印本在前、定稿在后，主体在前、附件在后的顺序排列。

3. 图纸应按专业排列，同专业图纸应按图号顺序排列。

4. 当案卷内既有文字材料又有图纸时，文字材料应排在前面，图纸应排在后面。

知识点 2　案卷的编目

《归档规范》指出，编制卷内文件页号应符合下列规定：

1. 卷内文件均应按有书写内容的页面编号。每卷单独编号，页号从"1"开始。

2. 页号编写位置：单面书写的文件在右下角，双面书写的文件，正面在右下角，背面在左下角。折叠后的图纸一律在右下角。

3. 责任者应填写文件的直接形成单位或个人。有多个责任者时，应选择两个主要责任者，其余用"等"代替。

4. 立卷单位的立卷人和审核人应在卷内备考表上签名；年、月、日应按立卷、审核时间填写。

5. 案卷封面的内容应包括档号、案卷题名、编制单位、起止日期、密级、保管期限、本案卷所属工程的案卷总量、本案卷在该工程案卷总量中的排序。

6. 保管期限应根据卷内文件的保存价值在永久保管、长期保管、短期保管三种保管期限中选择划定。当同一案卷内有不同保管期限的文件时，该案卷保管期限应从长。

7. 密级应在绝密、机密、秘密三个级别中选择划定。当同一案卷内有不同密级的文件时，应以高密级为本卷密级。

🔍 技能实践

技能点 1：工程文件归档

《归档规范》指出，工程文件归档应符合下列规定：

1. 电子文件归档应包括在线式归档和离线式归档两种方式。可根据实际情况选择其中一种或两种方式进行归档。

2. 归档时间应符合下列规定：

（1）根据建设程序和工程特点，归档可分阶段分期进行，也可在单位或分部工程通过竣工验收后进行。

（2）勘察、设计单位应在任务完成后，施工、监理单位应在工程竣工验收前，将各自形成的有关工程档案向建设单位归档。

3. 勘察、设计、施工单位在收齐工程文件并整理立卷后，建设单位、监理单位应根据城建档案管理机构的要求，对归档文件完整、准确、系统情况和案卷质量进行审查。审查合格后方可向建设单位移交。

4. 工程档案的编制不得少于两套，一套应由建设单位保管，一套（原件）应移交当地城建档案管理机构保存。

5. 勘察、设计、施工、监理等单位向建设单位移交档案时，应编制移交清单，双方签字、盖章后方可交接。

6. 设计、施工及监理单位需向本单位归档的文件，应按国家有关规定和本规范附录 A、附录 B 的要求立卷归档。

技能点 2：工程档案验收与移交

《归档规范》指出，建设工程档案验收时，应查验下列主要内容：

1. 工程档案齐全、系统、完整，全面反映工程建设活动和工程实际状况；

2. 工程档案已整理立卷，立卷符合本规范的规定；

3. 竣工图的绘制方法、图案及规格等符合专业技术要求，图面整洁，盖有竣工图章；

4. 文件的形成、来源符合实际，要求单位或个人签章的文件，其签章手续完备；

5. 文件的材质、幅面、书写、绘图、用墨、托裱等符合要求；

6. 电子档案格式、载体等符合要求；

7. 声像档案内容、质量、格式符合要求。

列入城建档案管理机构接收范围的工程，建设单位在工程竣工验收备案前，必须向城建档案管理机构移交一套符合规定的工程档案。

停建、缓建建设工程的档案，可暂由建设单位保管。

对改建、扩建和维修工程，建设单位应组织设计、施工单位对改变部位据实编制新的工程档案，并应在工程竣工验收备案前向城建档案管理机构移交。

当建设单位向城建档案管理机构移交工程档案时，应提交移交案卷目录，办理移交手续，双方签字、盖章后方可交接。

🔎 巩固练习

案例题

某安防工程，造价 960 万元，由某安防施工单位施工，工程于 2020 年 5 月 1 日开工，同年竣工。工程施工过程中，施工单位完全按照设计图进行施工，其间没有发生设计变更，图纸会审阶段各方也未提出任何修改意见。

为了将资料尽快归档，项目经理安排有关技术人员重新绘制了竣工图。

工程竣工验收后，施工单位将施工资料按相关要求整理后移交到城建档案管理部门，施工单位自行留存了一套施工资料作为企业存档备案之用。

问题：

（1）项目经理安排重新绘制竣工图是否合理并说明理由。

（2）指出施工单位资料移交中的不妥之处并说明理由。

（3）写出正确的工程竣工资料移交程序。

答案：（1）不合理。

理由：《建设工程文件归档规范》（GB/T50328-2014）于2019年修订后规定：当施工图没有变更时，可直接在施工图上加盖竣工图章形成竣工图。

（2）施工单位将施工资料移交到城建档案管理部门不妥。

理由：《建设工程文件归档规范》（GB/T50328-2014）于2019年修订后规定：建设单位应按国家有关法规和标准规定向城建档案管理部门移交工程档案，并办理相关手续。

（3）正确的工程竣工资料移交程序是：①施工单位向建设单位移交已按规定整理完成的施工资料；②实行施工总承包的工程由专业分包向总承包单位移交整理完成的施工资料；③监理单位向建设单位移交整理完成的监理资料；④建设单位向当地城建档案管理部门移交整理完成的工程竣工档案。

选择题：

1. 下列关于施工文件立卷的说法正确的是（　　）。

A. 竣工验收文件按单位工程、专业组卷

B. 卷内备考表排列在卷内文件的首页之前

C. 保管期限为永久的工程档案，其保存期限等于该工程的使用寿命

D. 同一案卷内有不同密级的文件，应以低密级为本卷密级

答案：1. A

工作领域 8

安全防范系统软件项目管理

　　本工作领域中的学习任务从实际安全防范系统项目管理中产生，是为了应对市场的快速变化，借助价值驱动、面对面沟通、适应性、自组织团队等具体实践和理论，解决实际项目中的问题。

　　本工作领域依据的敏捷项目管理理论最早始于软件开发项目中，以应对快速变化为主旨，目前已扩展到很多领域。当今安防行业飞速发展，随着市场对可交付成果快速交付的期待越来越高，传统的预测型项目管理模式交付周期较长，无法满足市场期待。敏捷项目管理能满足安防项目快速响应市场的新需求，实现价值驱动。

　　2001 年 2 月 11 日至 13 日，17 位软件开发领域的领军人物聚集在美国犹他州的滑雪胜地雪鸟（Snowbird）雪场。经过讨论，"敏捷"（Agile）这个词为全体聚会者所接受，用以概括一套全新的软件开发价值观。这套价值观，通过一份简明扼要的陈述敏捷原则的文件——《敏捷宣言》，传递给世界，这份文件代表了不同敏捷方法的共同点，宣告了敏捷开发运动的开始。参会者们包括来自极限编程、Scrum、DSDM、自适应软件开发、水晶系列、特征驱动开发、实效编程的代表们，还包括了希望找到文档驱动、重型软件开发过程的替代品的一些研究者。

工作任务 1　敏捷价值观与原则

🔍 **教学目标**

　　知识目标：了解敏捷项目管理的价值及原则。

　　技能目标：能构建敏捷体系。

　　素质目标：理解项目管理的新发展模式，熟悉敏捷价值，培养学生乐观向上的精神及抗压能力；培养良好沟通表达能力及继续学习的能力；具备团结协作精神；具备创新创业的意识等。

🔍 **知识学习**

8.1　敏捷价值观与原则

知识点 1　《敏捷宣言》的价值观

《敏捷宣言》指出，我们一直在实践中探寻更好的项目开发方法，身体力行的同时也帮助他人。因此我们建立了如下价值观：

个体与交互 > 过程和工具

可用的软件 > 完备的文档

客户协作 > 合同谈判

响应变化 > 遵循计划

也就是说，尽管右项有其价值，但我们更重视左项的价值。

知识点 2　敏捷开发的 12 个原则

表 8-1　敏捷开发的 12 原则

原则 1	我们的最高目标是通过尽早和持续地交付有价值的软件来满足客户。
原则 2	即使在项目开发的后期，仍欢迎对需求提出变更。敏捷过程通过拥抱变化，帮助客户创造竞争优势。
原则 3	要不断交付可用的软件，周期从几周到几个月不等，且越短越好。
原则 4	在项目过程中，业务人员与开发人员要每天在一起工作。
原则 5	要善于激励项目人员，给他们所需要的环境和支持，并相信他们能够完成任务。
原则 6	团队内部和各个团队之间，最有效的沟通方法是面对面地沟通。
原则 7	可工作的软件是衡量进度的首要指标。
原则 8	敏捷过程提倡可持续地开发。项目方、开发人员和用户应该能够保持恒久、稳定的进展速度。
原则 9	对卓越技术和好的设计的持续关注有助于增强敏捷性。
原则 10	尽量做到简洁，尽最大可能减少不必要的工作。这是一门艺术。
原则 11	最佳的架构、需求和设计出自自组织团队。
原则 12	团队要定期回顾和反省如何能够做到更有效，并相应地调整团队的行为。

12 个原则关键词：价值交付、欢迎变更、持续交付、客户参与、信任激励、面对面沟通、KPI 等于可工作的软件、保持节奏、精益求精、简单、自我组织、定期反思。

技能实践

技能点：构建敏捷体系

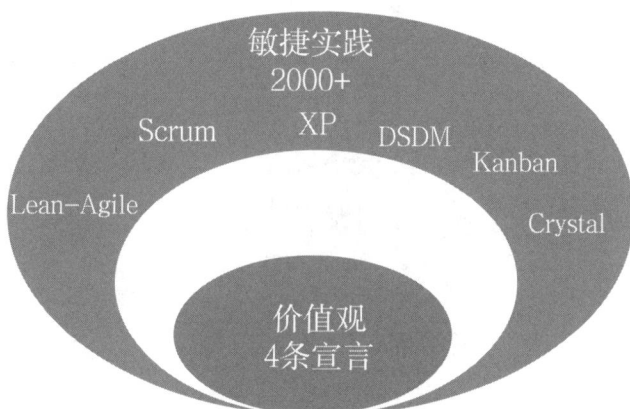

图 8-1　敏捷体系框架图

敏捷是一种心态，是一套价值观和原则。敏捷也是一种思考和行动的方式。敏捷是关于短周期、迭代和增量交付、快速失败、获得反馈、尽早向客户交付业务价值以及人员协作和交互。敏捷是一种关于透明度、检查和适应的思维方式。然而，敏捷并不包含任何角色、事件或工件。例如，Scrum 是敏捷价值观下广泛使用的框架之一。敏捷运动中还有更多框架，如 kanban、XP、Crystal 等。总而言之，敏捷遵循 12 条实践原则，通过 4 条宣言实现价值观。

巩固练习

选择题

1. 敏捷宣言发布的时间是（　　）。
A. 1998 年　　　　B. 2001 年　　　　C. 2003 年　　　　D. 2011 年
2. 敏捷宣言中强调个体和互动要大于（　　）。
A. 遵循计划　　　B 合同谈判　　　C 完备的文档　　　D 过程和工具
3. 根据原则 6，团队内部与团队之间，最有效的沟通方法是（　　）。
A. 腾讯会议　　　B 电话　　　C 面对面　　　D 邮件
答案：1. B；2. D；3. C

工作任务 2　Scrum 敏捷方法

教学目标

知识目标：学习并掌握 Scrum 敏捷方法，认识敏捷的角色与会议。

技能目标：掌握敏捷的角色与意识，会在实际工作中使用。

素质目标：提升敏捷意识，加强敏捷应用，培养学生乐观向上的精神及抗压能力；培养良好沟通表达能力及继续学习的能力；具备团结协作精神；具备创新创业的意识等。

🔍 知识学习

8.2 Scrum 敏捷方法

知识点 1　Scrum 的框架

1. Scrum 团队（三个角色）：产品经理（Product Owner，PO）、项目经理（Scrum Master，SM）、开发团队（Team）；

2. Scrum 事件（四个会议）：迭代（Sprint）计划会、每日站立会、迭代（Sprint）评审会议、迭代（Sprint）回顾会议；

3. Scrum 工件（三个文件）：产品需求（Product Backlog，PB）、迭代计划（Sprint Backlog）、燃尽图。

🔍 技能实践

技能点 1：Scrum 团队中的角色

表 8-2　Scrum 团队角色描述及其职责

角色	描述	职责
产品经理（Product Owner，PO）	是利益干系人的代表，他的工作重点是产品的业务方面。他负责向团队介绍产品愿景并负责给出一份明确的、可度量的、合理的产品 Backlog，并从业务角度出发对 Backlog 中各项问题按优先级进行排序。	确定产品的功能，确保团队理解 Backlog。决定发布的日期和发布内容。对产品的盈利能力（ROI）负责。根据市场价值确定功能优先级。每个迭代开始前根据需要调整功能和优先级。接受或拒绝接受开发团队的工作成果。

角色	描述	职责
项目经理（Scrum Master，SM）	是整个团队的导师和组织者。他负责提高团队的开发效率。他常提出培训团队的计划，列出障碍Backlog。SM 控制着检查和改进Scrum 的周期，他维护这一团队的正常运行，并与产品负责人一起让利益干系人获得最大化投资回报。他关心的是这些敏捷开发思想是否能得到利益干系人的理解和支持。	保证团队资源完全可被利用并且全部是高产出的。 保证各个角色及职责的良好协作。 解决团队开发中的障碍。 作为团队和外部的接口，屏蔽外界对团队成员的干扰。 保证开发过程按计划进行，组织每日站立会、迭代回顾会议和迭代计划会。
开发团队（Team）	尽一切可能去完成任务——发布产品。团队需要全面的能力，这意味小组内拥有实现产品的全部技术和技能。团队需要充分地理解产品负责人所描述的产品愿景以及迭代目标，以更好地支持可能需要进一步开发的产品的发布。	一般情况人数在 5~9 个左右。 团队要跨职能（包括开发人员、测试人员、用户界面设计师等）。 团队成员需要全职（有些情况例外，比如数据库管理员）。 在项目迭代范围内有权利做任何事情以确保达到迭代的目标。 高度的自我组织能力。 向产品经理演示产品功能。 团队成员构成在迭代内不允许变化。

技能点 2：Scrum 的四个会议

表 8-3 Scrum 的四个会议内容

会议	描述
迭代（Sprint）计划会	1. 选择产品需求。 （1）分析、评估、挑选产品需求。 （2）确定迭代目标。 2. 制定迭代计划（Sprint Backlog）。 （1）决定如何达到迭代目标（设计）。 （2）根据产品需求条目（用户故事，功能），创建迭代计划（任务）。 （3）为迭代计划中的任务做估算，用小时来计算。
每日站立会	你昨天做了什么？ 你今天准备做什么？ 你遇到什么障碍？

会议	描述
迭代（Sprint）评审会议	用来给产品负责人演示在这个迭代中开发的产品功能。 产品负责人组织这阶段的会议并且邀请相关的干系人参加。 团队展示迭代中完成的功能。 一般是通过真实现场环境演示的方式展现运行的软件。 不要太正式，不需要 PPT，一般控制在 4 个小时。 团队成员都要参加。 可以邀请所有人参加。
迭代（Sprint）回顾会议	全体成员讨论： 哪些好的做法可以启用； 哪些不好的做法不能再继续下去了； 哪些好的做法要继续发扬。

技能点 3：Scrum 的三个文件

表 8-4　Scrum 的三个文件内容

文件	描述
产品需求（Product Backlog，PB）	一个需求的列表。 一般情况使用用户故事来表示需求条目。 理想情况每个需求项都对产品的客户或用户有价值。 需求条目按照商业价值排列优先级。 优先级由产品负责人来排列。 在每个迭代结束的时候要更新优先级的排列。
迭代计划（Sprint Backlog）	团队成员自己挑选任务，而不是指派任务。 对每一个任务，每天要更新剩余的工作量估算。 每个团队成员都可以修改迭代计划，增加、删除或者修改任务。
燃尽图	燃尽图是用以展示项目进度的工具，也可用来追踪其他变数。 这个图形最大的功用，是可以辅助判定项目进度，并且预测下一个版本何时可以完成发布。

🔍 巩固练习

选择题

1. 以下（　　）不是敏捷的角色。

A. 项目经理 SM   B. 产品经理 PO   C. 测试经理   D. 团队成员

2. 以下哪一个不是每日站立会讨论的内容（　　）。

A. 你昨天做了什么？　　　　　　　B. 你今天准备做什么？

C. 你遇到什么障碍？　　　　　　　D. 你本周计划做什么？

3. 在评审会议上，团队发现有一个用户故事没有被 PO 验收，接下来应该怎么办（　　）。

A. 放入产品待办事项列表　　　　　B. 周末加班完成

C. 删掉该用户故事　　　　　　　　D. 请领导加派人手完成

答案：1. C；2. D；3. A.

工作任务 3　Scrum 敏捷团队

🔍 教学目标

知识目标：识记完整的 Scrum 流程，建构自组织团队、仆人式领导、用户故事基础。

技能目标：区分燃尽图和燃起图。

素质目标：培养学生乐观向上的精神及抗压能力；培养良好沟通表达能力及继续学习的能力；具备团结协作精神；具备创新创业的意识等。

🔍 知识学习

8.3　Scrum 敏捷团队

知识点 1　完整的 Scrum 流程

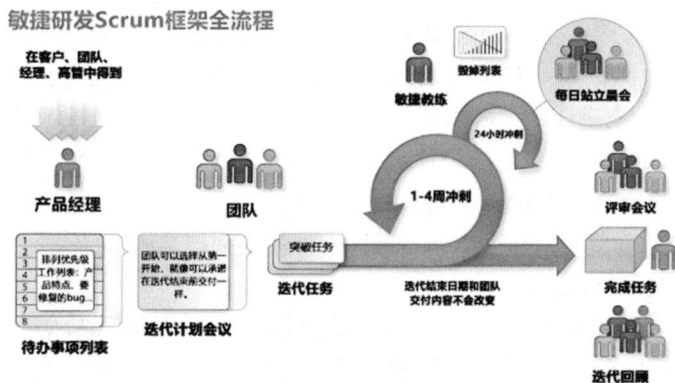

图 8-2　Scrum 框架流程图

Scrum 是一种迭代式增量软件开发过程，通常用于敏捷软件开发。它包括一系列实践和预定义角色过程骨架。Scrum 中的主要角色包括类似项目经理的 Scrum 主管，负责维护过程和任务，以及产品负责人，其代表利益所有者。Scrum 不仅用于管理软件开发项目，也可以用于运行项目维护团队或作为计划管理方法。

实施步骤如下：

1. 准备阶段：确定 Scrum 的过程和规则，以及团队的角色和职责。

2. 初始化阶段：建立项目愿景和目标，并确定最重要的任务。

3. 迭代阶段：将任务分解为小的、独立的任务，并分配给团队成员。

4. 每日 Scrum 会议：团队成员每天开站立会议，更新项目状态，解决问题，并计划下一个工作日的工作。

5. 评审阶段：在每次迭代结束时，进行评审会议，评估团队的表现，并为下一个迭代制定计划。

6. 反馈和改进：在每次评审会议后，根据反馈进行改进和调整。

实施 Scrum 过程需要坚定的领导及团队成员的积极参与和承诺。同时，需要适当的培训和指导，以确保团队能够有效地使用 Scrum 工具和流程。

知识点 2　自组织团队

自组织（Self-organization）可让成熟的成员找出最佳的工作方式、环境与合作关系。

自组织是敏捷团队的核心要素之一，也是敏捷项目与传统项目最大的不同。

自组织的团队是有机体，可自行规划其工作，领导者会授权相当程度的自我决策。

当团队有具体的丰硕成果时，管理者应适时肯定团队贡献，他们会因此而有成就感，如此会形成正向循环。

知识点 3　仆人式领导

敏捷方法强调，仆人式领导是一种为团队赋权的方法。仆人式领导是通过对团队服务来领导团队的实践，它注重理解和关注团队成员的需要和发展，旨在使团队尽可能达到最高绩效。仆人式领导的作用是促进团队发现和定义敏捷。仆人式领导实践并传播敏捷。仆人式领导按照以下顺序从事项目工作：

1. 目的。与团队一起定义"为什么"或目的，以便他们能围绕项目目标进行合作互动。整个团队在项目层面而不是在人员层面优化。

2. 人员。目标确立后，鼓励团队创造一个人人都能成功的环境。要求每个团队成员在项目工作中做出贡献。

3. 过程。不要计划遵循"完美"的敏捷过程，而是要注重结果。如果跨职能团队能够常常交付完成的价值并反思产品和过程，团队就是敏捷的。团队将其过程称作什么并不重要。

仆人式领导的特征：让项目领导变得更加敏捷，促进团队的成功；提升自我意识；倾听；为团队服务；帮助他人成长；引导与控制；促进安全、尊重与信任；促进他人精力和才智提升。

<h3 style="text-align:center">知识点 4　用户故事</h3>

用户故事（User Story）：它是针对特定用户的可交付成果价值的简要描述。它是对澄清细节对话的承诺。

用户故事是敏捷项目的需求记录，采用活泼生动述说故事的方式，以取代传统项目对于客户需求格式化的描述。

基本格式：身为什么角色，我想要产品拥有什么特性，如此可以实现什么价值。

例如，作为一个客户，我想要我的产品使用××品牌服务器，如此我的搜索可以快1秒。

技能实践

技能点：区分燃尽图和燃起图

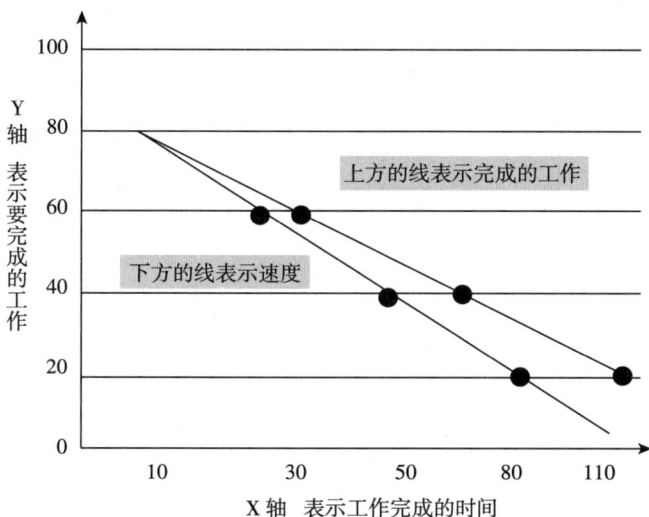

图 8-3　燃尽图

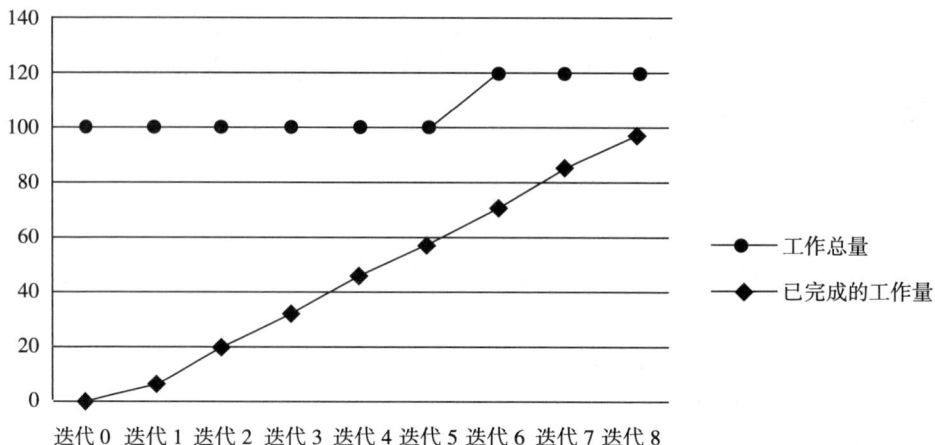

图 8-4　燃起图

燃尽图是在项目完成之前，对需要完成的工作任务的一种可视化呈现。理想情况下，该图表是一个向下的曲线，随着项目任务的逐渐完成"烧尽"至零。燃尽图常常用于敏捷开发中，作为项目进展的一个指示器。

燃尽图实际是一个坐标图，呈现的是随着时间推移而剩余的工作量。燃尽图就是每天将项目中所有任务剩余工时的总和计算一下，形成坐标，然后逐次把点连接起来，形成剩余工作量的趋势线。

燃尽图的解读规则如下：

1. 如果实际曲线在计划曲线以下，说明进展顺利，有比较大的概率按期完工；

2. 如果实际曲线在计划曲线以上，说明大概率出现延期情况，说明此时就要关注进度。

巩固练习

选择题

1. 敏捷使用的领导方法是（　　）。

A. 交互型领导　　　　B. 职能型领导　　　　C. 仆人式领导　　　　D. 魅力型领导

2. 以下（　　）是用户故事。

A. 我想换一台服务器

B. 作为一个爱好旅行的客户，我希望旅行 APP 能够提供机场信息，如此就不会耽误我们的行程

C. 网页的颜色要从红色调整为蓝色

D. 这台安防监控产品的新版本周五要上线

答案：1. C；2. B

参考文献

［1］ 全国二级建造师执业资格考试用书编写组编：《建设工程施工管理一本通》，哈尔滨工程大学出版社 2024 年版。

［2］ 全国造价工程师职业资格考试培训教材编审委员会编：《建设工程造价管理基础知识》，中国计划出版社 2023 年版。

［3］ 中华人民共和国住房和城乡建设部、中华人民共和国国家质量监督检验检疫总局联合发布：《建设项目工程总承包管理规范》，中国建筑工业出版社 2017 年版。

［4］ 中国建筑业协会发布：《建设工程施工项目经理岗位职业标准》，中国建筑工业出版社 2019 年版。

［5］ 中华人民共和国住房和城乡建设部、中华人民共和国国家质量监督检验检疫总局联合发布：《建设工程项目管理规范》，中国建筑工业出版社 2017 年版。

［6］ 中华人民共和国住房和城乡建设部、中华人民共和国国家质量监督检验检疫总局联合发布：《建设工程造价咨询规范》，中国建筑工业出版社 2015 年版。

［7］《企业职工伤亡事故分类》，中国标准出版社 1986 年版。

《安全防范系统项目管理》全书教学课件展示